Java语言程序设计

从入门到JavaFX开发 微课视频+题库版

崔玲玲 邓式阳 韩立军 主 编
高 进 张家明 副主编

清华大学出版社
北京

内容简介

本书是专为 Java 初学者和中级开发者设计的综合教材,涵盖了 Java 编程的基础知识到高级概念,从 Java 的核心语法以及现代的 JavaFX 图形用户界面开发。本书深入探讨了 Java 的核心概念,如数据结构、对象导向编程、异常处理以及 I/O 操作,并配以实际案例进行详细说明。此外,本书还介绍了 Java 开发的主流工具和集成开发环境,帮助读者更高效地进行编程实践。

本书主要作为计算机及相关学科本科生的课程教材,也可供相关领域的研究人员和工程技术人员参考。

版权所有,侵权必究。举报: 010-62782989, beiqinquan@tup.tsinghua.edu.cn。

图书在版编目(CIP)数据

Java 语言程序设计:从入门到 JavaFX 开发:微课视频＋题库版 / 崔玲玲等主编. -- 北京:清华大学出版社, 2024.5. --(国家级实验教学示范中心联席会计算机学科组规划教材). -- ISBN 978-7-302-66445-1

Ⅰ. TP312.8

中国国家版本馆 CIP 数据核字第 20248Y5K56 号

责任编辑:郑寅堃　薛　阳
封面设计:刘　键
责任校对:胡伟民
责任印制:刘　菲

出版发行:清华大学出版社
网　　址:https://www.tup.com.cn, https://www.wqxuetang.com
地　　址:北京清华大学学研大厦 A 座　　邮　编:100084
社 总 机:010-83470000　　邮　购:010-62786544
投稿与读者服务:010-62776969, c-service@tup.tsinghua.edu.cn
质量反馈:010-62772015, zhiliang@tup.tsinghua.edu.cn
课件下载:https://www.tup.com.cn,010-83470236

印 装 者:三河市铭诚印务有限公司
经　　销:全国新华书店
开　　本:185mm×260mm　　印　张:20.5　　字　数:520 千字
版　　次:2024 年 7 月第 1 版　　印　次:2024 年 7 月第 1 次印刷
印　　数:1~1500
定　　价:69.80 元

产品编号:092041-01

前　言

新一轮科技革命和产业变革带动了传统产业的升级改造。党的二十大报告强调"必须坚持科技是第一生产力、人才是第一资源、创新是第一动力,深入实施科教兴国战略、人才强国战略、创新驱动发展战略,开辟发展新领域新赛道,不断塑造发展新动能新优势"。建设高质量高等教育体系是摆在高等教育面前的重大历史使命和政治责任。高等教育要坚持国家战略引领,聚焦重大需求布局,推进新工科、新医科、新农科、新文科建设,加快培养紧缺型人才。

Java语言作为最受欢迎的编程语言之一,在大数据处理、企业级系统、移动应用开发以及桌面软件等领域具有广泛的应用。它不仅是就业市场上急需的技术,也受到了全球程序员的青睐。在高等教育机构中,Java程序设计是信息技术专业的核心课程之一。

本书旨在为初学者提供一个系统的Java程序设计语言学习路径,内容涵盖了语法基础、面向对象的程序设计思想、集合框架、异常处理机制以及JDBC数据库交互等关键知识点。书中对每个知识点都进行了深入的分析,并通过具体而生动的实例来阐释,使得原本复杂和难以理解的概念得以简化,确保了学习过程的连贯性和逻辑性,实现了由浅入深、循序渐进的教学目标。

此外,为了加强学习者对知识点的掌握和应用能力,本书为每个知识点配备了精心设计的案例分析。这些案例不仅帮助学习者理解和掌握理论知识,还展示了如何在实际工作中应用这些知识。通过这样的学习,读者将能够熟练掌握Java语言,并能够在实际开发中灵活运用。值得注意的是,Java也是Java Web、Java EE(企业版)和Android开发等技术栈的基石。掌握Java语言对于理解和运用这些高级技术至关重要。

本书内容具有以下特点:

1) 构建线上线下混合式教材,实现优质教学资源共享

本书是山东省课程联盟平台的在线开发课程配套教材,课程配备了丰富的教学资源(如微课视频、电子课件、程序源代码、教学大纲、教学日历、在线题库等),为广大师生提供了一站式教学资源。读者可以登录山东省课程联盟平台(扫描目录页的二维码可以获取链接)体

验平台式教学及下载相关教学资源包。

2）深挖思政元素，提升育人实效

本书以习近平新时代中国特色社会主义思想为指导，秉承能力教育与思政教育同向同行的理念，从学生职业素养、中华优秀传统文化、时政新闻和热点事件等多个维度、多个角度选取典型案例，为内容注入灵魂，开阔学生视野、弘扬民族传统文化、增强学生民族意识，实现课程与思政协同育人的教学理念。

3）理论结合实践，精心规划教材内容

本书采用"知识点＋小案例＋综合案例"的形式，将知识点与案例紧密结合，同时每章又安排了综合案例，帮助读者综合应用本章知识，仔细研读这些案例，举一反三，就可以快速完成Java项目的开发。

本书吸取了国内外有关著作和资料的精华，同时凝聚了作者多年的教学实践经验。本书由崔玲玲、邓式阳、韩立军、高进和张家明编著。本书配有课件、视频、源代码、课后习题答案等相关教辅材料。请读者用微信扫一扫封底刮刮卡内二维码，获得权限，再扫一扫书中二维码，即可观看教学视频。其他配套资源可从清华大学出版社网站下载。本书可作为计算机各相关专业的数据结构教材，也可以作为感兴趣的自学者的参考教材。

由于编者水平有限，书稿虽几经修改，但仍难免有疏漏和不足之处，敬请读者朋友们批评指正。

编 者

2024年5月

目 录

随书资源

第 1 章　Java 语言概述 …………………………… 1
1.1　Java 简介 ……………………………………… 2
1.1.1　什么是 Java ………………………………… 2
1.1.2　Java 的特点 ………………………………… 3
1.2　JVM、JRE 和 JDK ………………………………… 4
1.2.1　JVM ………………………………………… 4
1.2.2　JRE ………………………………………… 5
1.2.3　JDK ………………………………………… 5
1.3　开发环境的安装与配置 ……………………… 5
1.4　Java 程序的基本结构 ………………………… 7
1.5　Eclipse 集成开发环境 ………………………… 9
1.5.1　Eclipse 的下载与启动 …………………… 9
1.5.2　使用 Eclipse 进行程序开发 ……………… 11
1.6　IDEA 集成开发环境 ………………………… 14
1.6.1　IDEA 的下载与安装 ……………………… 15
1.6.2　使用 IDEA 进行程序开发 ……………… 15
1.7　综合案例 …………………………………… 19
小结 ……………………………………………… 20
习题 ……………………………………………… 20

第 2 章　Java 语言基础 …………………………… 22
2.1　简单程序开发 ………………………………… 23
2.2　Java 的基本语法 ……………………………… 24
2.2.1　Java 代码的基本格式 …………………… 24
2.2.2　Java 中的注释 …………………………… 25
2.2.3　Java 标识符 ……………………………… 25
2.2.4　Java 中的关键字 ………………………… 26
2.2.5　基本输入/输出数据 ……………………… 26

2.3 常量 ··· 28
2.4 变量 ··· 28
2.5 数据类型 ·· 29
　　2.5.1 整数类型 ·· 30
　　2.5.2 浮点数类型 ·· 30
　　2.5.3 字符类型 ·· 31
　　2.5.4 布尔类型 ·· 33
　　2.5.5 字符串类型 ·· 33
2.6 表达式和运算符 ·· 33
　　2.6.1 表达式 ·· 33
　　2.6.2 运算符分类 ·· 33
　　2.6.3 算术运算符 ·· 34
　　2.6.4 关系运算符 ·· 35
　　2.6.5 逻辑运算符 ·· 35
　　2.6.6 赋值运算符 ·· 35
　　2.6.7 位运算符 ·· 36
2.7 数据类型转换与优先级 ·· 37
　　2.7.1 数据类型转换 ·· 37
　　2.7.2 运算符优先级 ·· 39
2.8 综合案例 ·· 39
小结 ··· 40
习题 ··· 41

第3章 选择与循环 43

3.1 选择结构 ·· 44
　　3.1.1 单分支 if 语句 ··· 44
　　3.1.2 双分支 if-else 语句 ··· 45
　　3.1.3 多分支 if-else if-else 语句 ·· 46
3.2 嵌套的 if 语句 ··· 47
3.3 switch 语句 ·· 48
3.4 条件表达式 ·· 50
3.5 while 循环 ··· 51
3.6 do-while 循环 ·· 52
3.7 for 循环 ·· 53
3.8 嵌套循环 ·· 54
3.9 break 和 continue ·· 55
　　3.9.1 break 语句 ·· 55
　　3.9.2 continue 语句 ··· 55
3.10 综合案例 ·· 56

3.10.1 祖冲之与圆周率 …… 56
3.10.2 鸡兔同笼问题 …… 57
小结 …… 59
习题 …… 59

第4章 数组 …… 62
4.1 声明和创建数组 …… 63
4.1.1 声明数组 …… 63
4.1.2 创建数组 …… 63
4.2 数组的初始化与使用 …… 64
4.2.1 数组的初始化 …… 64
4.2.2 数组的访问 …… 64
4.3 数组常见操作 …… 66
4.3.1 数组复制 …… 66
4.3.2 数组的查找 …… 67
4.3.3 数组排序 …… 69
4.3.4 Arrays 类 …… 71
4.4 二维数组 …… 73
4.4.1 声明二维数组 …… 73
4.4.2 创建二维数组 …… 73
4.4.3 获取二维数组的长度 …… 73
4.4.4 二维数组的使用与初始化 …… 75
4.5 综合案例 …… 76
4.5.1 空气质量等级判定 …… 76
4.5.2 杨辉三角形 …… 78
小结 …… 79
习题 …… 80

第5章 类与对象 …… 82
5.1 面向对象思想 …… 83
5.2 类的定义 …… 84
5.3 对象的创建 …… 86
5.4 构造方法 …… 88
5.5 方法重载 …… 88
5.6 参数传递 …… 90
5.6.1 按值传递参数 …… 90
5.6.2 按引用传递参数 …… 92
5.7 this 关键字 …… 93
5.8 static 关键字 …… 94

5.8.1 静态变量 95
 5.8.2 静态方法 96
 5.8.3 静态代码块 97
5.9 类的组织 98
5.10 访问修饰符 100
5.11 综合案例 103
小结 107
习题 108

第 6 章 继承和多态 111
6.1 继承的实现 112
6.2 super 关键字 114
 6.2.1 调用父类的构造方法 114
 6.2.2 访问父类的属性和方法 116
6.3 方法重写 116
6.4 多态 118
6.5 Object 类 120
 6.5.1 equals()方法 120
 6.5.2 toString()方法 123
6.6 对象转换和 instanceof 运算符 124
6.7 final 关键字 124
6.8 类之间的关系 126
6.9 综合案例 128
小结 132
习题 133

第 7 章 抽象类和接口 139
7.1 面向抽象编程 140
7.2 抽象类 140
7.3 接口 143
 7.3.1 接口定义 143
 7.3.2 接口实现 144
 7.3.3 接口的继承 146
7.4 抽象类和接口的比较 148
7.5 接口示例 149
 7.5.1 Comparable 接口 149
 7.5.2 Cloneable 接口 150
7.6 综合案例 152
小结 156

习题 ·· 156

第 8 章 异常处理 ·· 160

8.1 异常和异常类 ··· 161
8.1.1 异常 ··· 161
8.1.2 异常类 ··· 163
8.2 捕获和处理异常 ··· 164
8.2.1 try-catch 语句 ··································· 164
8.2.2 多重 catch 语句和 try-catch 语句嵌套 ··· 166
8.2.3 finally 子句 ·· 166
8.3 声明和抛出异常 ··· 168
8.3.1 声明异常 ··· 168
8.3.2 抛出异常 ··· 168
8.4 自定义异常 ·· 169
8.5 异常的进一步讨论 ······································· 171
8.6 综合案例 ·· 172
小结 ·· 174
习题 ·· 175

第 9 章 泛型与集合 ·· 179

9.1 泛型 ·· 180
9.2 通配泛型 ·· 181
9.3 集合概述 ·· 183
9.4 List 接口及实现类 ·· 184
9.4.1 List 接口 ·· 184
9.4.2 ArrayList 集合 ··································· 185
9.4.3 LinkedList 集合 ································· 185
9.4.4 Iterator 接口 ······································· 186
9.5 Set 接口及实现类 ··· 187
9.6 Map 接口及实现类 ······································· 188
9.7 综合案例 ·· 188
小结 ·· 194
习题 ·· 194

第 10 章 输入/输出 ·· 196

10.1 File 类 ··· 197
10.1.1 File 类的常用方法 ························· 197
10.1.2 文件列表器 ··································· 199

- 10.2 I/O 概述 ······ 201
  - 10.2.1 文本 I/O 与二进制 I/O ······ 202
  - 10.2.2 I/O 类 ······ 203
- 10.3 二进制 I/O 流 ······ 204
  - 10.3.1 InputStream 类和 OutputStream 类 ······ 204
  - 10.3.2 FileInputStream 类和 FileOutputStream 类 ······ 205
  - 10.3.3 FilterInputStream 类和 FilterOutputStream 类 ······ 208
  - 10.3.4 DataInputStream 类和 DataOutputStream 类 ······ 208
  - 10.3.5 BufferedInputStream 类和 BufferedOutputStream 类 ······ 211
- 10.4 文本 I/O 流 ······ 214
  - 10.4.1 Reader 类和 Writer 类 ······ 214
  - 10.4.2 InputStreamReader 类和 OutputStreamWriter 类 ······ 215
  - 10.4.3 BufferedReader 类和 BufferedWriter 类 ······ 216
  - 10.4.4 FileReader 类和 FileWriter 类 ······ 216
- 10.5 对象 I/O 流 ······ 219
  - 10.5.1 对象序列化与反序列化 ······ 219
  - 10.5.2 ObjectInputStream 类和 ObjectOutputStream 类 ······ 219
  - 10.5.3 对象序列化与反序列化的实现 ······ 220
- 10.6 综合案例 ······ 223
- 小结 ······ 224
- 习题 ······ 225

第 11 章 JavaFX 基础 ······ 227

- 11.1 JavaFX 概述 ······ 228
  - 11.1.1 Java GUI 发展简史 ······ 228
  - 11.1.2 JavaFX 特点 ······ 228
- 11.2 JavaFX 程序基本结构 ······ 229
  - 11.2.1 JavaFX 基本概念 ······ 229
  - 11.2.2 JavaFX 应用程序的构建步骤 ······ 233
- 11.3 JavaFX 形状 ······ 233
  - 11.3.1 Line 类 ······ 235
  - 11.3.2 Rectangle 类 ······ 235
  - 11.3.3 Circle 类 ······ 236
  - 11.3.4 Ellipse 类 ······ 236
  - 11.3.5 Arc 类 ······ 237
  - 11.3.6 Polygon 类和 Polyline 类 ······ 238
  - 11.3.7 Text 类 ······ 239
- 11.4 JavaFX 布局面板 ······ 240
  - 11.4.1 Pane 面板 ······ 241

- 11.4.2 StackPane 面板 …… 242
- 11.4.3 FlowPane 面板 …… 242
- 11.4.4 BorderPane 面板 …… 244
- 11.4.5 GridPane 面板 …… 245
- 11.4.6 HBox 面板和 VBox 面板 …… 245

11.5 事件处理 …… 246
- 11.5.1 JavaFX 事件处理机制 …… 246
- 11.5.2 注册事件处理器 …… 249
- 11.5.3 创建事件处理器 …… 250
- 11.5.4 鼠标和键盘事件 …… 253

11.6 UI 组件 …… 257
- 11.6.1 Label …… 257
- 11.6.2 Button …… 258
- 11.6.3 TextField、PasswordField 和 TextArea …… 259
- 11.6.4 CheckBox …… 261
- 11.6.5 RadioButton …… 261
- 11.6.6 ComboBox …… 264
- 11.6.7 ListView …… 265
- 11.6.8 Slider …… 269

11.7 音频和视频 …… 269

11.8 综合案例 …… 272

小结 …… 276

习题 …… 276

第 12 章 JDBC 数据库 …… 279

12.1 MySQL 数据库 …… 280

12.2 JDBC 体系结构 …… 284
- 12.2.1 JDBC 概述 …… 285
- 12.2.2 JDBC 的常用 API …… 285

12.3 数据库访问步骤 …… 285
- 12.3.1 加载驱动程序 …… 286
- 12.3.2 建立连接(Connection)对象 …… 288
- 12.3.3 创建 Statement 对象 …… 289
- 12.3.4 执行 SQL 语句 …… 289
- 12.3.5 处理执行结果 …… 290
- 12.3.6 关闭创建的对象,释放资源 …… 291
- 12.3.7 访问数据库示例 …… 291

12.4 PreparedStatement 对象 …… 293
- 12.4.1 创建 PreparedStatement 对象 …… 294

12.4.2 带参数的 SQL 语句 …………………………………………… 294
12.5 ResultSet 对象 …………………………………………………………… 296
　　12.5.1 可滚动的 ResultSet …………………………………………… 296
　　12.5.2 可更新的 ResultSet …………………………………………… 297
12.6 综合案例 ………………………………………………………………… 302
小结 …………………………………………………………………………… 313
习题 …………………………………………………………………………… 313

第 1 章

Java语言概述

本章学习目标
- 了解 Java 的发展和特点
- 了解 Java 的体系结构
- 熟悉 Java 运行机制
- 熟悉 JVM、JRE 和 JDK 工具
- 熟悉 JDK 的安装以及环境变量的配置
- 学会开发简单的 Java 应用程序
- 了解 Java 程序的注释及编程风格
- 掌握如何使用 Eclipse 开发 Java 应用程序

1.1 Java 简介

Java 是一种理想的面向对象的网络编程语言。它的诞生为 IT 产业带来了一次变革，也是软件的一次革命。Java 程序设计是一个巨大而迅速发展的领域，有人把 Java 称作网络上的"世界语"。

1.1.1 什么是 Java

1991 年，Sun 公司的 James Gosling、Bill Joe 等人所在的研究小组针对消费电子产品开发应用程序，由于消费电子产品种类繁多，各类产品乃至同一类产品所采用的处理芯片和操作系统也不相同，就出现了编程语言的选择和跨平台的问题。当时最流行的编程语言是 C 和 C++语言，但对于消费电子产品而言并不适用，安全性也存在问题。于是该研究小组就着手设计和开发出一种称为 Oak（一种橡树的名字）的语言。由于 Oak 在商业上并未获得成功，当时也就没有引起人们的注意。

直到 1994 年下半年，随着 Internet 的迅猛发展，万维网（WWW）快速增长，Sun Microsystems 公司发现 Oak 语言所具有的跨平台、面向对象、高安全性等特点非常适合于互联网的需要，于是就改进了该语言的设计且将其命名为 Java，并于 1995 年正式向 IT 业界推出。Java 一出现，立即引起人们的关注，逐渐成为 Internet 上受欢迎的开发与编程语言，当年就被美国的著名杂志 *PC Magazine* 评为年度十大优秀科技产品之一。

互联网的出现使得计算模式由单机时代进入了网络时代。网络计算模式的一个特点是计算机系统的异构性，即在互联网中连接的计算机硬件体系结构和各计算机所使用的操作系统不全是一样的，例如，硬件可能是 SPARC、Intel 或其他体系的，操作系统可能是 UNIX、Linux、Windows 或其他的操作系统。这就要求网络编程语言是与计算机的软硬件环境无关的，即跨平台的，用它编写的程序能够在网络中的各种计算机上正常运行。Java 正是这样迎合了互联网时代的发展要求，才使它获得了巨大的成功。

随着 Java2 一系列新技术（如 Java2D、Java3D、Swing、Java SOUND、EJB、Servlet、JSP、CORBA、GML、JNDI 等）的引入，使得它在电子商务、金融、证券、邮电、电信、娱乐等行业有着广泛的应用，使用 Java 技术实现网络应用系统也正在成为系统开发者的首要选择。

事实上，Java 是一种新计算模式的使能技术，Java 的潜力远远超过作为编程语言带来的好处。它不但对未来软件的开发产生影响，而且应用前景广阔，主要体现在以下几个方面。

（1）软件的开发方法，支持所有面向对象的应用开发以及软件工程的需求分析、系统设计、开发实现和维护等。

（2）基于网络的应用管理系统，如完全基于 Java 和 Web 技术的 Intranet（企业内部网）上的应用开发。

（3）图形、图像、动画以及多媒体系统的设计与开发实现。

（4）基于 Internet 的应用管理功能模块的设计，如网站信息管理、交互操作设计及动态 Web 页面的设计等。

1.1.2　Java 的特点

Java 是一种纯面向对象的网络编程语言，它具有如下特点。

1．简单、安全可靠

Java 是一种强类型的语言，由于它最初设计的目的是应用于电子类消费产品，因此就要求既要简单又要可靠。

Java 的结构类似于 C 和 C++，它汲取了 C 和 C++ 优秀的部分，去除了许多 C 和 C++ 中比较繁杂和不太可靠的部分；它略去了运算符重载、多重继承等较为复杂的部分；它不支持指针，杜绝了内存的非法访问。它所具有的自动内存管理机制也大大简化了程序的设计与开发。

Java 主要用于网络应用程序的开发，网络安全必须保证，Java 通过自身的安全机制防止了病毒程序的产生和下载程序对本地系统的威胁破坏。

2．面向对象

Java 是一种完全面向对象的语言，它提供了简单的类机制以及动态的接口模型，支持封装、多态性和继承（只支持单一继承）。面向对象的程序设计是一种以数据（对象）及其接口为中心的程序设计技术，也可以说是一种定义程序模块如何"即插即用"的机制。

面向对象的概念其实来自现实世界，在现实世界中，任一实体都可以看作一个对象，而任一实体又归属于某类事物，因此任何一个对象都是某一类事物的一个实例。

在 Java 中，对象封装了它的状态变量和方法（函数），实现了模块化和信息隐藏；而类则提供了一类对象的原型，通过继承和重载机制，子类可以使用或者重新定义父类或者超类所提供的方法，从而实现代码的复用。

3．分布式计算

Java 为程序开发者提供了有关网络应用处理功能的类库包，程序开发者可以使用它非常方便地实现基于 TCP/IP 的网络分布式应用系统。

4．平台的无关性

Java 是一种跨平台的网络编程语言，是一种解释执行的语言。Java 源程序被 Java 编译器编译成字节码（Byte-code）文件，Java 字节码是一种"结构中立性"的目标文件格式，Java 虚拟机（JVM）和任何 Java 使用的 Internet 浏览器都可执行这些字节码文件。在任何不同的计算机上，只要具有 Java 虚拟机或 Java 使用的 Internet 浏览器即可运行 Java 的字节码文件，不需要重新编译（其版本向上兼容），实现了程序员梦寐以求的"一次编程，到处运行"的梦想。

5．多线程

Java 的多线程机制使程序可以并行运行。线程是操作系统的一种新概念，它又被称作轻量进程，是比传统进程更小的可并发执行的单位。Java 的同步机制保证了对共享数据的正确操作。多线程使程序设计者可以在一个程序中用不同的线程分别实现各种不同的行为，从而带来更高的效率和更好的实时控制性能。

6. 动态的

一个 Java 程序中可以包含其他人写的多个模块，这些模块可能会发生一些变化，由于 Java 在运行时才把它们连接起来，这就避免了因模块代码变化而引发的错误。

7. 可扩充的

Java 发布的 J2EE 标准是一个技术规范框架，它规划了一个利用现有和未来各种 Java 技术整合解决企业应用的远景蓝图。

正如 Sun Microsystems 所述，Java 是简单的、面向对象的、分布式的、解释的、有活力的、安全的、结构中立的、可移动的、高性能的、多线程和动态的语言。

1.2　JVM、JRE 和 JDK

Java 不仅是一种网络编程语言，还是一个不断扩展的开发平台。Sun 公司针对不同的市场目标和设备进行定位，把 Java 划分为如下三个平台。

（1）J2SE(Java2 Standard Edition)是 Java2 的标准版，主要用于桌面应用软件的编程。它包含构成 Java 语言基础和核心的类。在学习 Java 的过程中，主要是在该平台上进行的。

（2）J2EE(Java2 Enterprise Edition)是 Java2 的企业版，主要是为企业应用提供一个服务器的运行和开发平台。J2EE 不仅包含 J2SE 中的类，还包含诸如 EJB、Servlet、JSP、GML 等许多用于开发企业级应用的类包。J2EE 本身是一个开放的标准，任何软件厂商都可以推出自己符合 J2EE 标准的产品，J2EE 将逐步发展成为强大的网络计算平台。

（3）J2ME(Java2 Micro Edition)是 Java2 的微缩版，主要为消费电子产品提供一个 Java 的运行平台，使得能够在手机、机顶盒、PDA 等消费电子产品上运行 Java 程序。

要使用 Java 开发程序，就必须先建立 Java 的开发环境。当前有许多优秀的 Java 程序开发环境，如 JBuilder、Visual Age、Visual J++等，这些工具功能强大，很适合有经验者使用。对于学习 Java 的人来说，应该使用 Sun 公司的 Java 开发工具箱 JDK(Java Development Kit)，它拥有最新的 Java 程序库，功能逐渐增加且版本在不断更新，尽管它不是最容易使用的产品，但它是免费的，可到 Oracle 网站上免费下载。在介绍 JDK 之前，先来学习 JVM 和 JRE。

1.2.1　JVM

JVM，全称 Java Virtual Machine，Java 源程序必须经过编译才能运行，所以在使用 Java 编程之前需要先下载一个 Java 编译器，使用编译器可以把 Java 源代码编译成字节码，但要运行字节码，还需要一个 Java 虚拟机，这就是 JVM。

Java 虚拟机其实是软件模拟的计算机，它可以在任何处理器上(无论是在计算机中还是在其他电子设备中)解释并执行 Java 的字节码文件。Java 的字节码被称为 Java 虚拟机的机器码,它被保存在扩展名为.class 的文件中。

一个 Java 程序的编译和执行过程如图 1.1 所示。首先,Java 源程序需要通过 Java 编译器编译成扩展名为.class 的字节码文件;然后,由 Java 虚拟机中的 Java 解释器负责将字节码文件解释成为特定的机器码并执行。

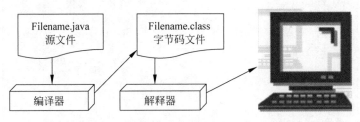

图 1.1　Java 程序编译和执行过程

1.2.2　JRE

JRE,全称 Java Runtime Environment,也被写成 Java RTE。顾名思义,JRE 提供 Java 应用运行所需的最小支撑环境,它包括 JVM、核心类和一些支持文件,如果只需要运行 Java 程序,只安装 JRE 就可,JRE 可从 Oracle 网站上下载。

1.2.3　JDK

JDK,全称 Java Developent Kit,是 Java 应用和 Applets 的软件开发环境。它包括 Java 运行时环境(JRE)、解释器/加载器(Java)、编译器(javac)、归档器(jar)、文档生成器 (Javadoc),以及 Java 开发中所需的其他工具。

JDK 提供开发和运行 Java 程序的环境,作为一个工具集(包),JDK 包括以下两方面。

(1) 开发工具:提供 Java 程序运行的环境。

(2) JRE:执行 Java 程序。

Java 开发人员需要使用 JDK。

JRE 为执行 Java 程序的机器提供运行环境,作为一个安装包,JRE 仅被用于运行 Java 程序,不能用于开发。

JVM 作为 JDK 和 JRE 的重要组成,无论 Java 程序使用 JRE 还是 JDK 运行,都会由 JVM 一行一行地执行 Java 程序,JVM 被作为一个解释器。

1.3　开发环境的安装与配置

视频讲解

下面在 Microsoft Windows 操作系统平台上安装 JDK,建立 Java 的开发环境。

(1) 下载并安装 JDK 文件。

可从 Oracle 网站上下载最新版本的 JDK,建议下载 1.8 及以上的版本。下面以 JDK1.8.0 版本为例进行安装。

双击安装文件 JDK-8u102-Windows-x64 即可开始安装,如图 1.2 所示。安装过程中可更改安装路径,如图 1.3 所示。按照安装文件的提示一步步执行即可安装。

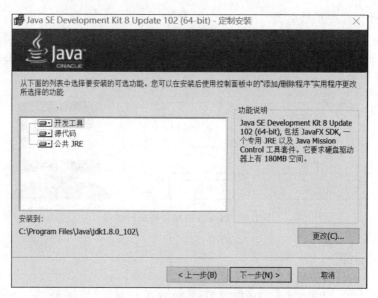

图 1.2　选择安装组件和路径

图 1.3　选择安装路径

安装完成后,认识一下安装路径下的各个包。

bin:binary 的简写,下面存放的是 Java 的各种可执行文件。

db:存放 JavaDB 数据库的有关程序文件。

include:需要引入的一些头文件,主要是 C/C++ 的,JDK 本身是通过 C/C++ 实现的。

jre:Java 运行环境。

lib:libary 的简写,JDK 所需要的一些资源文件和资源包。

demo:开发包的例子程序。

sample:实例程序。

(2) 下载并安装 Java 帮助文档。

Java 帮助文档对程序设计人员来说是很重要的,由于 JDK 的安装文件中不包括帮助文档,因此也需要从网站上下载然后安装。帮助文档下载与安装的过程和步骤与 JDK 类似,不再重述。

(3) 设置运行路径。

在运行 Java 程序或进行一些相关处理时,用到了工具箱中的工具和资源,这就需要设置两个环境变量 PATH 和 CLASSPATH,以获取运行工具和资源的路径。

JAVA_HOME:提供给其他基于 Java 的程序使用,让它们能够找到 JDK 的位置。通常配置到 JDK 安装路径。注意:必须书写正确,全部大写,中间用下画线。

CLASSPATH:提供程序在运行时所需要资源的路径,如类、文件、图片等。注意:在 Windows 操作系统上,最好在 CLASSPATH 的配置里面,始终在前面保持".;"的配置,在 Windows 里面"."表示当前路径。可以设置多个路径,路径和路径之间用空格隔开,也可以设置为 *.jar 文件的路径。

PATH:提供给操作系统寻找 Java 命令工具的路径(如 java.exe,javac.exe 程序所在的路径),通常是配置到 JDK 安装路径\bin。

(4) 检查安装配置是否成功。

1.4 Java 程序的基本结构

视频讲解

1. Java 工作方式

在执行程序之前,必须创建程序并进行编译,这个过程是反复执行的。如果程序有编译错误,必须修改程序并纠正错误,然后重新进行编译。如果没错,Java 编译器将 Java 源文件翻译成 Java 字节码文件,然后启动一个 Java 虚拟机进程,由解释器解释执行 Java 字节码文件,从而得到程序的运行结果,如图 1.4 所示。

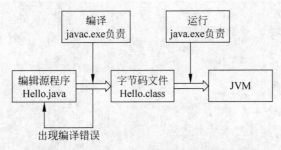

图 1.4 Java 程序的编辑、编译和执行过程

2. Java 程序的开发步骤

开发 Java 程序通常分为三步:编辑源程序、编译生成字节码、执行字节码。

1) 编辑源程序

可使用任何文本编辑器(如记事本)或者集成开发环境(如 Eclipse、NetBeans、IntelliJ IDEA 等)来创建和编辑 Java 源代码文件。

注意:源文件的扩展名必须是.java,而且文件名必须与公共类名完全相同。

2) 编译生成字节码

将.java 文件编译成字节码文件,这时需要 JDK 的 javac 命令,若没有语法错误,将生成.class 字节码文件,类文件名与主文件名相同。下面的命令就是用来编译 Hello.java 的。

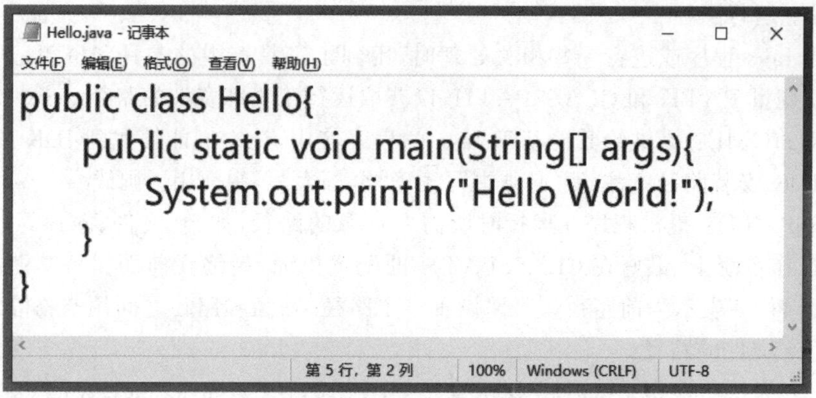

图 1.5 使用记事本创建源文件

```
javac Hello.java
```

3）执行字节码

编译成功后,可将字节码文件使用 Java 解释器执行该程序,显示运行结果。下面的命令用来运行字节码文件。

```
Java Hello
```

注意：在执行程序时,不要使用扩展名.class。

图 1.6 显示了用于编译 Hello.java 的命令 javac,编译器生成 Hello.class 文件,然后使用命令 java 执行这个文件。

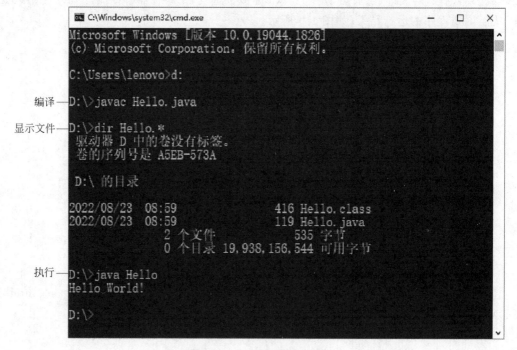

图 1.6 Java 程序执行过程

1.5　Eclipse 集成开发环境

视频讲解

　　Eclipse 最初由 OTI 和 IBM 两家公司的 IDE 产品开发组创建，起始于 1999 年 4 月。IBM 提供了最初的 Eclipse 代码基础，包括 Platform、JDT 和 PDE。Eclipse 项目由 IBM 发起，围绕着 Eclipse 项目已经发展成了一个庞大的 Eclipse 联盟，有 150 多家软件公司参与到 Eclipse 项目中，其中包括 Borland、Rational Software、Red Hat 及 Sybase 等。Eclipse 是一个开放源码项目，由于其开放源码，任何人都可以免费得到，并可以在此基础上开发各自的插件，因此越来越受到人们关注。随后还有包括 Oracle 在内的许多大公司也纷纷加入了该项目，Eclipse 的目标是成为可进行任何语言开发的 IDE 集成者，使用者只需下载各种语言的插件即可。

　　Eclipse 是著名的跨平台的自由集成开发环境(IDE)。最初主要用于 Java 语言开发，通过安装不同的插件 Eclipse 可以支持不同的计算机语言，如 C++ 和 Python 等开发工具。对于 Java 初学者，建议使用 Eclipse，可缩短程序开发和调试时间，提高学习效率。

1.5.1　Eclipse 的下载与启动

　　可以从 Eclipse 的官方网站 https://www.eclipse.org 免费下载 Eclipse。在下载页面选择 Eclipse IDE for Java Developers，根据用户操作系统的版本选择下载相应的压缩文件。下载完成后，直接解压即可使用。

　　打开 Eclipse 目录，双击 eclipse.exe 启动开发环境，第一次运行 Eclipse，启动向导会选择工作区间，也就是项目与代码的存放目录，如图 1.7 所示。可以使用 Eclipse 提供的默认路径作为工作区间，也可以单击 Browse 按钮更改路径。设置完成后，单击 Launch 按钮进行启动。

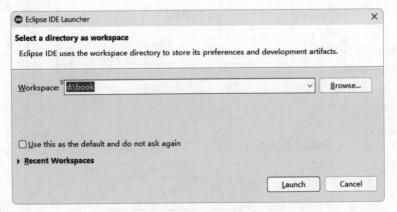

图 1.7　选择工作区间

　　首次使用 Eclipse，会先进入 Eclipse 的欢迎界面，如图 1.8 所示。关闭欢迎界面，进入 Eclipse 开发环境的布局页面。开发环境布局页面的左侧为项目资源导航区，用来显示项目资源列表；中间区域为代码编辑区，程序代码在这里进行编辑；底部为信息显示区，如编译运行结果等；右侧为文件分析区，主要由大纲和任务列表等组成，如图 1.9 所示。

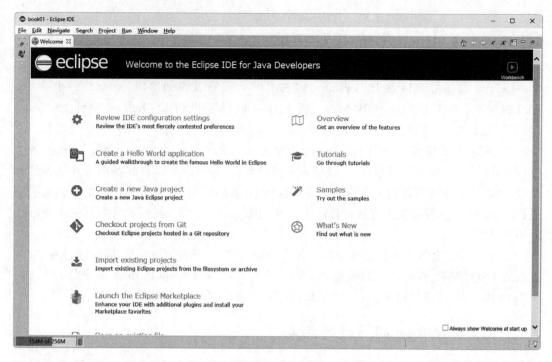

图 1.8　欢迎界面

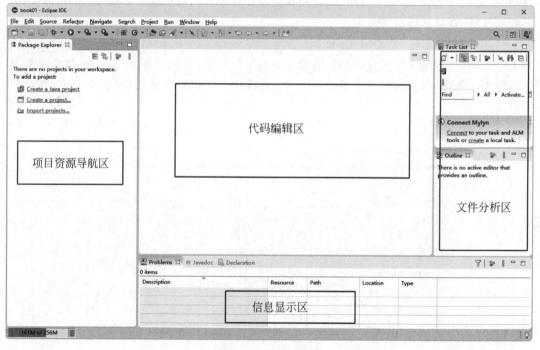

图 1.9　布局页面

在正式开始 Java 应用程序的创建之前先来对 Eclipse 进行配置。配置方法为：在菜单导航栏上单击 Window→Preferences，打开"首选项"对话框。此时，就可以对 Eclipse 进行配置了。首先把已经安装好的 JDK 集成到 Eclipse 中，如图 1.10 所示。

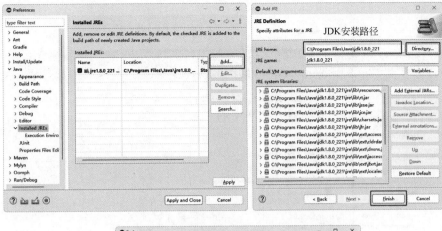

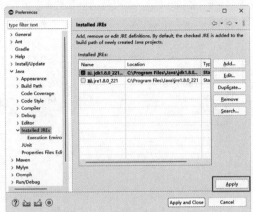

图 1.10　JDK 的集成

其次，为了避免在编写程序时出现乱码现象，需要提前设置编码方式为 UTF-8，如图 1.11 所示。

1.5.2　使用 Eclipse 进行程序开发

对 Eclipse 配置完成后，就可以使用 Eclipse 集成开发环境来开发 Java 应用程序了。下面通过 Eclipse 创建一个 Java 程序，实现在控制台显示"Hello World!"。具体步骤如下。

1. 创建 Java 项目

在 Eclipse 中选择菜单 File→New→Java Project，新建一个 Java Project，如图 1.12 所示。Project name 表示项目的名称，可自由命名，其余选项保持默认，然后单击 Finish 按钮，项目创建完成。这时会新建一个名为 chapter01 的 Java 项目，如图 1.13 所示。

2. 在项目下创建包

在 Package Explorer 下找到 src，右击，在弹出的菜单中选择 New→Package，此时出现 New Java Package 对话框，如图 1.14 所示。Source folder 表示项目所在的目录，Name 表示包的名称，可自主命名，单击 Finish 按钮结束。

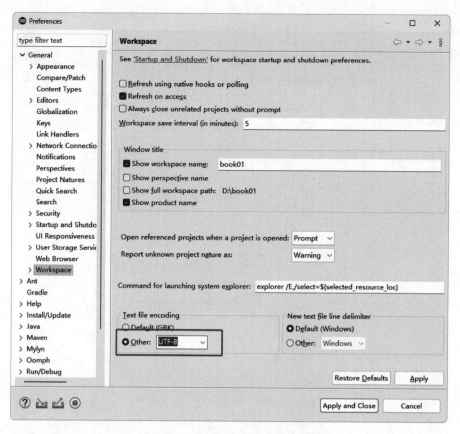

图 1.11　编码方式的设置

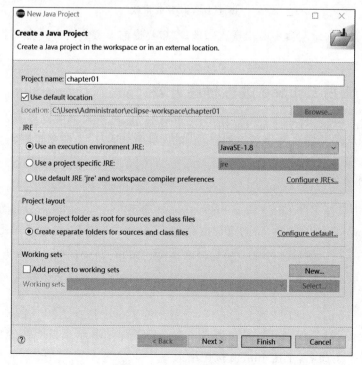

图 1.12　New Java Project

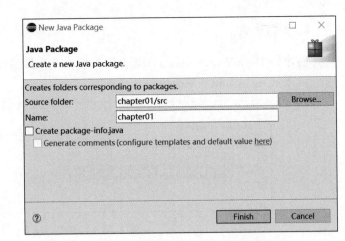

图 1.13　创建 chapter01 项目

图 1.14　New Java Package 对话框

3. 创建 Java 类

选择包名，右击，在弹出的菜单中选择 New→Class，新建 Java class，如图 1.15 所示。Name 表示类名，这里创建一个名为"HelloWorld"的类。此时包下面就出现了一个 HelloWorld.java 文件，如图 1.16 所示。

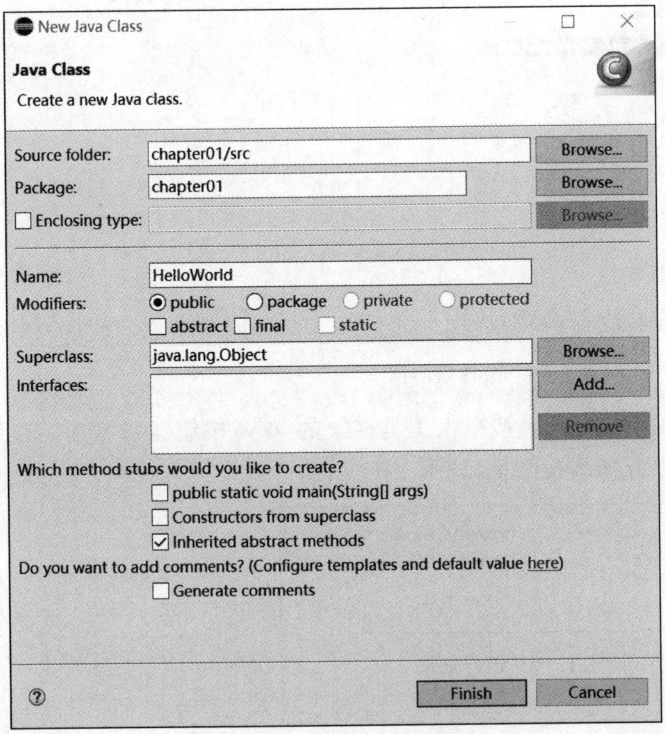

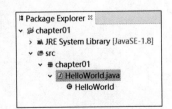

图 1.15　New Java Class 对话框

图 1.16　创建 HelloWorld 类

此时系统会自动打开 HelloWorld.java 文件，可进行编辑。

4. 编写代码

创建好 HelloWorld.java 后，就可以直接在文本编辑器中编写代码了，如图 1.17 所示。这里只写了 main()和一条输出语句。

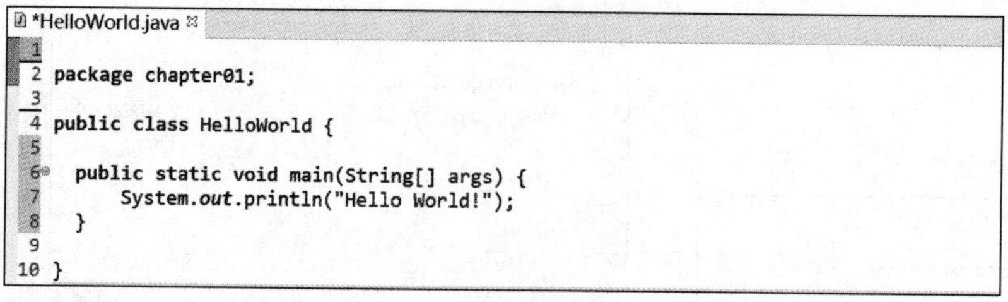

```
package chapter01;

public class HelloWorld {

    public static void main(String[] args) {
        System.out.println("Hello World!");
    }
}
```

图 1.17 HelloWorld.java

5. 运行程序

程序编写完成后，可选中 HelloWorld.java 文件，右击，在弹出的菜单中选择 Run as→Java Application，运行程序，如图 1.18 所示。

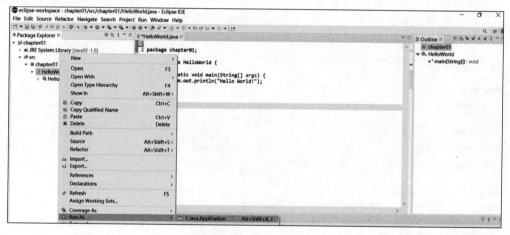

图 1.18 运行程序

也可在选中 HelloWorld.java 文件后，直接单击工具栏上的 ◎▼ 按钮运行程序。程序运行结束后，可在 Console 视图中看到运行结果，如图 1.19 所示。

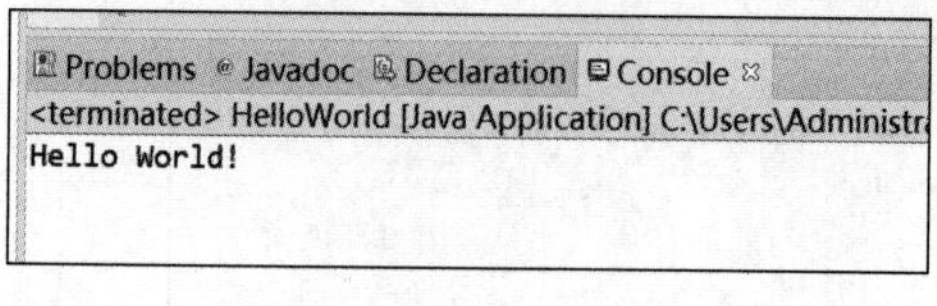

图 1.19 运行结果

🔑 1.6 IDEA 集成开发环境

IDEA 全称 IntelliJ IDEA，是用于 Java 语言开发的集成环境，在业界被公认是理想的

Java 开发工具,尤其在智能代码提示、重构、J2EE 支持、Ant、JUnit、CVS 整合、代码审查、创新的 GUI 设计等方面。

1.6.1 IDEA 的下载与安装

可以登录 IDEA 官网 https://www.jetbrains.com/idea/下载 IDEA 安装包,下载完成后双击安装包,系统自动进入安装进程,安装过程中可更改安装路径,然后按照安装文件的提示一步步执行即可完成 IDEA 的安装。

1.6.2 使用 IDEA 进行程序开发

下面通过 IDEA 创建一个 Java 程序,实现在控制台显示"HelloWorld!"。具体步骤如下。

1. 创建 Java 项目

启动 IDEA,进入欢迎界面,如图 1.20 所示,单击 Create New Project 选项,进入 New Project 界面,如图 1.21 所示。单击 Next 按钮进入选择模板创建项目界面,如图 1.22 所示。单击 Next 按钮进入项目设置页面,如图 1.23 所示。设置 Project name(项目名)为"chapter01",设置 Project location(项目路径)为"D:\book01\chapter01",设置 Base package(基本包名)为"com.wfu"。设置完成后,单击 Finish 按钮进入 IDEA 开发界面,如图 1.24 所示。

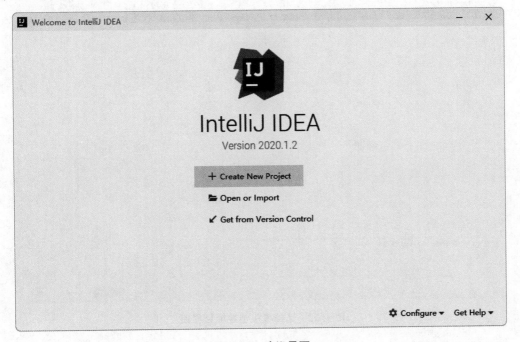

图 1.20 欢迎界面

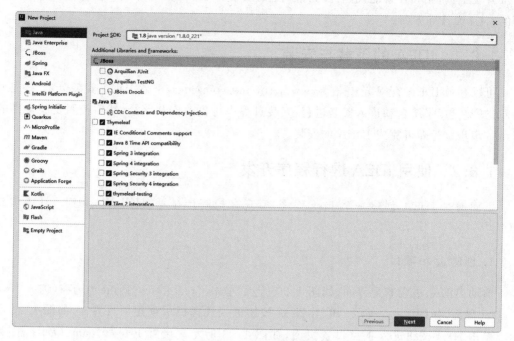

图 1.21 新建项目界面

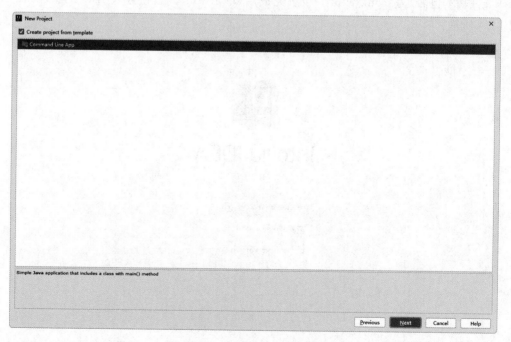

图 1.22 选择模板创建项目界面

图 1.23 项目设置界面

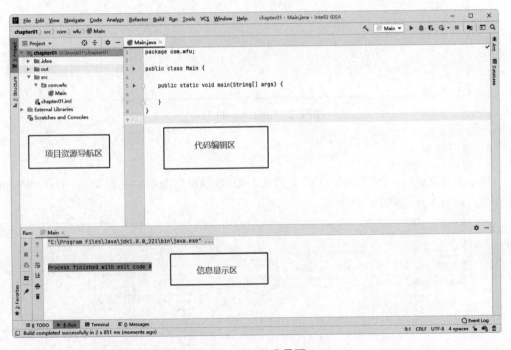

图 1.24 开发界面

2. 创建 Java 类

选择包名,右击,在弹出的菜单中选择 New→Class,新建 Java class,如图 1.25 所示,输入类名"HelloWorld"。此时包下面就出现了一个 HelloWorld.java 的文件,如图 1.26 所示。

此时系统会自动打开 HelloWorld.java 文件,可进行编辑。

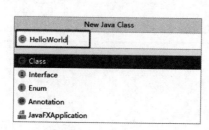
图 1.25 新建类界面

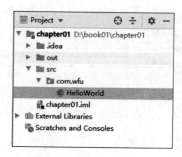
图 1.26 项目结构

3. 编写代码

创建好 HelloWorld.java 后,就可以直接在文本编辑器中编写代码了,如图 1.27 所示。这里只写了 main()和一条输出语句。

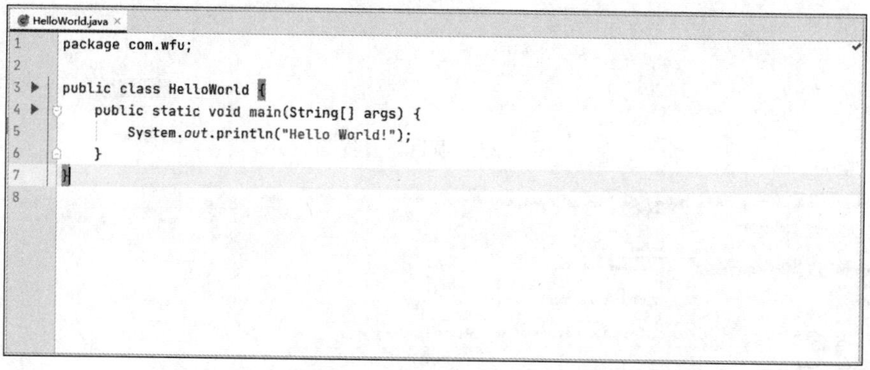

图 1.27 HelloWorld.java

4. 运行程序

程序编写完成后,在代码编辑区的空白处右击,在弹出的菜单中选择 Run 'HelloWorld.main()',运行程序,如图 1.28 所示。

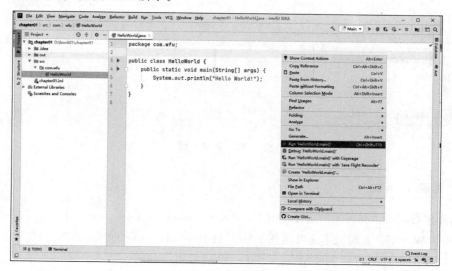
图 1.28 运行程序

也可在选中 HelloWorld.java 文件后，直接单击工具栏上的 ▶ 按钮运行程序，或者单击 HelloWorld.java 编辑页面的 ▶ 按钮运行程序，程序运行结束后，可在 Run 视图中看到运行结果，如图 1.29 所示。

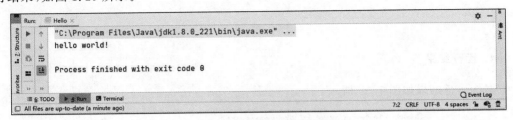

图 1.29　运行结果

1.7　综合案例

举世瞩目的 2022 年北京冬奥会开幕式在国家体育场"鸟巢"成功举行，中国文化又一次惊艳了全世界。中国有五千年的文化和历史，北京冬奥会又恰逢立春时节，用二十四节气串起倒计时的方式印证第 24 届冬季奥运会，这是世界独有的创意。每个节气都有对应的古诗词或谚语，立春是二十四节气的首个节气，"立春始，万物生"这是中国文化自信。

1. 案例描述

使用 Eclipse 开发一个 Java 程序，把你喜欢的一首有关二十四节气的古诗词分行输出。

2. 问题分析

1) 类定义

Java 程序的任何代码都必须放到一个类的定义中，本程序定义一个名为 Poem 的类。public 为类的访问修饰符，class 为关键字，其后用一对大括号括起来，称为类体。

2) main() 方法

Java 应用程序的标志是类体中定义一个 main() 方法，称为主方法。主方法是程序执行的入口点，main() 方法的格式如下。

```java
public static void main(String[] args) {
}
```

3) 输出语句

System.out.println(); 语句的功能是在标准输出设备上打印输出一个字符串并换行，若不带参数，仅起到换行的作用。另一个常用的语句是 System.out.print(); 该语句输出字符串后不换行。

3. 参考代码

```java
public class Poem {
    public static void main(String[] args) {
        System.out.println("春夜喜雨");
        System.out.println("[唐　杜甫]");
```

```
            System.out.println("好雨知时节,");
            System.out.println("当春乃发生。");
            System.out.println("随风潜入夜,");
            System.out.println("润物细无声。");
        }
    }
```

4. 运行结果

案例运行结果如图 1.30 所示。

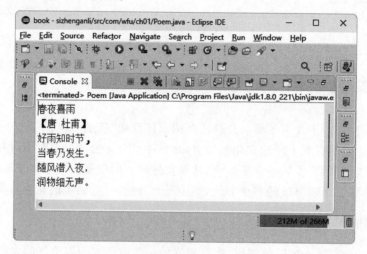

图 1.30　运行结果

小结

通过本章的学习,读者应该能够:
(1) 掌握什么是 Java 语言、Java 语言的特点。
(2) 掌握 JVM、JRE 和 JDK,以及三者的区别。
(3) 独立完成开发环境的安装与配置。
(4) 掌握 Java 程序的基本构成。
(5) 使用 Eclipse 完成第一个 Java 程序的调试运行。

习题

一、单选题

1. 下列关于 JDK、JRE 和 JVM 关系的描述中,正确的是(　　)。
    A. JDK 中包含 JRE,JVM 中包含 JRE
    B. JRE 中包含 JDK,JDK 中包含 JVM
    C. JRE 中包含 JDK,JVM 中包含 JRE

D. JDK 中包含 JRE,JRE 中包含 JVM
2. 下面哪种类型的文件可以在 Java 虚拟机中运行？（　　）
   A. .java　　　　　　B. .jre　　　　　　C. .exe　　　　　　D. .class
3. 下面关于 javac 命令作用的描述中,正确的是（　　）。
   A. 可以执行 Java 程序
   B. 可以将编写好的 Java 文件编译成.class 文件
   C. 可以把文件压缩
   D. 可以把数据打包
4. 如果 JDK 的安装路径为 C:\JDK,若想在命令窗口中任何当前路径下,都可以直接使用 javac 和 java 命令,需要将环境变量 path 设置为以下哪个选项？（　　）
   A. C:\JDK　　　　B. C:\JDK\bin　　　　C. C:\jre\bin　　　　D. C:\jre
5. 下列 Java 命令中,哪一个可以编译 HelloWorld.java 文件？（　　）
   A. java HelloWorld　　　　　　　　B. java HelloWorld.java
   C. javac HelloWorld　　　　　　　D. javac HelloWorld.java

二、多选题

1. 下列选项中,哪些是 Java 语言的特性？（　　）
   A. 跨平台性　　　　　　　　　　　B. 面向对象
   C. 支持多线程　　　　　　　　　　D. 简单性
2. 下列关于使用 Javac 命令编译后生成文件的说法中,正确的是（　　）。
   A. 编译后生成文件的扩展名为.class
   B. 编译后生成文件的扩展名为.java
   C. 编译后生成的文件为二进制文件
   D. 编译后生成的文件可以在 Java 虚拟机中运行

三、判断题

1. 使用 javac 命令,可以将 Hello.java 文件编译成 Hello.class 文件。（　　）
2. JDK 安装成功后,可以将 lib 目录的路径配置在环境变量 path 中。（　　）
3. Java 语言有三种技术平台,分别是 JavaSE、JavaME、JavaEE。（　　）

四、编程题

1. 使用记事本编写一个分行显示自己的姓名、地址和电话的 Java 应用程序,并在命令行窗口编译运行,打印输出结果。
2. 使用 Eclipse 开发一个 Java 程序,把你喜欢的一首有关二十四节气的古诗词分行输出。

第 2 章

Java语言基础

CHAPTER 2

本章学习目标
- 掌握Java的基本语法格式
- 掌握常量与变量的定义与使用
- 掌握Java的基本数据类型
- 掌握运算符的使用
- 了解运算符的优先级
- 掌握类型的转换
- 理解表达式类型自动提升

2.1 简单程序开发

本节通过开发一个摄氏温度与华氏温度转换程序来了解 Java 程序的开发步骤。编写程序涉及算法和将算法转为程序代码两个步骤。算法可以用自然语言或者伪代码进行描述，例如，对于本例的执行过程（算法逻辑）描述如下。

第1步：读取摄氏温度的值。

第2步：转换计算。摄氏温度与华氏温度的转换公式为

$$华氏温度 = 摄氏温度 \times 9.0 \div 5.0 + 32$$

第3步：显示结果。

编写代码就是将上述描述算法转换成程序的过程。

这里首先要从键盘读取数据。在 Java 中可以使用 Scanner 类的 nextInt() 方法或者 nextDouble() 方法实现。

```
Scanner input = new Scanner(System.in);      //创建 Scanner 对象
double c = input.nextDouble();               //输入双精度数据
```

特别要注意，使用 Scanner 类程序需要导入 java.util.Scanner 包，语句如下。

```
import java.util.Scanner;
```

编写程序，实现摄氏温度与华氏温度的转换。

【程序 Demo0201_Equation.java】

```java
import java.util.Scanner;
public class Demo0201_Equation {
    public static void main(String[] args) {
        double c;                            //摄氏温度变量
        double f;                            //华氏温度变量
        //创建 Scanner 对象 input,用于键盘数据的输入
        Scanner input = new Scanner(System.in);
        //屏幕提示输入信息
        System.out.print("请输入摄氏温度值:");
        //从键盘输入数据,并保存到变量 c 中
        c = input.nextDouble();
        //根据换算公式完成摄氏温度与华氏温度的转换
        f = c * 9.0/5.0 + 32;
        //输出结果
        System.out.println("华氏温度值:" + f);
    }
}
```

运行结果如图 2.1 所示。

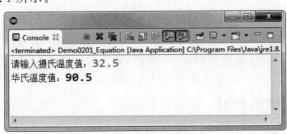

图 2.1　运行结果

2.2 Java 的基本语法

每一种编程语言都有一套自己的语法规范，Java 语言也不例外，同样需要遵从一定的语法规范，如代码的书写格式、标识符的定义、关键字的应用等。因此，要学好 Java 语言，首先需要熟悉它的基本语法。接下来针对 Java 的基本语法进行详细的讲解。

2.2.1 Java 代码的基本格式

在 Java 中编写程序时，代码都必须放在一个类的内部，在定义类时需要用到 class 关键字，class 关键字前面可以加一些访问修饰符控制类的访问权限，定义类的具体语法格式如下。

```
[修饰符] class 类名
{
    程序代码
}
```

在编写 Java 代码时，除了要遵从语法格式外，还需要特别注意以下几点。

（1）Java 中的程序代码可分为结构定义语句和功能执行语句，其中，结构定义语句用于声明类或方法，功能执行语句用于实现具体的功能。每条功能执行语句的最后都必须用分号（;）结束，如下面的语句。

```
System.out.print ("这是第一个 Java 程序! ");
```

值得注意的是，在程序中不要将英文的分号（;）误写成中文的分号（；），如果写成中文的分号，编译器会报错。

（2）Java 语言是严格区分大小写的，在定义类时，不能将 class 写成 Class，否则编译器会报错。程序中定义一个 computer 时，还可以定义一个 Computer，computer 和 Computer 是两个完全不同的符号，在使用时务必注意。

（3）在编写 Java 代码时，为了便于阅读，通常会使用一种良好的格式进行排版，但这并不是必需的，也可以在两个单词或符号之间任意换行。例如，下面这段代码的编排方式也是可以的，虽然看起来排版很乱，但是程序能够编译通过并且正确执行。

```
public class
ch0201 {
    public static void
    main(String[] args) {
        System.out.
        println("这是第一个java程序");
    }
}
```

虽然 Java 没有严格要求用什么样的格式来编排程序代码，但是考虑到代码的可读性，应该让自己编写的程序代码整齐美观、层次清晰，通常会使用下面这种形式。

编写程序，实现自己亲手编写的第一个 Java 程序，输出字符串"这是第一个 java 程序"。

【程序 Demo0202_First.java】

```
public class Demo0202_First {
```

```
    public static void main(String[] args) {
        System.out.println("这是第一个 java 程序");
    }
}
```

运行结果如图 2.2 所示。

图 2.2　运行结果

在 Eclipse 中，可以通过快捷键 Ctrl+Shift+F 让系统进行代码格式的规范处理。

2.2.2　Java 中的注释

在编写程序时，为了使代码易于阅读，通常会在实现功能的同时为代码加一些注释。注释是对程序中某个功能或者某行代码的解释、说明，在编译程序时编译器不会编译这些注释信息。Java 中的注释有 3 种类型，具体如下。

1．单行注释

单行注释通常用于对程序中的某一行代码进行解释，用符号"//"表示，"//"后面为注释的内容，具体示例如下。

```
int age;                          //年龄变量
```

2．多行注释

多行注释就是注释中的内容可以为多行，它以符号"/＊"开头，以符号"＊/"结尾，具体示例如下。

```
/*
String name = "tom";
int age = 12;                     //年龄变量
double weight = 76.2;
*/
```

3．文档注释

文档注释用于对类或方法进行说明和描述。在类成员方法前面输入"/＊＊"，以"＊/"结尾，用户需要手动填写类或方法的描述信息，来完成文档注释的内容。

2.2.3　Java 标识符

在编程过程中，经常需要在程序中定义一些符号来标记一些名称，如类名、方法名、参数名、变量名等,这些符号被称为标识符。标识符可以由任意顺序的大小写字母、数字、下画线(_)和@符号组成,但标识符不能以数字开头,且不能是 Java 中的关键字。

下面的这些标识符都是合法的。

```
stuName
stu_name
_stu_name
```

注意,下面的这些标识符都是不合法的。

```
123stuName
class
Stu Name
```

在 Java 程序中定义的标识符必须严格遵守上面的规范,否则程序在编译时会报错。除此之外,为了增强代码的可读性,建议初学者在定义标识符时还应该遵循以下规范。

(1) 类名、方法名和属性名中的每个单词的首字母要大写,如 ArraList、LineNumberAge。这种命名方式被称为大驼峰命名法或帕斯卡(Pascal)命名法。

(2) 字段名、变量名的首字母要小写,之后的每个单词的首字母均为大写,如 age、userName。这种命名方式被称为小驼峰命名法。

(3) 常量名中的所有字母都大写,单词之间用下画线连接,如 PI、NO_REG。

(4) 在程序中,应该尽量使用有意义的英文单词来定义标识符,使得程序便于阅读。例如,使用 userName 表示用户名比用 xm 效果好,使用 password 表示密码比用 mm 效果好。

2.2.4　Java 中的关键字

关键字是编程语言中事先定义好并赋予了特殊含义的单词,也称作保留字。和其他语言一样,Java 中保留了许多关键字,如 class、public 等。下面列举的是 Java 中所有的关键字。

abstract	assert	boolean	break	byte
case	catch	char	class	const
continue	default	do	double	else
enum	extends	final	finally	float
for	goto	if	implements	import
instanceof	int	interface	long	native
new	package	private	protected	public
return	strictfp	short	static	super
switch	synchronized	this	throw	throws
transient	try	void	volatile	while

特别要注意:

(1) 在使用 Java 关键字的时候,所有关键字都是小写的。

(2) 程序中的标识符不能以关键字命名。

(3) goto 和 const 是 Java 语言中保留的两个关键字,没有被使用,也不能作为标识符使用。

2.2.5　基本输入/输出数据

1. 输出基本型数据

在 2.1 节中已经见到了 Java 向控制台输出信息的语句是 System.out.println(),还有一个输出语句是 System.out.print()。它们都可以向控制台输出字符串和表达式的值等信息,二者的区别是前者输出数据后控制台换行,后者不换行。例如:

```
System.out.println("Hello ");
System.out.println("Java!");
System.out.print("Hello " );
System.out.print("Java!");
```

输出:

```
Hello
Java!
Hello Java!
```

输出也可以用+(加号)拼接,将字符串、变量、表达式等一起输出。

```
System.out.println("Hello " + "Java!");
```

输出:

Hello Java!

如果想在输出的时候有一定的格式控制,也可以使用类似 C 语言的 System.out.printf()。它的基本语法格式是:

System.out.printf("格式控制部分",表达式1,表达式2,…,表达式n);

格式控制部分由格式控制符号%d、%c、%f、%s 和普通字符组成,普通字符原样输出,格式控制符号用来输出表达式的值。

%d:输出 int 类型数据。

%c:输出 char 类型数据。

%f:输出浮点型数据,小数部分最多保留 6 位。

%s:输出字符串数据。

输出数据时也可以控制在命令行的位置,例如:

%md:输出的 int 型数据占据 m 列。

%m.nf:输出的浮点型数据占据 m 列,小数点保留 n 位。

例如:

System.out.printf("%d , %f",12,12.3);

输出:

12 , 12.300000

2. 输入基本型数据

在 Java 中可以使用 Scanner 类创建一个对象实现数据的键盘输入。

Scanner reader = new Scanner(System.in);

创建好 Scanner 对象 reader 后,它就可以调用下列方法,读取用户在命令行输入的各种类型数据。

nextInt()、nextByte()、nextShort()、nextLong()、nextFloat()、nextDouble()、nextBoolean()

上述方法执行时都会阻塞，程序等待用户在命令行输入数据回车确认。例如，下例从键盘上输入一个整数，完成平方计算并输出。

【程序 Demo0203_Square.java】

```
import java.util.Scanner;
public class Demo0203_Square {
    public static void main(String[] args) {
        Scanner reader = new Scanner(System.in);
        System.out.printf("请输入 x 的值:");
        int x = reader.nextInt();
        System.out.print("x 的平方是:" + x * x);
    }
}
```

运行结果如图 2.3 所示。

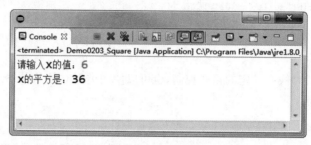

图 2.3　运行结果

需要注意的是，在使用 Scanner 输入数据时，当前程序要导入 Scanner 包。

```
import java.util.Scanner;
```

2.3　常量

常量就是在程序中固定不变的值，是不能改变的数据，例如，数字 1、字符'a'、浮点数 3.2 等。在 Java 中，常量包括整型常量、浮点数常量、布尔常量、字符常量等。在 Java 中，常量的定义由 final 关键字修饰，一旦为其赋值，其值在程序运行中就不能被改变。例如，下面定义了几个常量。

```
final int MAX_NO = 9999;
final double PI = 3.1415926;
final int BAUD;
BAUD = 9600;
```

常量可以在声明的同时赋值，也可以在声明后赋值。不管哪种情况，一旦赋值便不允许修改。常量命名一般全部用大写，如果有需要可用下画线分隔开。

2.4　变量

变量是在程序运行过程中其值可以改变的量。变量通常由三个要素构成，即数据类型、变量名和变量值。Java中有两种类型的变量：基本类型的变量和引用类型的变量。基本类型的变量包括数值型、布尔型和字符型。引用类型的变量包括类、接口、枚举和数组等。

1. 变量的声明定义

变量在使用前必须先定义。定义变量的方法就是在前面写上变量的类型，然后跟上变量的名称，如下。

```
char x;
int y;
decimal w;
String myname;
```

如果多个变量的数据类型一样，可以如下一并声明。

```
int m,n,i,j;
```

变量名称之间需要用逗号分隔，以上声明了4个整型变量m、n、i、j。

2. 变量的赋值

变量的赋值方式有多种形式，可以在声明的同时进行赋值，也可以先声明后赋值。

```
int x = 10, y;
y = x + 5;
```

Java中不允许不声明变量就使用。

```
m = 5;            //错误,因为m没有声明
```

2.5 数据类型

视频讲解

不论是常量还是变量，或者其他对象，在程序设计过程中，数据是程序的必要组成部分，其数据都有一定的类型要求。Java是一门强类型的编程语言，它对数据类型有严格的限定。在Java中数据类型可以分为两大类：基本数据类型和引用类型。这两大类又分为很多数据类型。表2.1列出了Java中的基本数据类型。

表2.1　Java中的基本数据类型

类型	含义	占字节数	取值范围
byte	字节型	1	有符号8位整数，-128～127
short	短整型	2	有符号16位整数，-32 768～32 767
int	整型	4	有符号32位整数，-2 147 483 648～2 147 483 647
long	长整型	8	有符号64位整数，-9 223 372 036 854 775 808～9 223 372 0363 854 775 807
float	单浮点型	4	32位浮点数，有7位小数，$\pm 1.5 \times 10^{-45}$～$\pm 3.4 \times 10^{38}$
double	双浮点型	8	64位浮点数，有15～16位小数，$\pm 5.0 \times 10^{-324}$～$\pm 1.7 \times 10^{308}$
char	字符型	2	0～65 535
boolean	布尔型	1	true、false

引用数据类型主要有class(类)、[](数组)、interface(接口)、enum(枚举)。引用类型可存放各种类型的数据。

2.5.1 整数类型

Java 语言的 4 种整数类型，分别是 byte 型（字节型）、short 型（短整型）、int 型（整型）和 long 型（长整型）。4 种类型所占用的存储空间大小以及取值范围如表 2.1 所示。下面是几个整型变量的定义。

```
byte n1 = 127;
short n2 = 1200;
int n3 = 45000;
long n4 = 340000;
```

这里特别要注意 long 类型的数据，在为一个 long 类型的变量赋值的时候，如果值超出了 int 型所表示的范围，则需要在数据的后面加上一个字母 l 或者 L，未超出 int 表述的范围时则可以省略。

```
long x = 123;               //未超出 int 表述范围
long y = 9999999999991;     //超出 int 表述范围，数据后有小写字母 l
long z = 999999999999L;     //超出 int 表述范围，数据后有大写字母 L
```

Java 在整数表示过程中，除了常见的十进制数外，还可以表示二进制、八进制和十六进制数据。

二进制：以 0b 或者 0B 开头的数据，由数字 0 和 1 组成的数字序列，如 0b1011、0B10001101。

八进制：以 0 开头并且其后由 0~7（包括 0 和 7）的整数组成的数字，如 014。

十进制：由数字 0~9（包括 0 和 9）的整数组成的数字序列，如 12。

十六进制：以 0x 或者 0X 开头并且其后由 0~9、A~F（包括 0 和 9、A 和 F）组成的数字序列，如 0x00c。

编写程序，验证二进制、八进制、十进制、十六进制各类数据。

【程序 Demo0204_Scale.java】

```java
public class Demo0204_Scale {
    public static void main(String[] args) {
        int x1 = 0b100;      //二进制
        int x2 = 0100;       //八进制
        int x3 = 100;        //十进制
        int x4 = 0x100;      //十六进制
        System.out.println("x1 = " + x1);
        System.out.println("x2 = " + x2);
        System.out.println("x3 = " + x3);
        System.out.println("x4 = " + x4);
    }
}
```

运行结果如图 2.4 所示。

```
x1 = 4
x2 = 64
x3 = 100
x4 = 256
```

2.5.2 浮点数类型

浮点数就是在数学中用到的小数或者叫实数，分为 float（单精度浮点数）和 double（双

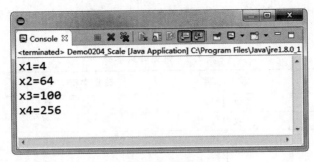

图 2.4 运行结果

精度浮点数)两种类型。其中,单精度浮点数后面以 F 或 f 结尾,双精度浮点数则以 D 或 d 结尾。当然,在使用浮点数时也可以在结尾处不加任何后缀,此时虚拟机会默认为 double 双精度浮点数。

浮点型数据有以下两种表示方法。

(1) 十进制数形式,由数字和小数点组成,且必须有小数点,如 0.1、1.25、2.0 等。

(2) 科学记数法形式,如 12e4、12e-4,分别表示 12×10^4 和 12×10^{-4}。e 之前必须有数字,e 后面指数必须为整数。

```
float x0 = 1.3f;          //正确,十进制数表示
float x1 = 1.4e2f;        //正确,指数表示
float x2 = 1.5e100f;      //错误,超出 float 表示范围
float x3 = 1.6;           //错误,float 类型后缀 f/F 不能省略
double x4 = 1.7d;         //正确
double x5 = 1.8;          //正确,double 后缀 d/D 可以省略
```

浮点数计算可能存在舍入误差,因此,浮点数不适合做财务计算。例如,下面的语句输出的是 0.8999999999999999,而不是我们期待的 0.9。

```
System.out.println(3.0 - 2.1);
```

这样的舍入误差是因为浮点数在计算机中使用二进制表示导致的,如果需要精确而且无舍入误差的数据,可以使用 BigDecimal 类进行处理。

从 Java7 开始,为了解决某些数值字面太长,不易阅读的困难,在数字表示过程中可以使用下画线进行分组,用以增强代码的可读性。例如:

```
int x;
x = 0b0010_1101_0101_1101; //二进制数据较长,用下画线分组,清晰易读
```

2.5.3 字符类型

字符是程序中可以出现的任何单个符号,在 Java 中用 char 表示。Java 使用 Unicode 码为字符编码,Unicode 字符集使用两字节(16 位)为字符编码,所以每个 char 类型的字符变量都会占用 2 字节,可表示 65 536 个字符。

字符型直接用单引号将字符括起来,大多数可见的字符都可用这种方式表示,例如:

```
char x1 = 'a';
char x2 = '@';
char x3 = '我';
```

有些特殊字符用转义序列来表示。用反斜杠(\)表示转义，如'\n'表示换行。常见的转义字符如表2.2所示。

表2.2 常见转义字符

转义字符	说明	转义字符	说明
\'	单引号	\f	换页
\"	双引号	\n	换行
\\	反斜杠	\r	回车
\0	空字符	\t	水平tab
\a	感叹号	\v	垂直tab
\b	退格	\f	换页

在Java中，字符型数据实际是int型数据的一个子集，因此可以将一个正整数的值赋值给字符型变量，只要范围在0～65 535即可，但是输出的仍然是字符。

```
char x = 0x41;
char y = 66;
System.out.print("x = " + x + " y = " + y);
```

输出：

x = A y = B

字符型数据可以与其他数值型数据混合运算。一般情况下，char类型可以直接转换为int类型数据，而int类型数据转换成char类型的数据需要强制转换。

编写程序，验证字符与数值的互相转换关系。

【程序Demo0205_Convert.java】

```
public class Demo0205_Convert {
    public static void main(String[] args) {
        char x = 'A';
        int y = x + 1;          //字符变量x的ASCII值当作int型进行加法计算
        System.out.println("y = " + y);
        char z;
        z = (char)y;            //将int值强制转换成char类型
        System.out.println("z = " + z);
    }
}
```

运行结果如图2.5所示。

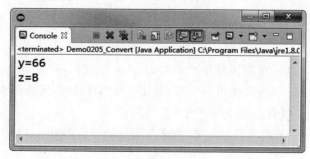

图2.5 运行结果

2.5.4 布尔类型

布尔型数据用来表示逻辑值真或者假,只有两个值,即 true 和 false。布尔型数据用关键字 boolean 进行定义。

```
boolean passFlag = true;    //声明一个布尔型变量,并且赋初值 true
passFlag = false;           //改变 passFlag 的值为 false
```

注意:与 C/C++语言不同,Java 语言的布尔型数据不能与数值数据互换,即 true 和 false 不对应 0 和非 0 的整数值。

2.5.5 字符串类型

在 Java 中经常要使用字符串类型。字符串是字符序列,不属于基本数据类型,是一种引用类型。字符串在 Java 中是通过 String 类实现的。可以使用 String 声明和创建一个字符串对象,通过双引号定界符创建一个字符串值。例如:

```
String stuName = "李萍";
```

多个字符串可以用+(加号)进行拼接。例如:

```
String s1 = "计算机工程学院";
String s2 = "软件工程专业";
String s4 = s1 + s2;
System.out.print(s4);
```

输出:

计算机工程学院软件工程专业

2.6 表达式和运算符

2.6.1 表达式

表达式是产生给定类型值的关键字、运算符、函数和常量值的任意组合,它由操作数和运算符构成。表达式的运算符指示对操作数进行什么样的运算。+、-、*、/等符号都是运算符,而文本、字段、变量和表达式都可以作为操作数。

2.6.2 运算符分类

按照运算符作用的操作数个数来分类,有以下三类运算符。

一元运算符:一元运算符带一个操作数并使用前缀表示法(如++x)或后缀表示(如 x++),这里注意-(负号)也是一元运算符。

二元运算符:二元运算符带两个操作数并且全都使用中缀表示法,例如,+、-、*、/、%都是二元运算符。

三元运算符:Java 中只有一个三元运算符"?:",它带三个操作数并使用中缀表示法。

例如,int x=3>2? 1 : 0 表示如果 3>2 成立,则返回 1 给 x 变量,否则返回 0 给 x 变量。

2.6.3 算术运算符

1. 加、减、乘、除、求余运算符

算术运算符表示的是算术运算,Java 中算术运算符有 5 个,其中,+、-、*、/就是人们熟悉的加、减、乘、除,而％是模运算,也就是取余运算,例如,x=17 ％ 5,其值为 2。

在使用/进行除法运算时,要注意如果两边的操作数都是 int 型数据,则完成的是取整运算;如果有一个操作是浮点数,则进行浮点除法。例如:

```
System.out.println(5/2);
System.out.println(5.0/2);
System.out.println(5/2.0);
System.out.println(5.0/2.0);
```

输出:

2
2.5
2.5
2.5

"+"运算符不但用于计算两个数值型数据的和,还可以用于字符串对象的连接。如果两个操作数一个是字符串而另一个是其他类型的数据,系统会自动将另一个操作数转换成字符串,然后再进行连接。例如:

```
int age = 23;
System.out.println("年龄:" + age);
```

输出:

年龄:23

2. 自增、自减运算符

自增、自减运算符++和--也属于算术运算符范围,只是它是一目运算符而已,此运算符可以放在操作数之前,也可以放到操作数之后。操作数必须是一个整型或者浮点型变量,作用是使变量值增 1 或者减 1。运算符在变量之前,变量先自增或者自减,然后参与其他表达式计算;运算符在变量之后,变量先参与其他表达式计算,再自增或自减。例如:

```
int x,y;
x = 5;
y = ++x;
System.out.println("x = " + x + " y = " + y);
x = 5;
y = x++;
System.out.println("x = " + x + " y = " + y);
```

输出:

x = 6 y = 6
x = 6 y = 5

2.6.4 关系运算符

关系运算符也称为比较运算符,是用来决定两个数之间的大小或者等于关系,这种决定的结果是一个布尔值。例如,写出 1>2 这样的表达式会得到一个 false,而(1+1)==2 则会得到一个 true。Java 中有 6 种关系,如表 2.3 所示。

表 2.3 关系运算符

运算符	含 义	运算符	含 义
>	大于	<	小于
>=	大于或等于	<=	小于或等于
==	等于	!=	不等于

2.6.5 逻辑运算符

逻辑运算符是用来进行逻辑运算的,它们是!(非)、&&(与)和||(或)。参与逻辑运算的是布尔值,逻辑运算的规则如表 2.4 所示。

表 2.4 逻辑运算

X	Y	X&&Y(与)	X||Y(或)	!X(非)
true	true	true	true	false
true	false	false	true	false
false	true	false	true	true
false	false	false	false	true

从表中可以看到,做 && 运算时,两个操作数都为 true 时结果才为 true;做 || 运算时,有一个操作数为 true 结果就为 true;做 ! 运算时,则是当前值的相反数。

2.6.6 赋值运算符

赋值运算符用来为变量指定新值。赋值运算符主要有两类:简单赋值运算符和复合赋值运算符。

1. 简单赋值运算符

最常见的赋值运算是=(等号),它是一个二目运算符,左面的操作元必须是变量,不能是常量或者表达式,其功能是把等号右边的表达式值赋值给左边的变量。

```
x = 2;
y = x + 5;
```

等号优先级较低,是一个从右到左开始计算然后赋值的过程,所以下列代码执行后结果 x、y 都为 100。

```
int x,y = 50;
x = y = 100;
System.out.println(x + "   " + y);
```

2. 复合赋值运算符

在赋值运算符(=)前面加上其他运算符,即构成复合赋值运算符。它表示将左右两个操作数运算后再赋值给左边的变量。例如:

```
int x = 5;
x += 5;                    //x = 10
```

复合赋值运算符有 11 个,设 x=5,y=3,则表 2.5 给出了所有复合赋值运算的结果。

表 2.5 复合赋值运算

复合赋值运算符	表达式	等价表达式	结果
+=	x+=y	x=x+y	8
-=	x-=y	x=x-y	2
*=	x*=y	x=x*y	15
/=	x/=y	x=x/y	1
%=	x%=y	x=x%y	2
&=	x&=y	x=x&y	1
|=	x|=y	x=x|y	7
^=	x^=y	x=x^y	6
<<=	x<<=y	x=x<<y	40
>>=	x>>=y	x=x>>y	0
>>>=	x>>>=y	x=x>>>y	0

2.6.7 位运算符

整型数据在内存中以二进制形式表示,例如,一个 int 型变量在内存中占 4 字节共 32 位,int 型数据 7 的二进制表示如下。

0000000 0000000 0000000 00000111

左面最高位是符号位,最高位是 0 表示正数,是 1 表示负数。负数采用补码表示,例如,-8 的补码表示如下。

1111111 11111111 11111111 11111000

这样就可以对两个整型数据实施位运算,即对两个整型数据对应的位进行运算得到一个新的整型数据。

位运算符有两类:位逻辑运算符和位移位运算符。位逻辑运算符包括按位取反(~)、按位与(&)、按位或(|)和按位异或(^)四种。移位运算符包括左移(<<)、右移(>>)和无符号右移(>>>)三种。位运算符只能用于整型数据,包括 byte、short、int、long 和 char 类型。

1. 按位与运算

按位与运算符(&)是双目运算符,对两个整型数据 a、b 按位进行运算,运算结果是一个整型数据 c。运算法则是:如果 a、b 两个数据对应位都是 1,则 c 的该位是 1,否则是 0。如果 b 的精度高于 a,那么结果 c 的精度和 b 相同。

例如:

```
  a:00000000 00000000    00000000 01101111
& b:10000001 01011111    00110101 10000101
  c:00000000 00000000    00000000 00000101
```

2. 按位或运算

按位或运算符(|)是二目运算符。对两个整型数据 a,b 按位进行运算,运算结果是一个整型数据 c。运算法则是:如果 a,b 两个数据对应位都是 0,则 c 的该位是 0,否则是 1。如果 b 的精度高于 a,那么结果 c 的精度和 b 相同。

3. 按位非运算

按位非运算符(~)是单目运算符。对一个整型数据 a 按位进行运算,运算结果是一个整型数据 c。运算法则是:如果 a 对应位是 0,则 c 的该位是 1,否则是 0。

4. 按位异或运算

按位异或运算符(^)是二目运算符。对两个整型数据 a,b 按位进行运算,运算结果是一个整型数据 c。运算法则是:如果 a,b 两个数据对应位相同,则 c 的该位是 0,否则是 1。如果 b 的精度高于 a,那么结果 c 的精度和 b 相同。

由异或运算法则可知:

a^a = 0,a^0 = a

因此,如果 c=a^b,那么 a=c^b。也就是说,^的逆运算仍然是^,即 a^b^b=a。

位逻辑运算如表 2.6 所示。

表 2.6　位逻辑运算

A	B	~A	A&B	A|B	A^B
0	0	1	0	0	0
0	1	1	0	1	1
1	0	0	0	1	1
1	1	0	1	1	0

位运算符也可以操作逻辑型数据,这时可以把 true 想象成 1;把 false 想象成 0,效果同表 2.6,具体运算法则如下。

当 a,b 都是 true 时,a&b 是 true,否则 a&b 是 false。

当 a,b 都是 false 时,a|b 是 false,否则 a|b 是 true。

当 a 是 true 时,~a 是 false;当 a 是 false 时,~a 是 true。

2.7　数据类型转换与优先级

2.7.1　数据类型转换

通常,整型、浮点型、字符型数据可能需要混合运算或相互赋值,这就涉及类型转换的问

视频讲解

题。Java 语言是强类型的语言，即每个常量、变量、表达式的值都有固定的类型，而且每种类型都是严格定义的。在 Java 程序编译阶段，编译器要对类型进行严格的检查，任何不匹配的类型都不能通过编译器。例如，在 C/C++ 中可以把浮点型的值赋给一个整型变量，在 Java 中这是不允许的。如果一定要把一个浮点型的值赋给一个整型变量，需要进行类型转换。在 Java 中，基本数据类型的转换分为自动类型转换和强制类型转换两种。

1. 自动类型转换

自动类型转换也称加宽转换，是指将具有较少位数的数据类型转换为具有较多位数的数据类型。精度从"低"到"高"排列的顺序是：

byte→short→char→int→long→float→double

Java 在计算算术表达式的值时，使用下列运算精度规则。

（1）如果表达式中有双精度浮点数（double 型数据），则按双精度进行运算。例如，表达式 5.0/2＋10 的结果 12.5 是 double 型数据。

（2）如果表达式中最高精度是单精度浮点数（float 型数据），则按单精度进行运算。例如，表达式 5.0F/2＋10 的结果 12.5 是 float 型数据。

（3）如果表达式中最高精度是 long 型整数，则按 long 精度进行运算。例如，表达式 12L＋100－'a'的结果 209 是 long 型数据。

（4）如果表达式中最高精度低于 int 型整数，则按 int 精度进行运算。例如，表达式 (byte)10＋'a'和 5/2 的结果分别为 107 和 2，都是 int 型数据。

2. 强制类型转换

Java 允许把不超出 byte、short 和 char 的取值范围的算术表达式的值赋给 byte、short 和 char 型变量，即可以将位数较多的数据类型转换为位数较少的数据类型，如将 double 数据转换为 int 型数据或者 byte 型数据。但是使用强制转换类型时有可能要丢失信息，所以在进行强制转换时要测试结果是否在正确范围内。

```
int x = 10;
byte y = (byte)x;           //x 的值没有超出 byte 类型范围
System.out.println(y);      //输出 10
double d = 305;
byte b = (byte)d;           //d 的值超出 byte 表示范围,强制转换,丢失精度
System.out.println(b);      //输出 49
```

上面语句中，因为 double 占用 8 字节，byte 占用 1 字节，十进制的 305 用二进制表示需要占用 2 字节，其二进制表示为 00000001 00110001，所以转换 byte 时只得到最后一字节的数据就是 49，高位字节的数据就丢失了。

3. 类型自动提升

除了赋值语句可能发生类型转换外，在含变量的表达式中也有类型转换的问题，如下。

```
byte x = 10;
byte y = 20;
byte z;
int n;
```

```
z = x + y;                  //编译错误,类型自动提升为 int
z = (byte)(x + y);          //正确
n = x + y;                  //正确
```

在 Java 中进行算术运算时,如果操作数有变量,则系统会自动把操作数类型提升为 int 型,所以想要得到 byte 型的结果,就要强制类型转换,这就是类型的自动提升。

2.7.2 运算符优先级

Java 表达式就是用运算符连接起来的符合 Java 规则的式子。运算符的优先级决定了表达式中运算执行的先后顺序。例如,x＜y&&!z 相当于(x＜y)&&(!z),没有必要去记忆运算符的优先级别,在编写程序时尽量地使用括号()来实现想要的运算次序,以免产生难以阅读或含糊不清的计算顺序。运算符的结合性决定了并列的相同级别运算符的先后顺序。例如,加减的结合性是从左到右,8－5＋3 相当于(8－5)＋3;逻辑非运算符!的结合性是从右到左,!!x 相当于!(!x)。表 2.7 是 Java 所有运算符的优先级和结合性。

表 2.7 运算符的优先级和结合性

优先级	描 述	运算符	结合性
1	分隔符	[] () . , ;	
2	对象归类,自增自减运算,逻辑非	instanceof ++ -- !	右到左
3	算术乘除运算	* / %	左到右
4	算术加减运算	+ -	左到右
5	移位运算	>> << >>>	左到右
6	大小关系运算	< <= > >=	左到右
7	相等关系运算	== !=	左到右
8	按位与运算	&	左到右
9	按位异或运算	^	左到右
10	按位或	|	左到右
11	逻辑与运算	&&	左到右
12	逻辑或运算	||	左到右
13	三目条件运算	?:	右到左
14	赋值运算	=	右到左

2.8 综合案例

视频讲解

2020 年在湖北武汉需 10 天建成武汉火神山医院、12 天建成雷神山医院,在被称为"中国速度""世界奇迹"的背后,凝聚着"听党召唤、不畏艰险、团结奋斗、使命必达"的"火雷精神"。

陈应是医院智能设备安装的负责人,现场留给她的时间只有 48 小时,她说:"医院设计了大量基于 5G 和云平台技术的诊疗信息化系统,我们运用 BIM 技术现场按编号拼装,平时需要 2 个月安装调试的工作我们 48 小时就完成了;36 万米各类管线、6000 多个信息点位通过模拟铺搭,现场一次安装到位,大大加快了施工进度。"

1. 案例描述

在 2020 年火神山建设过程中，陈应团队为了完成医院智能设备的安装，平时需要 2 个月安装调试的工作，为了提前完成任务，他们提高了工作效率，结果他们只用了 48 小时就完成工作，编程计算陈应团队的工作效率提高了百分之多少？

2. 问题分析

工作效率提高百分比＝（现工效－原工效）/原工效×100％

设工作总量为 1，则工作效率分别为：原功效为 $1/2×30×24$，现功效为 $1/48$。

3. 参考代码

```java
public class Efficiency {
    public static void main(String[] args) {
        int time1 = 2 * 30 * 24,time2 = 48;
        double eff1,eff2,eff3;
        eff1 = 1.0/time1;            //原工作效率
        eff2 = 1.0/time2;            //现工作效率
        eff3 = (eff2 - eff1)/eff1;   //工作效率提高程度
        System.out.printf("原工作效率为：%.2f%%\n",eff1 * 100);
        System.out.printf("现工作效率为：%.2f%%\n",eff2 * 100);
        System.out.printf("效率提高了：%.2f%%\n",eff3 * 100);
    }
}
```

4. 运行结果

案例运行结果如图 2.6 所示。

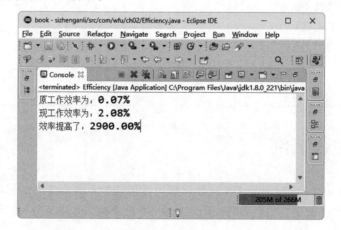

图 2.6　运行结果

小结

通过本章的学习，读者应该能够：

（1）进行基本 Java 程序的设计与实现。

（2）掌握 Java 的基本语法表达，能够规范定义标识符的名字，特别注意标识符的定义不能与系统关键字同名。

（3）熟练掌握输入/输出语句：System.out.print()、System.out.println()、Scanner input = Scanner(System.in)、input.nextInt()、input.nextDouble()……

（4）掌握常量与变量的定义与使用。常量用 final 定义，变量注意类型。

（5）掌握基本数据类型的定义与使用。基本数据类型包括 byte、short、int、long、float、double、boolean。

（6）掌握各类运算符的应用以及相关的表达式运算。主要有算术运算符、关系运算符、逻辑运算符、赋值运算符、位运算符。

（7）掌握数据类型的转换规则。

（8）了解运算符的优先级。表达式如果不能够确定运算先后顺序，可以用多级括号嵌套的方式进行控制。

（9）能够根据本章知识进行简单的程序设计。

习题

一、单选题

1. 下列(　　)表达式产生值 1。

  A. 2％1　　　　　B. 15％4　　　　　C. 25％5　　　　　D. 37％6

2. (　　)数据类型需要的内存最多。

  A. long　　　　　B. int　　　　　C. short　　　　　D. byte

3. 如果输入 1 2 3，运行此程序，输出结果为(　　)。

```
import java.util.Scanner;
public class Test1 {
    public static void main(String[] args) {
        Scanner input = new Scanner(System.in);
        System.out.print("Enter three numbers: ");
        double number1 = input.nextDouble();
        double number2 = input.nextDouble();
        double number3 = input.nextDouble();
        double average = (number1 + number2 + number3) / 3;
        System.out.println(average);
    }
}
```

  A. 1.0　　　　　B. 2.0　　　　　C. 3.0　　　　　D. 4.0

二、多选题

1. 下列(　　)是有效的标识符。

  A. $343　　　　　B. class　　　　　C. 9X　　　　　D. 8+9

  E. radius

2. 在变量定义中,对变量名的要求是(　　)。
   A. 在变量所在的整个源程序中变量名必须是唯一的,否则会造成混乱
   B. 变量名中可以包含关键字,但不能是关键字
   C. 变量名不能是 Java 关键字、逻辑值(true 或 false),以及保留字 null
   D. 变量名中不能出现空格,也不能出现减号
   E. 变量名必须以英语字母开头,不能以数字或汉字开头
3. 以下(　　)表达式的值为 0.5。
   A. 1/2					B. 1.0/2
   C. (double)(1/2)			D. (double)1/2
   E. 1/2.0

三、判断题

1. Java 关键字中的每个字母都是小写的。(　　)
2. 以下四条语句执行后 number 的值相等。(　　)

```
number += 1;
number = number + 1;
number++;
++number;
```

3. (x＞0||x＜10)与((x＞0)||(x＜10))相同。(　　)

四、编程题

1. 编写程序,从键盘输入圆柱底面半径和高,计算并输出圆柱的面积和体积。
2. 编写程序,计算贷款的每月支付额度。程序要求用户输入贷款的年利率、总金额和年数,程序计算月支付金额和总偿还金额,并将结果显示输出。计算贷款的月支付额公式如下。

$$\frac{贷款总额 \times 月利率}{1 - \dfrac{1}{(1 + 月利率)^{年数 \times 12}}}$$

提示:可以使用 Math.sqrt(double d)方法计算数的平方根,用 Math.pow(double a, double b)方法计算 a^b。

第3章 选择与循环

CHAPTER 3

本章学习目标
- 理解结构化程序设计的三种基本结构
- 掌握分支语句的使用
- 掌握分支嵌套的使用
- 掌握循环语句的使用
- 掌握循环嵌套的使用
- 掌握 break 与 continue 语句的使用

3.1 选择结构

视频讲解

结构化程序设计有三种基本结构：顺序结构、选择结构和循环结构。顺序结构比较简单，程序按照语句的顺序依次执行。本节介绍选择结构，也称为分支结构。

Java 里有几种类型的选择语句，分别是单分支 if 语句、双分支 if-else 语句、多分支 if-else if-else 语句、嵌套 if 语句、条件表达式和 switch 语句。

3.1.1 单分支 if 语句

单分支语句即根据一个条件来控制程序执行的流程。它的语法格式是：

if(表达式){
　　语句组
}

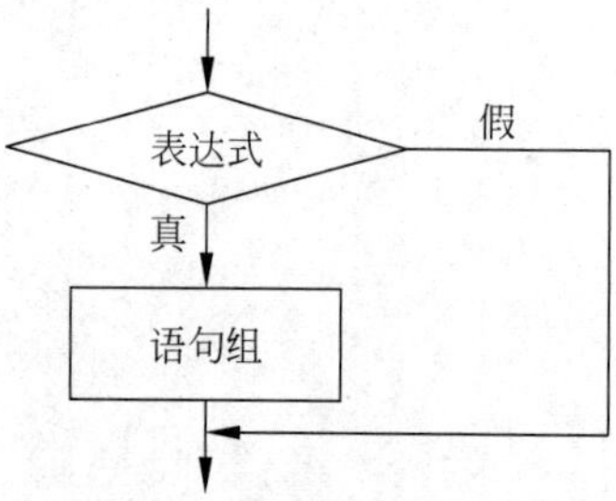

这里的表达式可以是关系表达式，也可以是逻辑表达式，本节所说的表达式如没有特别说明，则同此意，不再赘述。

单分支 if 语句结构如图 3.1 所示。在 if 语句中，关键字 if 后面的一对小括号内的表达式值必须是 boolean 类型，当值为 true 时，执行花括号里的语句组；当值为 false 时，直接跳过{}内的语句组执行{}后面的后继语句。

图 3.1 单分支 if 语句结构

需要注意的是，如果语句组中只有一条语句，{}可以省略不写，但是为了增强程序的可读性，一般不会省略{}。

编写程序，从键盘输入两个整数，输出其中的较大值。

【程序 Demo0301_Max.java】

```java
import java.util.Scanner;
public class Demo0301_Max {
    public static void main(String[] args) {
        int x,y,max;
        Scanner input = new Scanner(System.in);
        System.out.print("请输入第一个整数:");
        x = input.nextInt();
        System.out.print("请输入第二个整数:");
        y = input.nextInt();
        max = x;
        if(y > x) {
            max = y;
        }
        System.out.println("两个数的较大值是:" + max);
    }
}
```

运行结果如图 3.2 所示。

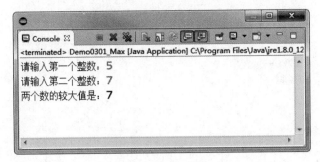

图 3.2　运行结果

3.1.2　双分支 if-else 语句

if-else 语句是双分支语句,它根据条件的真假控制程序的执行流程。if-else 语句的语法格式如下。

```
if(表达式){
    语句组 1
}
else{
    语句组 2
}
```

双分支 if-else 语句结构如图 3.3 所示。在 if-else 语句中,关键字 if 后面的一对小括号内的表达式值必须是 boolean 类型,当值为 true 时,执行花括号里的语句组 1;当值为 false 时,执行 else{}里的语句组 2。

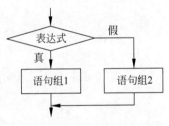

需要注意的是,如果语句组只有一条语句,{}可以省略不写,但是为了增强程序的可读性,一般不会省略{}。

图 3.3　双分支 if-else 语句结构

编写程序,从键盘输入一个整数,如果大于或等于 0 则输出"正整数",否则输出"负整数"。

【程序 Demo0302_Int.java】

```java
import java.util.Scanner;
public class Demo0302_Int {
    public static void main(String[] args) {
        int x;
        Scanner input = new Scanner(System.in);
        System.out.print("请输入一个整数:");
        x = input.nextInt();
        if(x >= 0) {
            System.out.println("正整数:");
        }else {
            System.out.println("负整数:");
        }
    }
}
```

运行结果如图 3.4 所示。

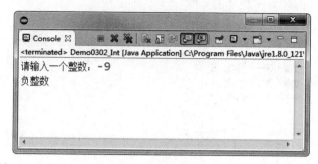

图 3.4　运行结果

3.1.3　多分支 if-else if-else 语句

在 3.1.2 节了解 if-else 能够表示双分支结构,如果在 else 后面继续加上 if-else 语句,则构成了多分支语句结构,即可以根据多个条件控制程序的执行流程。if-else if-else 的语法格式如下。

```
if(表达式1){
    语句组 1
}else if(表达式2){
    语句组 2
}
…
else{
    语句组 m
}
```

多分支 if else if-else 语句结构如图 3.5 所示。

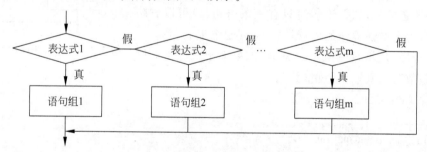

图 3.5　多分支 if else if-else 语句结构

程序执行 if-else if-else 时,按照该语句中的表达式顺序,首先计算表达式 1,如果结果为 true,则执行语句组 1,并结束当前的 if 语句;如果结果为 false,则继续判断表达式 2,如果结果为 true,则执行语句组 2,并结束当前的 if 语句;如果结果为 false,则继续下一条件的判断,直至最后。如果上面所有表达式都不满足,如果当前语句集中有 else 语句,则执行 else 内的语句组,没有 else 则退出 if 语句。

需要注意的是,如果语句组只有一条语句,{}可以省略不写,但是为了增强程序的可读性,一般不会省略{}。

编写程序,从键盘输入一个分数,如果小于 0 或者大于 100 提示分数错误;如果大于或等于 0 且小于 60 输出"不及格";大于或等于 60 且小于 70 输出"及格";大于或等于 70 且小于 80 输出"中等";大于或等于 80 且小于 90 输出"良好";大于或等于 90 输出"优秀"。

【程序 Demo0303_ Demo0303_Grade.java】

```java
import java.util.Scanner;
public class Demo0303_Grade {
    public static void main(String[] args) {
        double score;
        Scanner input = new Scanner(System.in);
        System.out.print("请输入成绩:");
        score = input.nextDouble();
        if(score < 0 || score > 100) {
            System.out.println("成绩非法!");
            System.exit(0);
        }
        if(score < 60) {
            System.out.print("不及格");
        }else if(score < 70) {
            System.out.print("及格");
        }else if(score < 80) {
            System.out.print("中等");
        }else if(score < 90) {
            System.out.print("良好");
        }else{
            System.out.print("优秀");
        }
    }
}
```

运行结果如图 3.6 所示。

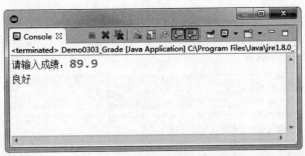

图 3.6　运行结果

在这段代码中,出现了语句 System.exit(0),它表示正常退出当前 Java 程序的运行,后继语句不再执行。

3.2　嵌套的 if 语句

视频讲解

单分支语句、双分支语句和多分支语句里面的语句组可以是一条语句,也可以是多条语句,这里的语句类别基本不受限制,当然也可以是 if 语句,这样的一种语法结构(if 语句组仍然是 if 语句)称为嵌套结构。if 语句的嵌套深度没有限制,但是从开发者角度看,嵌套深度不宜太多,如果嵌套过多,程序代码则不宜调试也不适合阅读,此时可以通过其他算法进行解决。

编写程序，从键盘输入三个整数，求最大数，并输出最大数的输入顺序号。

【程序 Demo0304_MaxThree.java】

```java
import java.util.Scanner;
public class Demo0304_MaxThree {
    public static void main(String[] args) {
        int x,y,z,max;
        Scanner input = new Scanner(System.in);
        System.out.print("请输入第一个整数:");
        x = input.nextInt();
        System.out.print("请输入第二个整数:");
        y = input.nextInt();
        System.out.print("请输入第三个整数:");
        z = input.nextInt();

        if(x > y) {
            if(x > z) {
                System.out.println("第 1 个数最大,值 = " + x);
            }else {
                System.out.println("第 3 个数最大,值 = " + z);
            }
        }else {
            if(y > z) {
                System.out.println("第 2 个数最大,值 = " + y);
            }else {
                System.out.println("第 3 个数最大,值 = " + z);
            }
        }
    }
}
```

运行结果如图 3.7 所示。

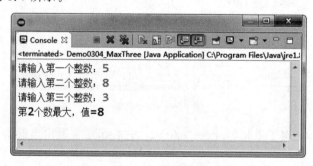

图 3.7　运行结果

3.3　switch 语句

如果需要从多个选项中选择其中一个，可以使用 switch 语句。switch 语句是单条件多分支语句，它的语法格式如下。

```
switch(表达式){
```

```
        case 常量值 1:
            语句组 1
            break;
        case 常量值 2:
            语句组 2
            break;
        …
        case 常量值 n:
            语句组 n
            break;
        default:
            语句组
    }
```

表达式的值可以是 byte、short、int、char 类型，常量 1、常量 2、…、常量 n 也是对应的 byte、short、int、char 类型，而且这些常量值互相不能相等。switch 首先计算表达式的值，如果和某个常量值相等，则执行相应的语句组，直到遇到 break 语句终止执行，跳出 switch 语句。如果表达式的值没有相等的常量值与之匹配，则执行 default 里的语句组，否则直接跳出 switch 语句，不执行 switch 语句里的任何语句组。

编写程序，从键盘输入一个分数，如果小于 0 或者大于 100 提示分数错误；如果大于或等于 0 且小于 60 输出"不及格"；大于或等于 60 且小于 70 输出"及格"；大于或等于 70 且小于 80 输出"中等"；大于或等于 80 且小于 90 输出"良好"；大于或等于 90 输出"优秀"。

【程序 Demo0305_Switch.java】

```java
import java.util.Scanner;
public class Demo0305_Switch {
    public static void main(String[] args) {
        double score;
        String grade = "";
        Scanner input = new Scanner(System.in);
        System.out.print("请输入成绩:");
        score = input.nextDouble();
        if(score < 0 || score > 100) {
            System.out.println("非法分数");
            System.exit(0);
        }
        int x = (int)score/10;
        switch(x) {
            case 0:
            case 1:
            case 2:
            case 3:
            case 4:
            case 5:
                grade = "不及格";
                break;
            case 6:
                grade = "及格";
                break;
            case 7:
                grade = "中等";
                break;
```

```
            case 8:
                grade = "良好";
                break;
            case 9:
                grade = "优秀";
                break;
            default:
                grade = "满分";
        }
        System.out.println("你的成绩等级是:" + grade);
    }
}
```

运行结果如图 3.8 所示。

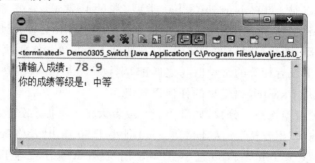

图 3.8 运行结果

在这段代码出现了 int x=(int)score/10,它把成绩缩小为原数的十分之一后再取整,是因为 switch 语句不支持 double 类型的判断,根据此案例的功能需求,只需要判断每个分数段的十位数就可以知道所属分数等级。在 switch 语句里,如果没有遇到 break 语句它就会顺着执行,所以 0、1、2、3、4、5 都属于不及格范围,无须 break 语句,只在最后比较条件 case 5 给出 break 即可。

视频讲解

3.4 条件表达式

条件表达式是由条件运算符构成的表达式。条件运算符(?:)的格式如下。

表达式?表达式 1:表达式 2

因为条件表达式需要三个操作数,又称为三元运算。它表示的含义是如果表示式的值是 true,则返回表达式 1 的结果值;如果是 false,则返回表达式 2 的结果值。它的逻辑同 if-else 结果一致。例如,求 a、b 两个整数的大数,可以用如下两种方式实现。

方式一:

```
int max = a>b?a:b;
```

方式二:

```
if(a>b){
    max = a;
}else{
    max = b;
```

}

3.5 while 循环

视频讲解

在程序设计中,有时需要根据某一条件反复执行一段代码,这种流程结构就是循环结构。在 Java 中循环结构的实现主要有 while 语句、do-while 语句和 for 语句。

不论是哪种循环,基本组成部分都包括:
(1) 循环变量的初始化部分。
(2) 循环条件的判断。
(3) 循环条件的变化(迭代)。
(4) 循环体语句。

先来学习 while 循环,它的基本语法结构如下。

```
while(表达式){
    语句组
}
```

while 里的表达式也称为循环条件,当条件值为 true 时执行循环体内的语句组;为 false 时退出循环体,执行循环的后继语句。while 循环结构如图 3.9 所示。

编写程序,用 while 循环实现从键盘输入 5 个数,计算这 5 个数的累加和与平均数。

【程序 Demo0306_While.java】

```java
import java.util.Scanner;
public class Demo0306_While {
    public static void main(String[] args) {
        int i = 1;
        double sum = 0;
        double x;
        Scanner input = new Scanner(System.in);
        while(i <= 5) {
            System.out.print("请输入第" + i + "个数:");
            x = input.nextDouble();
            sum = sum + x;
            i++;
        }
        System.out.println("总和是:" + sum);
        System.out.println("平均数是:" + sum/5);
    }
}
```

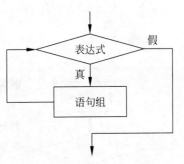

图 3.9 while 循环结构

运行结果如图 3.10 所示。

在这段代码中,变量 i 就是循环变量,它用来控制循环的次数,如果满足 i<=5 就执行循环体内的语句,并且在循环体内对 i 要进行+1 迭代,否则就无法退出循环。

while 循环结构最大的特点是先判断条件,后执行循环体。

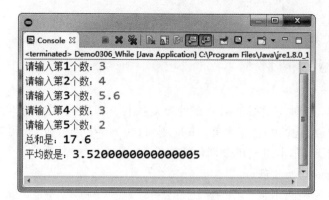

图 3.10 运行结果

3.6 do-while 循环

do-while 循环的语法结构如下。

```
do{
    语句组
}while(表达式)
```

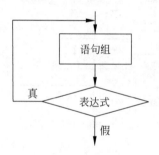

图 3.11 do-while 循环结构

do-while 循环首先执行一次循环体内的语句组,然后再判断循环条件是否满足(如果为 true 则继续执行循环体,如果为 false 则退出循环结构)。从这里也看出 do-while 循环与 while 循环结构的区别,即先执行后判断条件。do-while 循环结构如图 3.11 所示。

编写程序,用 do-while 循环实现 $1+2+3+\cdots+100$ 的累加和,并输出结果。

【程序 Demo0307_DoWhile.java】

```
public class Demo0307_DoWhile {
    public static void main(String[] args) {
        int i = 0;
        int sum = 0;
        do {
            sum = sum + i;
            i++;
        }while(i <= 100);
        System.out.println("1 + 2 + 3 + ... + 100 = " + sum);
    }
}
```

运行结果如图 3.12 所示。

在这段代码中,变量 i 就是循环变量,用来控制循环的次数,如果满足 i<=100 就执行循环体内的语句,并且在循环体内对 i 要进行+1 迭代,否则就无法退出循环。

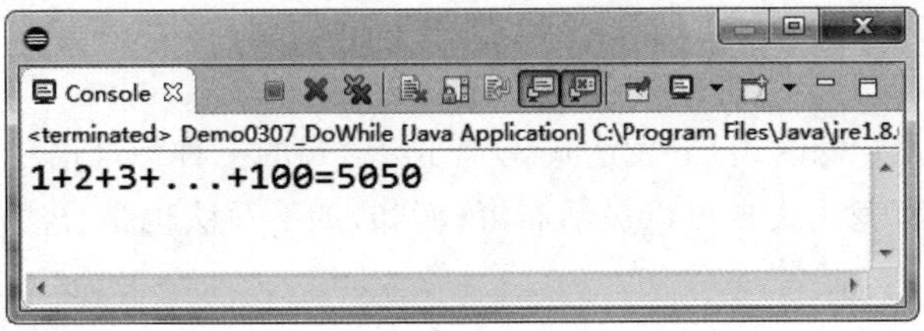

图 3.12　运行结果

3.7　for 循环

视频讲解

前面分别讲解了 while 循环和 do-while 循环。在程序开发过程中,还经常会使用另一种循环语句,即 for 循环语句,它通常用于循环次数已知的情况,其语法格式如下。

for(表达式 1;表达式 2;表达式 3){
　　语句组
}

for 关键字后面的()中包括三部分内容：表达式 1 是循环初始化部分；表达式 2 是循环条件部分,根据值是否为 true 或者 false 来决定是否执行循环体里的语句组；表达式 3 则是循环变量的迭代部分,这三部分都要用";"(分号)进行分隔。for 循环结构如图 3.13 所示。

编写程序,在 do-while 循环中实现 1+2+3+…+100 的累加和,并输出结果,现在这个功能用 for 循环实现。

【程序 Demo0308_For.java】

```java
public class Demo0308_For {
    public static void main(String[] args) {
        int sum = 0;
        for(int i = 1; i <= 100; i++) {
            sum = sum + i;
        }
        System.out.println("1 + 2 + 3 + ... + 100 = " + sum);
    }
}
```

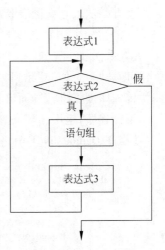

图 3.13　for 循环结构

运行结果如图 3.14 所示。

图 3.14　运行结果

在这段代码中,应注意以下几方面：

（1）变量 i 的 int 定义在 for 循环语句里，则它的作用域在 for 循环内部，在 for 循环外部 i 是不能使用的。

（2）for(表达式1；表达式2；表达式3)是 for 语句的一种标准语法规范，根据实际情况表达式1、表达式2 和表达式3 可以灵活布置，例如，如下写法也是合法的。

```
for(int i = 1;i <= 100;) {         //注意表达式2"i <= 100"后面的(;)不能省略
    sum = sum + i;
    i++;                            //i 写在这里可以更加灵活地进行迭代,如 i = i + 2 等
}
```

视频讲解

3.8 嵌套循环

有时为了解决一个较为复杂的问题，需要在一个循环中再定义一个循环，这样的方式被称为循环嵌套。循环嵌套没有层级的要求，但是为了程序易于阅读和调试，嵌套层级不宜过多。如果嵌套层级过多，要看看是否能够调其他算法解决。

下面通过一个案例程序来了解嵌套循环的应用。

九九乘法表在我国春秋战国时期就已经产生，在当时的许多著作中已经引用部分乘法口诀。最初的乘法表是以"九九八十一"起到"二二如四"止，共 36 句口诀。公元 5～10 世纪，九九乘法表扩充到"一一如一"，直到公元 13、14 世纪，九九乘法表的顺序才变成和现代一样，即从"一一如一"起到"九九八十一"止。九九乘法表后来传入高丽、日本，经过丝绸之路西传入印度、波斯，继而流行全世界，是古代中国对世界文化的一项重要贡献。

编写程序，运用循环嵌套实现九九乘法表的输出。

【程序 Demo0309_Fors. java】

```
public class Demo0309_Fors {
    public static void main(String[] args) {
        for(int i = 1;i <= 9;i++) {           //外层循环控制 i
            for(int j = 1;j <= i;j++)         //内层循环控制 j
                System.out.print(j + " * " + i + " = " + j * i + "  "); //只有一条语句,所以省略了{}
            System.out.println("");           //属于外循环,起到换行作用
        }
    }
}
```

运行结果如图 3.15 所示。

```
1*1=1
1*2=2  2*2=4
1*3=3  2*3=6  3*3=9
1*4=4  2*4=8  3*4=12  4*4=16
1*5=5  2*5=10  3*5=15  4*5=20  5*5=25
1*6=6  2*6=12  3*6=18  4*6=24  5*6=30  6*6=36
1*7=7  2*7=14  3*7=21  4*7=28  5*7=35  6*7=42  7*7=49
1*8=8  2*8=16  3*8=24  4*8=32  5*8=40  6*8=48  7*8=56  8*8=64
1*9=9  2*9=18  3*9=27  4*9=36  5*9=45  6*9=54  7*9=63  8*9=72  9*9=81
```

图 3.15　运行结果

3.9 break 和 continue

视频讲解

在 Java 循环结构中可以用 break 语句和 continue 语句完成程序流程的跳转。

3.9.1 break 语句

在 switch 条件语句和循环语句中都可以使用 break 语句。当它出现在 switch 条件语句中时，作用是终止某个 case 并跳出 switch 结构；当它出现在循环语句中，作用是跳出当前循环语句，执行后面的代码。下面通过一个案例程序来了解它的使用。

编写程序，找出 100～200 中前 3 个 7 的倍数数字。

【程序 Demo0310_Break.java】

```java
public class Demo0310_Break {
    public static void main(String[] args) {
        int i;
        int count = 0;
        for(i = 100; i < 200; i++) {
            if(i % 7 == 0) {
                System.out.println(i);
                count++;
            }
            if(count == 3)
                break;
        }
    }
}
```

运行结果如图 3.16 所示。

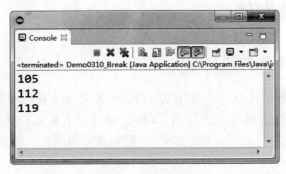

图 3.16 运行结果

在此例中，用 count 变量实现计数功能，当其值等于 3 时执行 break 语句，退出当前循环，虽然 i 仍然满足循环条件，但是也不会继续执行后续循环了。如果在循环嵌套结构中使用 break 语句，break 的功能是退出内层循环结构，继续执行外层循环。

3.9.2 continue 语句

在循环结构中，如果希望立即终止本次循环，并执行下一次循环，就需要使用 continue

语句。现在来求解 1~100 以内的偶数和。

【程序 Demo0311_Continue.java】

```java
public class Demo0311_Continue {
    public static void main(String[] args) {
        int sum = 0;
        for(int i = 1;i <= 100;i++) {
            if(i%2 == 1){
                continue;
            }
            sum = sum + i;
        }
        System.out.println("2 + 4 + 6 + ... + 100 = " + sum);
    }
}
```

运行结果如图 3.17 所示。

图 3.17 运行结果

本例中,如果当前数是奇数(i%2==1 成立),则执行 continue 语句,终止当前的循环语句,即后面的 sum=sum+i 不执行,而是立即进行新的循环条件判断。

视频讲解

3.10 综合案例

3.10.1 祖冲之与圆周率

祖冲之一生钻研自然科学,其主要贡献在数学、天文历法和机械制造 3 个方面。他在刘徽开创的探索圆周率的精确方法基础上,首次将圆周率精确到小数点后第 7 位,即在 3.141 592 6 和 3.141 592 7 之间,他提出的"祖率"对数学的研究具有重大贡献。直到 15 世纪,阿拉伯数学家阿尔卡西才打破了这一纪录。

1. 案例描述

编程,求 $\pi = 4 \times \left(1 - \dfrac{1}{3} + \dfrac{1}{5} - \dfrac{1}{7} + \cdots\right)$ 的近似值,直到最后一项的绝对值小于 10^{-8} 为止。

2. 问题分析

由于累加项是由分子和分母两部分组成的,因此累加项的构成规律为:

$$t = \text{sign}/n$$

由于相邻累加项的符号是正负交替变化的,因此可以令分子 sign 初始化为 1,然后通过 sign=－sign 来实现分子的正负变化,分母 n 初始化为 1,然后通过 $n=n+2$ 实现。计算数的绝对值可以通过 Math.abs()方法实现。

3. 参考代码

```java
public class PI {
    public static void main(String[] args) {
        int n = 1;
        double t, s = 0, sign = 1;
        do {
            t = sign/n;              //用分子 sign 除以分母 n 计算累加项
            s += t;                  //累加求和
            n += 2;                  //改变分母
            sign = - sign;           //改变分子
        } while (Math.abs(t) >= 1e-8);  //以 t 的绝对值小于 10⁻⁸ 作为循环结束的条件
        System.out.println("PI = " + s * 4);
    }
}
```

4. 运行结果

案例运行结果如图 3.18 所示。

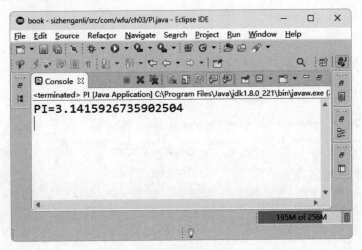

图 3.18 运行结果

3.10.2 鸡兔同笼问题

中华文化历史悠久,除了文学外,我国的古代数学也一直都在世界上名列前茅。除了人们耳熟能详的圆周率、勾股定理等卓越的数学贡献外,更有如刘徽、祖冲之等伟大的数学家留下的《九章算术》《周髀算经》《算数书》等经典的数学传世之作。一千五百年前的数学名著《孙子算经》中的趣味数学题"雉兔同笼"问题,曾漂洋过海,传到日本、欧洲等国,对世界各国的文明发展起到了很大的推动作用。

1. 案例描述

鸡兔问题在《孙子算经》中叙述为"今有雉兔同笼,上有三十五头,下有九十四足,问雉兔各几何?"意思就是:笼子里有若干只鸡和兔,从上面数,有35个头,从下面数,有94只脚,问鸡和兔各有多少只?

2. 问题分析

设鸡有 x 只,兔有 y 只。先从1只鸡开始,这样,兔子的只数就是总头数减1,即 $35-x$,循环中逐一增加鸡的只数,减少兔子的只数,并依据脚的总和 $2\times x+4\times y$ 是否等于94只来判断是否找到了答案。

3. 参考代码

```java
public class ChickRabit {
    public static void main(String[] args) {
        int x, y;
        for (x = 1; x < 35; x++) {
            y = 35 - x;
            if (2 * x + 4 * y == 94) {
                System.out.println("笼中有鸡" + x + "只,有兔" + y + "只");
            }
        }
    }
}
```

4. 运行结果

案例运行结果如图3.19所示。

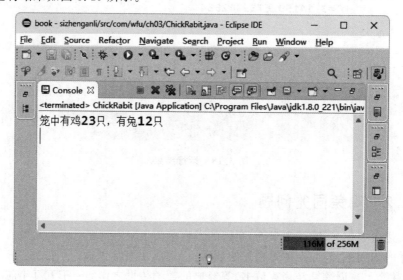

图 3.19　运行结果

小结

通过本章的学习,读者应该能够:

(1) 掌握各类分支语句的使用,包括 if 语句、if-else 语句、if-else if 语句、switch 语句、条件表达式以及分支的嵌套。

(2) 掌握各类循环语句的使用,包括 while 循环、do-while 循环和 for 循环。

(3) 掌握循环嵌套使用。

(4) 循环变量一定要迭代变化,否则会引起死循环。

(5) 能够区别 while 是先判断后执行循环体,do-while 是先执行循环体后判断结构。

(6) for 循环的表达式由三部分组成,是应用最频繁的循环语句,一般用在循环次数固定的情况下。

(7) 掌握 break 语句和 continue 语句的使用。知道 break 是跳出当前循环执行循环的后继语句,或者可以实现中断 switch 功能。知道 continue 是中断当前循环执行,立即进行下一次循环条件的判断。

习题

一、单选题

1. 以下代码的输出是(　　)。

```
double temperature = 50;
if (temperature >= 100)
  System.out.println("too hot");
else if (temperature <= 40)
  System.out.println("too cold");
else
  System.out.println("just right");
```

  A. too hot   B. too cold
  C. just right   D. too hot too cold just right

2. 假设输入 number 的值为 9,运行以下程序的输出是(　　)。

```
public class Test {
  public static void main(String[] args) {
    Scanner input = new Scanner(System.in);
    System.out.print("Enter an integer: ");
    int number = input.nextInt();
    int i;
    boolean isPrime = true;
    for (i = 2; i < number && isPrime; i++) {
      if (number % i == 0) {
        isPrime = false;
      }
    }
```

```
        System.out.println("i is " + i);
        if (isPrime)
          System.out.println(number + " is prime");
        else
          System.out.println(number + " is not prime");
    }
}
```

  A. i is 3   B. i is 3   C. i is 4   D. i is 4
   9 is prime   9 is not prime   9 is prime   9 is not prime

二、多选题

1. 下列（　　）等同于 x!=y。
  A. ！（x==y）   B. x＞y&&x＜y
  C. x＞y‖x＜y   D. x＞=y‖x＜=y
2. 以下（　　）是短路运算符。
  A. &&   B. &   C. ‖   D. ｜

三、判断题

1. x－2＜=4&&x－2＞=4。（　　）
2. switch 语句的控制变量可以是 char、byte、short、int 或者 String 类型。（　　）

四、程序题

1. 编写程序，要求用户从键盘上输入一个年份，输出该年是否是闰年。
2. 求解一元二次方程 $ax^2+bx+c=0$ 的解。可以使用下面的公式求解一元二次方程的解。

$$x_1 = \frac{-b+\sqrt{b^2-4ac}}{2a}, \quad x_2 = \frac{-b+\sqrt{b^2-4ac}}{2a}$$

b^2-4ac 称为一元二次方程的判别式，如果是正值，那么方程有两个实数根；如果为 0，方程就只有一个根；如果是负值，方程无实根。

编写程序，提示用户输入 a、b 和 c 的值，程序根据判别式显示方程的根。如果判别式为负值，显示"方程无实根"。提示：使用 Math.sqrt() 方法计算数的平方根。

3. 编写程序，要求用户从键盘输入一个年份，程序输出该年出生的人的生肖。中国生肖基于 12 年一个周期，每年用一个动物代表。鼠（rat）、牛（ox）、虎（tiger）、兔（rabit）、龙（dragon）、蛇（snake）、马（horse）、羊（sheep）、猴（monkey）、鸡（rooster）、狗（dog）和猪（pig）。通过 year%12 确定生肖，1900 年属鼠。

4. 西汉开国功臣、军事家韩信有一队兵，他想知道士兵有多少人，便让士兵排队报数。按从 1 到 5 报数，最末一个士兵报的数为 1；按从 1 到 6 报数，最末一个士兵报的数为 5；按从 1 到 7 报数，最末一个士兵报的数为 4；按从 1 到 11 报数，最末一个士兵报的数为 10。请问韩信至少有多少兵？

5. 从键盘输入两个整数，计算这两个整数的最小公倍数和最大公约数。

6. 1742 年 6 月 7 日，德国数学家哥德巴赫（Goldbach）写信给当时的大数学家欧拉，正式提出了以下的猜想：①任何一个大于 6 的偶数都可以表示成两个素数之和；②任何一个大于 9 的奇数都可以表示成三个素数之和。这就是哥德巴赫猜想。1966 年，我国数学家陈景润证明了数学界 200 多年悬而未决的世界级数学难题哥德巴赫猜想中的"1＋2"命题，这是哥德巴赫猜想研究史上的里程碑。他的论文发表后立即在国际数学界引起了轰动，被公认为是对哥德巴赫猜想研究的重大贡献。他的成果被国际数学界称为"陈氏定理"，写进美、英、法、日等国的许多数论书中。陈景润的先进事迹和奋斗精神，激励着一代代青年发愤图强，勇攀科学高峰。

编写程序验证哥德巴赫猜想的一个命题：任何一个大于 6 的偶数都可以表示成两个素数之和。提示：素数又称为质数，它是不能被 1 和它本身以外的其他整数整除的正整数。

第 4 章

CHAPTER 4

数 组

本章学习目标
- 熟练掌握一维数组的声明、创建、元素的访问
- 可以使用循环语句和增强 for 循环语句完成数组元素的访问
- 掌握数组常用应用方法
- 掌握 Arrays 类的应用
- 掌握二维数组的声明、创建和元素的访问
- 掌握二维数组的基本应用

4.1 声明和创建数组

视频讲解

数组是一组数据的集合,是具有相同类型的变量按顺序组成的一种复合数据类型,这些相同类型的变量称为数组的元素或者单元。数组通过数组名和索引来使用数组的元素。数组可分为一维数组和多维数组,本章将围绕数组进行详细的讲解。

数组属于引用型变量,创建数组需要经过声明数组和为数组分配变量两个步骤。

4.1.1 声明数组

声明数组包括数组变量的名字(数组名)、数组的类型。数组的语法声明有两种形式,分别如下。

类型 数组名[];
类型[] 数组名

这里的类型可以是基本数据类型,也可以是引用类型。[]表明当前声明的是数组变量,它可以放到数组变量名的后面,也可放到数组变量名的前面。例如:

int[] age;
double score[];

这里要注意的是,Java 不允许在声明数组的方括号中指定数组元素的个数。

4.1.2 创建数组

声明数组只是给出了数组变量的名字和元素的数据类型,也就是声明了一个数组的引用,并不能使用它。要想使用数组还需要给它分配空间,即创建数组。创建数组的语法格式如下。

数组名 = new 类型[元素个数];

例如:

age = new int[10];   //数组 age 包含 10 个 int 型元素
score = new double[10];   //数组 score 包含 10 个 double 型元素

数组的声明和创建也可以一起完成,例如:

int[] age = new int[10];
double score[] = new double[10];

当用 new 运算符创建一个数组时,系统就为数组元素分配了存储空间,这时系统根据指定的长度创建若干存储空间并为数组每个元素指定默认值。数值型数组元素默认值是 0;字符型元素的默认值是'\u0000';布尔型元素的默认值是 false;如果数组元素是引用类型,其默认值是 null。创建 double 型数组 score 后的示意图如图 4.1 所示。

提示:创建数组之后就不能修改它的大小。可以使用"数组名.length"得到数组的大小,即数组元素的个数。

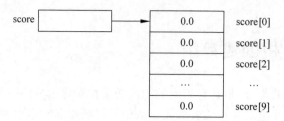

图 4.1 数组创建后效果

4.2 数组的初始化与使用

4.2.1 数组的初始化

声明数组并通过 new 运算符为其分配存储空间后，就可以通过数组名加索引下标的方式访问数组元素，如 age[0]，age[7]，score[8] 等。这里需要注意的是，数组下标的访问是从 0 开始的，因此数组若有 10 个元素，那么索引范围是 0~9。如果程序中使用了 age[10]，则程序运行时会抛出异常 ArrayIndexOutOfBoundsException。因此，在使用数组时要特别注意下标边界问题，防止索引越界报错。

为数组赋值方式如下。

```
age[0] = 23;
score[5] = 93.5;
```

当然，也可以在声明创建数组的同时为其赋初值。

```
int[ ] pcNums = new int{23,22,25,22,21};
double grade[ ] = {100,65,78,90};  //创建有 4 个元素的 double 型数组 grade,并赋初值
```

说明：

(1) 这种初始化称为静态初始化。

(2) 数组的大小由大括号中数值的个数确定。

4.2.2 数组的访问

访问数组元素当然是通过索引下标实现的，例如 int x=age[3]。因为数组中所有元素都是同一类型，可以使用循环以同样的方式反复处理这些元素。例如，遍历一个数组，如果数组元素个数已知，可以通过下列循环语句实现访问。

```
for(int i = 0;i < 10;i++)
    System.out.println(age[i]);
```

有的时候并不清楚数组的具体元素个数，则可以用 length 控制循环次数，如下。

```
for(int i = 0;i < age.length;i++) {
    System.out.println(age[i]);
}
```

for 循环语句除了人们常见的用循环变量控制循环次数外，还有一种增强型 for 循环，它特别适合用于访问引用型集合数据。例如，数组就是引用类型，可以用增强 for 循环访

问,如下。

```java
for(int x : age) {
    System.out.println(x);
}
```

标识符 x 为将要遍历的数组或集合中的元素类型变量,冒号(:)在这里是迭代运算符,冒号(:)后面跟着的是数组或者其他数据集合,当循环开始后,x 的值就是依次访问后得到的数组或者集合值,直到最后一个元素遍历完成。

编写程序,从键盘输入一个整数 n,然后随机生成 n 个 0~99 范围内的整数元素集合,求此集合中的最大值、最小值、和值与平均值。

【程序 Demo0401_Info.java】

```java
import java.util.Scanner;
public class Demo0401_Info {
    public static void main(String[] args) {
        System.out.print("请输入元素个数:");
        Scanner input = new Scanner(System.in);
        int n = input.nextInt();
        int[] age = new int[n];
        for(int i = 0;i < age.length;i++) {
            age[i] = (int)(Math.random() * 100);
            System.out.print(age[i] + "   ");
        }
        System.out.println();
        int max = age[0];
        int min = age[0];
        int sum = age[0];
        for(int i = 1;i < age.length;i++) {
            sum = sum + age[i];
            if(age[i]> max)
                max = age[i];
            if(age[i]< min)
                min = age[i];
        }
        System.out.println("max = " + max);
        System.out.println("min = " + min);
        System.out.println("sum = " + sum);
        System.out.println("avg = " + (double)sum/age.length);
    }
}
```

运行结果如图 4.2 所示。

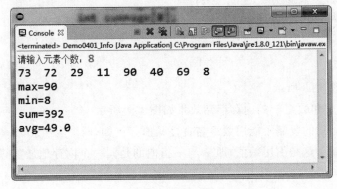

图 4.2　运行结果

此例中，(int)(Math.random() * 100)语句的功能是生成随机小数，并扩大 100 倍取整数。(double)sum/age.length 是对数组求平均数，并进行 double 型的强制类型转换。

4.3 数组常见操作

4.3.1 数组复制

视频讲解

有时需要做数组的备份，这就需要实现复制功能。比较简单的方式是将源数组的元素逐个复制到目标数组中，如下。

```
int[] x = new int[] {18,8,74,38,26,6,30,59};
int[] y = new int[x.length];
for(int i = 0;i < x.length;i++)
    y[i] = x[i];
```

除了用循环语句实现数组的复制功能外，还可以使用 System 类的 arraycopy()方法实现复制，其语法格式如下。

```
system.arraycopy(src, srcPos, dest, destPos, length);
```

其中各参数的含义如下。

src：源数组名。

srcPos：源数组的起始下标。

dest：目标数组名。

destPos：目标数组的起始下标。

length：要复制的元素个数。

编写程序，给定一个有 10 个元素{18,8,74,38,26,6,30,59,82,21}的数组 x 和一个 10 个空元素的数组 y，现在请把 x 数组从第 3 个元素开始连续 4 个数复制到 y 数组第 2 个位置开始的地方。

【程序 Demo0402_ArrayCopy.java】

```java
public class Demo0402_ArrayCopy {
    public static void main(String[] args) {
        int[] x = new int[] {18,8,74,38,26,6,30,59,82,21};
        int[] y = new int[10];
        System.arraycopy(x, 2, y, 1, 4);
        for(int n : y)
            System.out.print(n + " ");
    }
}
```

运行结果如图 4.3 所示。

执行后数组 x 和数组 y 的内存存储效果如图 4.4 所示。

注意：数组元素的复制不能用数组名直接赋值。例如，两个数组 x 和 y，如果想要复制不可以写成"$y=x$"，这是引用赋值，即 x 与 y 指向的是同一个内存地址空间(同一个数组对象)，这种复制模式称为复制引用。复制引用如图 4.5 所示。

图 4.3 运行结果

x[首地址]		y[首地址]	
x[0]	18	y[0]	0
x[1]	8	y[1]	74
x[2]	74	y[2]	38
x[3]	38	y[3]	26
x[4]	26	y[4]	6
x[5]	6	y[5]	0
x[6]	30	y[6]	0
x[7]	59	y[7]	0
x[8]	82	y[8]	0
x[9]	21	y[9]	0

图 4.4　arraycopy(x,2,y,1,4)示意图

x[首地址]		y[首地址]	
x[0]	18	x[0]	18
x[1]	8	x[1]	8
x[2]	74	x[2]	74
x[3]	38	x[3]	38
x[4]	26	x[4]	26
x[5]	6	x[5]	6
x[6]	30	x[6]	30
x[7]	59	x[7]	59
x[8]	82	x[8]	82
x[9]	21	x[9]	21

图 4.5　$y=x$ 示意图

如果想要做一个数组的完全复制,还可以用 clone()方法,此方法执行后将生成一个和源数组一模一样的备份集合。例如:

int[ ] z = x.clone();

数组 z 的元素和数组 x 完全一致,除了数组名字不一样。

4.3.2　数组的查找

查找是在数组中寻找特定元素的过程,是计算机程序设计中经常要完成的任务。数据的查找算法较多,应用较多的算法有线性查找和二分查找。

1. 线性查找

视频讲解

线性查找又称顺序查找,是一种最简单的查找方法,它的基本思想是从第一个记录开始,逐个比较记录的关键字,直到和给定的 K 值相等,则查找成功;若比较结果与文件中 n 个记录的关键字都不等,则查找失败。线性查找把关键字和数组中的每一个元素进行比较,执行时间会随着元素个数的增长而线性增长,所以对于大数组而言,线性查找的效率不高。

编写程序,给定一个有 10 个元素{18,8,74,38,26,6,30,59,82,21}的数组 x,从键盘输入一个整数 key,查找 key 是否在当前数组集合里,如果存在返回索引下标位置,否则返回 -1。

【程序 Demo0403_LinearSearch.java】

```
import java.util.Scanner;
public class Demo0403_LinearSearch {
    public static void main(String[] args) {
        int[] x = new int[] {18,8,74,38,26,6,30,59,82,21};
        int index = -1;
        System.out.print("请输入要查找的数:");
        Scanner input = new Scanner(System.in);
        int n = input.nextInt();
        for(int i = 0;i < x.length;i++) {
            if(n == x[i]) {
                index = i;
                break;
            }
        }
        System.out.println("索引位置:" + index);
    }
}
```

运行结果如图 4.6 所示。

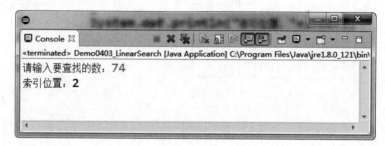

图 4.6 运行结果

视频讲解

2. 二分查找

使用二分查找法的前提条件是数组中的元素必须已经排好序。二分法首先将关键字与数组的中间元素进行比较。

考虑下面三种情况。

如果关键字小于中间元素,只需要在数组的前一半元素中继续查找关键字。

如果关键字和中间元素相等,则匹配成功,查找结束。

如果关键字大于中间元素,只需要在数组的后一半元素中继续查找关键字。

编写程序,给定一个有序 10 元素数组{2,3,6,19,23,34,39,41,44,52},从键盘输入一个整数 key,用二分法查找 key 是否在当前数组集合里,如果关键字在列表中,返回其在列表中匹配元素的下标,否则,返回-插入点-1(插入点就是关键字插入列表的位置)。

【程序 Demo0404_binarySearch.java】

```
import java.util.Scanner;
public class Demo0404_binarySearch {
    public static void main(String[] args) {
        int[] x = new int[] {2,3,6,19,23,34,39,41,44,52};
        int index = -1;
```

```
        System.out.print("请输入要查找的数:");
        Scanner input = new Scanner(System.in);
        int key = input.nextInt();
        int low = 0, high = x.length - 1, mid;
        while(low <= high) {
            mid = (low + high)/2;
            if(key < x[mid])
              high = mid - 1;
            else if(key == x[mid]) {
                index = mid;
                break;
            }
            else
              low = mid + 1;
        }
        if(index == -1)
            index = -low - 1;
        System.out.println("当前要查找的数字的位置应该在:" + index);
    }
}
```

查找到 key 值的运行结果如图 4.7 所示。

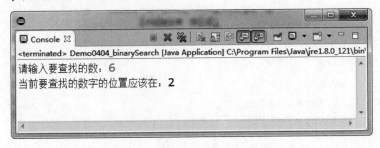

图 4.7　找到 key 值的运行结果

查不到 key 值的运行结果如图 4.8 所示。

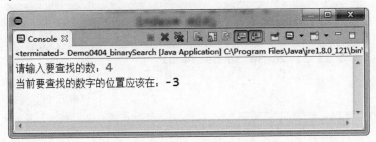

图 4.8　找不到 key 值的运行结果

当前要查找的数字 4 在数组集合中不存在,但是如果要存在的话它应该在第 3 个位置上,因为不存在用-(负号)标记,所以结果是-3。

4.3.3　数组排序

排序就是整理列表中的无序数据,使数据按照元素递增(递减)的次序排列起来。数据的排序算法较多,常用的排序算法有选择排序和冒泡排序。

1. 选择排序

选择排序的算法就是首先找到数列中最小（最大）的数，然后将它和第一个元素交换；接下来，在剩余的数中找最小（最大）的数，将它与第二个元素交换，以此类推，直到数列中仅剩一个数为止。对 N 个数据的数列，需进行 $N-1$ 趟排序操作。第 i 趟需要比较的元素个数为 $N-i$ 个。

编写程序，给定一个有 10 个无序元素{18,8,74,38,26,6,30,59,82,21}的数组 x，用选择排序算法完成数组的有序排列。

【程序 Demo0405_ChooseSort.java】

```java
public class Demo0405_ChooseSort {
    public static void main(String[] args) {
        int[] x = new int[] { 18, 8, 74, 38, 26, 6, 30, 59, 82, 21 };
        int k, temp;
        for (int i = 0; i < x.length - 1; i++) {
            k = i;
            for (int j = i + 1; j < x.length; j++)
                if (x[j] < x[k])
                    k = j;
            if (k != i) {
                temp = x[i];
                x[i] = x[k];
                x[k] = temp;
            }
        }
        for(int i = 0;i < x.length;i++)
            System.out.print(x[i] + " ");
    }
}
```

运行结果如图 4.9 所示。

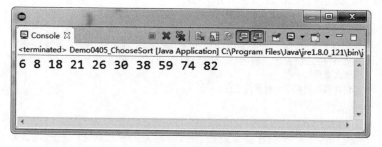

图 4.9 运行结果

2. 冒泡排序

冒泡排序的基本算法就是对于给定的待排序数据，从头开始，依次对相邻的两个数据进行两两比较，当前者大时，两数交换位置，直到比较完最后一个数据，此时，这些数据的最大值处于最末位置。该比较称为一趟比较。然后对其余数据重复这种比较过程，直到排序结束。对 N 个数据的数列，最多需进行 $N-1$ 趟排序操作。第 i 趟需要比较的元素个数为 $N-i$ 个。

【程序 Demo0406_BubbleSort.java】
```java
public class Demo0406_BubbleSort {
    public static void main(String[] args) {
        int[] x = new int[] { 18, 8, 74, 38, 26, 6, 30, 59, 82, 21 };
        int temp;
        for (int i = 0; i < x.length - 1; i++)
            for (int j = i + 1; j < x.length; j++)
                if (x[i] > x[j]) {
                    temp = x[i];
                    x[i] = x[j];
                    x[j] = temp;
                }
        for(int i = 0;i < x.length;i++)
            System.out.print(x[i] + " ");
    }
}
```

运行结果如图 4.10 所示。

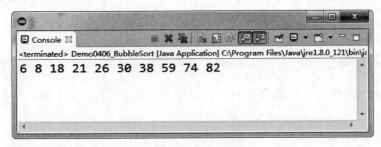

图 4.10 运行结果

4.3.4 Arrays 类

Arrays 类位于 Java.util 包下,是一个对数组操作的工具类。java.util.Arrays 类定义了各种各样的静态方法,用于实现数组的排序、查找、复制、填充以及返回数组的字符串表示等。

1. 数组排序 sort()

使用 Arrays 的 sort()方法或者 parallelSort()方法可以对整个数组或者部分数组元素进行排序。对于基本数据类型的数据,默认按照数据的升序排序。

对数组 list 中的元素按照自然顺序排序:

`Arrays.sort(list);`

对数组 list 从 list[1]到 list[4-1]的部分数据排序:

`Arrays.sort(list,1,4);`

Java8 新提供了一种排序方法,即 Arrays.parallelSort(list) 方法,这是一种并行算法,利用多核进行快速排序。

2. 元素查找 binarySearch()

对排序好的数组可以使用 Arrays 的 binarySearch()方法从数组中快速查找指定元素。

```
int[] list = {13,27,38,49,56};
//若找到,方法返回元素在数组中的位置
int x = Arrays.binarySearch(list,38);
//x = 2
//若找不到,方法返回 -(插入点 - 1)
int x = Arrays.binarySearch(list,40);
//x = - 4
```

3. 数组复制 copyOf()与 copyOfRange()

使用 Arrays 类的 copyOf()方法或者 copyOfRange()方法将一个数组中的全部或部分元素复制到另一个数组中。

```
int[] x = { 49, 38, 65, 97, 76};
//将数组 x 中的 8 个元素复制到 y 中
int[] y = Arrays.copyOf(x,8);
//y = 49、38、65、97、76、0、0、0
//将 x[2]到 x[4-1]的元素复制到 y 中
int[] y = Arrays.copyOfRange(x,2,4);
//y = 65、97
```

4. 元素填充 fill()

使用 Arrays 类的 fill()方法可以将一个值填充到数组的每一个元素或者指定的连续元素中。

```
//将 0 填充到 x 数组中
Arrays.fill(x,0);
//将 8 填充到 x[1]到 x[4-1]中
Arrays.fill(x,1,4,8);
```

5. 数组比较 equals()

使用 Arrays 类的 equals()方法可以比较两个数组,如果两个数组元素个数相同且对应位置上的元素相等,则返回 true,否则返回 false。

```
int[] list1 = {2,4,7,10};
int[] list2 = {2,4,7,10};
int[] list3 = {4,2,7,10};
//数组 list1 和 list2 相等,返回 true
System.out.println(Arrays.equals(list1,list2));
//数组 list1 和 list3 不相等,返回 false
System.out.println(Arrays.equals(list1,list3));
```

注意:数组对象的 equal()方法用来比较两个引用是否相同,而 Arrays 类的 equals()方法用来比较两个数组对应元素是否相同。

```
int[] list1 = {2,4,7,10};
int[] list2 = {2,4,7,10};
System.out.println(Arrays.equals(list1,list2));   //数组 list1 和 list2 相等,返回 true
System.out.println(list1.equals(list2));          //数组 list1 和 list2 指向不同的引用,返回 false
int[] list3 = list1
System.out.println(list1.equals(list3));          //同一个引用比较,返回 true
```

4.4 二维数组

视频讲解

在Java中,数组元素可以是任何类型,如果一维数组的元素类型还是一维数组,这种数组被称为二维数组。

4.4.1 声明二维数组

二维数组和一维数组一样,也要经过声明、创建和初始化几个基本步骤。二维数组声明的语法格式如下。

数组类型[][] 数组名

说明:数组类型就是数组元素的类型,可以是基本数据类型,也可以是引用数据类型。

```
int[][] grades;
String[][] usernames;
```

4.4.2 创建二维数组

创建二维数组就是为二维数组分配存储空间。系统先为高维分配引用空间,然后再顺次为低维分配空间。

分配空间有以下两种方法。

(1)直接为每一维分配空间。

```
int[][] grades = new int[3][4];
```

(2)先为第一维分配空间,再为第二维分配空间。

```
int[][] grades = new int[3][];        //分配第一维
grades[0] = new int[4];                //分配第二维
grades[1] = new int[4];
```

(3)在Java中,二维数组各行的长度可以不同,这样的数组称为锯齿数组。先为第一维分配空间,再为第二维分配空间。

```
int[][] ages = new int[3][];           //分配第一维有3个元素
ages[0] = new int[4];                   //分配第二维
ages[1] = new int[5];
ages[2] = new int[3];
```

锯齿二维数组的元素分配空间如图4.11所示。

4.4.3 获取二维数组的长度

二维数组实际上是一个一维数组,它的每个元素都是一个一维数组。数组的长度是数组中元素的个数,可以用"数组名.length"获取数组的长度。

```
int[][] ages = new int[3][4];
```
ages.length的值为3。

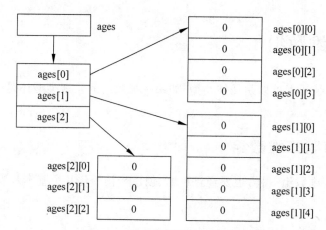

图 4.11　ages 数组元素空间分配

ages[0].length、ages[1].length、ages[2].length 的值都为 4。

编写程序,定义一个二维数组 m1,其维度分别为 4 和 5;定义一个锯齿二维数组 m3,一维是 3,二维分别是 3、4、2。请验证各维长度。

【程序 Demo0402_ArrayCopy.java】

```java
public class Demo0409_TwoArrayInit {
    public static void main(String[] args) {
        int[][] m1;                        //声明二维数组
        m1 = new int[4][5];                //创建数组对象,4 行 5 列
        int[][] m2 = new int[4][5];        //声明与创建二合一
        int[][] m3 = new int[3][];         //锯齿数组,第一维
        m3[0] = new int[3];                //分配二维
        m3[1] = new int[4];                //每一维数量可以不一样
        m3[2] = new int[2];
        //获取二维长度
        System.out.println("m3.length = " + m3.length);
        System.out.println("m3[0].length = " + m3[0].length);
        System.out.println("m3[1].length = " + m3[1].length);
    }
}
```

运行结果如图 4.12 所示。

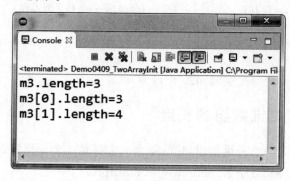

图 4.12　运行结果

4.4.4 二维数组的使用与初始化

二维数组中使用两个下标,第一维表示行,第二维表示列。同一维数组一样,每个下标索引值都是 int 型的,从 0 开始。

访问二维数组的元素,使用下面的语法格式。

数组名[index1][index2]

index1、index2 是数组的下标,二维数组的下标与一维数组一样,可以是整型常数或者表达式,下标访问范围从 0 开始,到该维的长度-1 为止。

例如,下列代码给 ages 数组赋值。

```
ages[0][0] = 23;
ages[0][1] = 24;
ages[1][3] = 22;
ages[2][2] = 24;
```

如果想要输出第 2 行第 3 个元素,则代码如下。

```
System.out.println(ages[1][2]);
```

可以使用下面的语句来声明、创建和初始化一个二维数组。

```
int[][] ages = {{1,2,3},{4,5,6},{7,8,9}};
```

这里要注意,在初始化时,每一维的数据都在一对{}中,每个元素都要用逗号分隔。

对于二维数组,一般称第一维为行,第二维为列。遍历二维数组通常使用嵌套循环实现。外层循环控制行(第一维),内层循环控制列(第二维)。

编写程序,运用嵌套循环完成二维数组的随机赋值与遍历输出。

【程序 Demo0410_TwoArrayUse.java】

```
public class Demo0410_TwoArrayUse {
    public static void main(String[] args) {
        int[][] m1 = new int[4][5];
        //赋值 1
        m1[0][0] = 20;
        m1[0][4] = 30;
        m1[1][3] = 22;
        //赋值 2
        int[][] m2 = {{1,3,5},{2,4,6}};
        System.out.println(m2[1][1]);
        //也可以通过双循环赋值
        for(int i = 0;i < m1.length;i++)
            for(int j = 0;j < m1[i].length;j++)
                m1[i][j] = (int)(Math.random() * 100);
        for(int i = 0;i < m1.length;i++) {
            for(int j = 0;j < m1[i].length;j++)
                System.out.print(m1[i][j] + " ");
            System.out.println();
        }
    }
}
```

案例运行结果如图 4.13 所示。

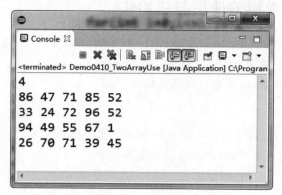

图 4.13 运行结果

4.5 综合案例

4.5.1 空气质量等级判定

绿水青山就是金山银山,保护生态环境就是保护生产力,改善生态环境就是发展生产力。"十三五"期间,中国生态环境明显改善,全国各地环境"颜值"普遍提升,民众的生态环境获得感、幸福感、安全感显著增强。

1. 案例描述

编写程序,根据 2022 年北京市 8 月份空气质量指数(https://tianqi.2345.com/),完成以下题目。

(1) 统计北京市 2022 年 8 月份空气质量为"优"的天数。

(2) 计算 8 月平均空气质量指数,空气最好值以及空气最差值。

2. 问题分析

空气质量指数(Air Quality Index,AQI)描述了空气清洁或者污染的程度,以及对健康的影响。空气质量指数(AQI)按照 0~50、51~100、101~150、151~200、201~300 和 301~500 划分为 6 个等级:一级优、二级良、三级轻度污染、四级中度污染、五级重度污染、六级严重污染,分别用绿、黄、橙、红、紫、褐红色来标识。

第 1 步:初始化。定义一个有 31 个元素的名为 a 的数组,用来存放 8 月份每天的 AQI。定义 count 存放空气质量为"优"的天数,ave 存放平均值,max 存放最差值,min 存放最好值。

第 2 步:遍历数组中的所有数值,如果小于或等于 50,空气质量为"优"的天数 count 加 1,如果当前 AQI 值小于 max,修改 max 的值为当前 AQI,如果当前 AQI 值大于 min,修改 min 的值为当前 AQI。

第 3 步:计算平均值:ave/=a.length。

3. 参考代码

```java
public class AQI {
    public static void main(String[] args) {
        //8月份的空气质量指数
        int[] a = { 66, 62, 61, 61, 52, 43, 46, 23, 21, 34, 46, 65, 71, 48, 31, 28, 46, 52, 34, 31, 54, 34, 17, 31, 32, 25, 21, 46, 32, 49, 23 };
        //count 存放空气质量为"优"的天数,ave 存放平均值,max 存放最差值,min 存放最好值
        int count = 0, ave = 0, max, min;
        max = min = a[0];
        for(int i = 0; i < a.length; i++) {
            if(a[i] <= 50) {
                count++;
            }
            if(max < a[i]) {
                max = a[i];
            }
            if(min > a[i]) {
                min = a[i];
            }
            ave = ave + a[i];
        }
        ave = ave/a.length;
        System.out.println("本月空气质量为"优"的天数为:", count);
        System.out.println("本月平均空气质量指数为:" + ave);
        System.out.println(空气最好值为:" + min);
        System.out.println(空气最差值为:" + max);
    }
}
```

4. 运行结果

案例运行结果如图 4.14 所示。

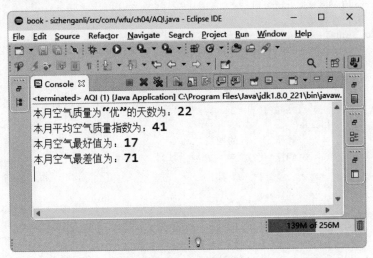

图 4.14 运行结果

4.5.2 杨辉三角形

杨辉三角形，又叫作贾宪三角形、帕斯卡三角形。它在中国最早由贾宪在《释锁算术》中提出，后来南宋数学家杨辉在所著的《详解九章算法》中进行了详细说明。在欧洲，帕斯卡(1623—1662)在1654年发现这一规律，所以这个表又叫作帕斯卡三角形。帕斯卡的发现比杨辉要迟393年，比贾宪迟600年。杨辉三角形是中国数学史上的一个伟大成就，是我国古代数学的杰出研究成果之一。

```
            1
          1   1
        1   2   1
      1   3   3   1
    1   4   6   4   1
  1   5  10  10   5   1
1   6  15  20  15   6   1
1   7  21  35  35  21   7   1
1   8  28  56  70  56  28   8   1
1   9  36  84 126 126  84  36   9   1
```

图 4.15　杨辉三角形

1. 案例描述

编程打印杨辉三角形的前 10 行。杨辉三角形如图 4.15 所示。

2. 问题分析

第 1 步：定义一个 10×10 的二维数组 array。

第 2 步：第 0 行只有一个数字 1，即 array[0]={1};。

第 3 步：从第 1 行开始，每行的数字个数恰好等于行数加 1，即 array[i]=new int[i+1];。

第 4 步：每行的第一个和最后一个数字为 1，即 array[i][0]=1,array[i][i]=1;。

第 5 步：每行的其他元素的值等于上一行的"两肩"之和，即 array[i][j]=array[i−1][j−1]+array[i−1][j]。

3. 参考代码

```java
public class YangHui {
    public static void main(String[] args) {
        int[][] array = new int [10][10];
        array [0] = new int[]{1};
        //第一行就是1
        for (int i = 1;i < 10;i++){
            array[i] = new int [i+1];
            for (int j = 0;j < i + 1;j++){
                if(j == 0||j == i){
                    //边界特殊处理
                    array[i][j] = 1;
                } else{
                    //等于上一行的两肩之和
                    array[i][j] = array[i-1][j] + array[i-1][j-1];
                }
            }
        }
        for(int i = 0;i < 10;i++) {
            System.out.print("n = " + i);
            for(int k = 0;k < 2 * (10 - i);k++) {
                System.out.print(" ");
            }
            for(int j = 0;j <= i;j++) {
```

```
            System.out.printf(" % - 4d",array[i][j]);
        }
        System.out.println();
    }
  }
}
```

4. 运行结果

案例运行结果如图 4.16 所示。

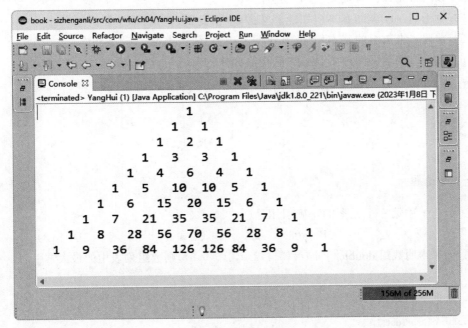

图 4.16　运行结果

5. 思政元素

　　杨辉是中国宋代著名的数学家,他整理杨辉三角形领先于法国数学家帕斯卡近 400 年,这是我国数学史上伟大的成就。通过对杨辉三角形起源认知,激发学生的爱国热情和民族自豪感,同时也让学生树立坚定的信念,向科学家学习,成长为思想政治可靠、专业技术过硬的建设人才。通过对杨辉三角形的输出程序设计培养学生的建模意识,启发学生推演思维的同时又能让学生深深体味中华传统文化中的精髓。

小结

　　通过本章的学习,读者应该能够:

　　(1)掌握一维数组的基本应用。声明方式用"数组类型[ ] 数组名",创建用 new 关键字,并且创建时要指定数组的大小。

　　(2)数组只有创建后才可以为其赋值。赋值要指定下标,数组的下标从 0 开始,而且必须是整型常量表达式或者变量表达式。

（3）创建数组后每种类型都有默认值。数值型数组元素默认值是 0；字符型元素的默认值是 '\u0000'；布尔型元素的默认值是 false；如果数组元素是引用类型，其默认值是 null。

（4）数组可以声明、创建、赋初值合并成一条语句完成。注意，这里不可以再对数据个数指定，其个数由初值个数决定。

（5）数组元素的遍历可以用基本循环语句和增强 for 循环语句。

（6）数组常见操作有复制、查找、排序等。

（7）对于 Array 类的基本应用能够掌握，包括复制、查找、排序等。

（8）掌握二维数组的基本使用，其声明方式为"数组类型[][] 数组名"。

（9）对于二维数组的声明、创建、赋初值合并一条语句，语法为

数组类型[][] 数组名 = {{…},{…},…}

习题

一、单选题

1. 数组 a 中第三个元素的正确引用是（　　）。
   A. a[2]　　　　B. a(2)　　　　C. a[3]　　　　D. a(3)
2. 如果声明数组 double[] list={3.4,2.0,3.5,5.5}，则数组列表中的最大索引为（　　）。
   A. 0　　　B. 1　　　C. 2　　　D. 3　　　E. 4
3. 下面代码的输出是（　　）。

```
public class Test {
  public static void main(String[] args) {
    int[] list1 = {1, 2, 3};
    int[] list2 = {1, 2, 3};
    list2 = list1;
    list1[0] = 0; list1[1] = 1; list2[2] = 2;
    for (int i = 0; i < list1.length; i++)
      System.out.print(list1[i] + " ");
  }
}
```

　　A. 1 2 3　　　　B. 1 1 1　　　　C. 0 1 2　　　　D. 0 1 3

二、多选题

1. 下列（　　）不正确。
   A. int[] a = new int[2];　　　　　B. int a[] = new int[2];
   C. int[] a = new int(2);　　　　　D. int a = new int[2];
   E. int a() = new int[2];
2. 初始化由两个字符"a"和"b"组成的数组方式（　　）。
   A. char[] charArray=new char[2];

charArray={'a','b'};
   B. char[2] charArray={'a','b'};
   C. char[] charArray={'a','b'};
   D. char[] charArray=new char[]{'a','b'};
3. 下列哪项陈述是正确的？（   ）
   A. char[][][] charArray = new char[2][2][];
   B. char[2][2][] charArray = {'a','b'};
   C. char[][][] charArray = {{'a', 'b'}, {'c', 'd'}, {'e', 'f'}};
   D. char[][][] charArray = {{{'a', 'b'}, {'c', 'd'}, {'e', 'f'}}};

三、程序题

1. 继 2008 年夏奥会之后，2022 年冬奥会花落北京，北京成为世界上首座"双奥之城"。在 2022 年北京冬奥会上，隋文静与韩聪获得花样滑冰双人滑比赛的金牌，实现了花滑双人滑全满贯的壮举。冬奥会的花样滑冰比赛为 9 人裁判制，裁判组的执行分是通过计算 9 个计分裁判的执行分的修正平均值来确定的，即去掉一个最高分和一个最低分，然后计算出剩余 7 个裁判的平均分数(假设采用百分制，即分值为 0~100)，请编程计算某参赛选手的最终比赛分数。

2. 现有如下一个数组：

int[] oldArr = {1,3,4,5,0,0,6,6,0,5,4,7,6,7,0,5};

要求将以上数组中值为 0 的项去掉，将不为 0 的值存入一个新的数组，生成的新数组为

int[] newArr = {1,3,4,5,6,6,5,4,7,6,7,5};

3. 现给出两个数组：

数组 a："1,7,9,11,13,15,17,19"

数组 b："2,4,6,8,10"

将两个数组合并为数组 c。

4. 编写程序，输出 Fibonacci 数列的前 50 项。Fibonacci 数列的第 1 项和第 2 项都是 1，以后每个数是前两项之和，其公式为 $f_1=f_2=1, f_n=f_{n-1}+f_{n-2}(n \geqslant 3)$。要求用数组存储 Fibonacci 数据。

5. 编程求解约瑟夫问题。12 个人围成一圈，从 1 号开始报数，凡是数到 5 的人就离开，然后继续报数，问最后剩下的一人是谁？

6. 中共中央总书记、国家主席、中央军委主席习近平于 2021 年 6 月 23 日同正在天和核心舱执行任务的神舟十二号航天员聂海胜、刘伯明、汤洪波亲切通话。由多颗中继卫星组成的我国天基测控系统成功保障了这次天地通话清晰流畅。假设中继卫星数量为 n(假设 n 不超过 40)，其中每颗卫星具有各自的编号和载重量。请编程从键盘输入卫星的编号和载重量，当输入为负值时，表示输入结束，然后从键盘任意输入一个编号，查找并输出该编号卫星的载重量，若找不到该编号的卫星，则输出"Not found!"。

第5章 类与对象

CHAPTER 5

本章学习目标
- 理解面向对象编程思想
- 掌握Java中创建类和对象的方法
- 掌握构造方法的概念
- 掌握Java的方法重载
- 掌握包的创建和使用方法
- 掌握Java访问修饰符的使用
- 掌握静态变量、静态方法的使用

5.1 面向对象思想

一般来说,计算机的基本功能就是数据处理,即编写程序,把现实世界中的事物表示为数据,然后对数据进行某种操作,得到人们需要的结果。

早期编程是非结构化编程,当程序执行到某一行,根据条件需要分支或循环操作时,就跳转(goto 行号)到相应的程序行继续执行。当程序中需要多次跳转时,程序的流程图中就会有很多的跳转线,像"一碗面条",非常难以阅读,并且很容易出错。

结构化程序设计在 20 世纪 60 年代开始发展,并很快成为程序设计的主流。结构化程序由一些简单、有层次的程序流程架构所组成,可分为顺序、选择和循环结构。结构化编程放弃了 goto 语句,可以避免写出面条式代码,改善程序的明晰性、品质以及开发时间。但是,结构化编程在可维护性、扩展性和复用性方面存在一定的不足,而面向对象的思想可以很好地解决这些问题,逐渐成为程序设计的主流模式。

面向对象编程(Object Oriented Programming,OOP)就是以对象为单位进行编程设计。对象即现实世界中的事物,是可以明确标识的一个实体。例如,一个学生、一张桌子、一个圆、一个按钮甚至一笔贷款都可以看作一个对象。每个对象都有自己的特征和行为。对象的特征也称为状态或属性,即数据。对象的行为是指对数据的操作,Java 中称为方法。面向对象技术更容易将自然事物的逻辑转换为编程语言,有利于提高程序设计效率和准确性。

面向对象技术的关键性观念是它将数据及对数据的操作行为放在一起,作为一个相互依存、不可分割的整体——对象。对于相似的对象进行分类、抽象后,得出共同的特征而形成了类。一个类的实现实例被称作一个"对象"或者"实例"。一个类可以有多个实现对象,即类是一个范围,而对象则是类的一个具体的实体。

面向对象编程的方法过程:首先定义类,然后将类作为数据类型创建具体的对象,用"对象.变量"和"对象.方法"调用对象的数据和方法,获得结果。程序的执行表现为一组对象之间的交互通信。对象之间通过公共接口进行通信,从而完成系统功能。

面向对象编程的优点很多,随着学习的深入会慢慢了解和理解。现在先用一个简单的例子介绍一下。假设要对 10 个人的身体质量指数(BMI)进行比较,需要定义这 10 个人的姓名、身高、体重和 BMI 的变量,共 40 个。采用面向对象编程,定义一个表示人的类 Person,其中定义 4 个变量 name、height、weight、bmi,用 Person 作为类型定义 10 个对象,用"对象.变量"表示一个人的数据,相当于对数据进行了分组,非常容易区分,逻辑清晰,编程不容易出错,而变量个数的减少也使代码更简洁。

面向对象主要有三大特征:封装、继承和多态。

1. 封装

封装就是把对象的属性(状态)和方法(行为)结合在一起,并尽可能隐藏对象的内部细节,成为一个不可分割的独立单位(即对象),对外形成一个边界,只保留有限的对外接口使之与外部发生联系。封装的原则是使对象以外的部分不能随意存取对象的内部数据,从而有效地避免了外部错误对它的"交叉感染"。数据隐藏特性提升了系统安全性,使软件错误能够局部化,减少查错和排错的难度。

2. 继承

继承是软件重用的一种形式,它利用现有的类来构建新类,新类继承现有类的属性和方法,并可以增加新功能或修改现有类的功能。例如,有一个类 Person,定义了人的一般特性,现在需要定义一个新类表示学生,学生是一种特殊的人,既有人的特征,又有自己的特性,所以学生类 Student 可以通过继承 Person 类来定义,然后增加自己的特征。被继承的类称为父类或超类,派生的新类称为子类,子类对象拥有父类的属性和方法。继承有利于复用程序、共享代码,提高程序的可维护性、可扩展性和编程效率。

3. 多态

多态是指同一个实体同时具有多种实现形式,同一操作作用于不同的实现形式,可以有不同的解释,产生不同的执行结果。简单地说,多态就是调用相同的方法,得到不同的结果。Java 中可以通过子类对父类方法的重写实现多态,也可以利用在同一个类中重载方法实现多态。多态的引入提高了程序的抽象性、简洁性、灵活性和可替换性,降低了耦合性,提高了类模块的封闭性,有利于写出通用的代码,做出通用的编程,以适应需求的不断变化。

视频讲解

5.2 类的定义

类和对象是面向对象编程的核心和本质,是面向对象编程语言的基础。多个对象所共有的属性和行为组合成一个单元,称为类。类是具有相同属性和行为的一组对象的抽象。

类由属性和方法构成。对象的特征在类中表示为数据成员(成员变量),称为类的属性。对象的行为定义为类的方法,指定以何种方式操作对象的数据,是操作的实际实现。调用对象的一个方法就是要求对象完成一个动作。

Java 中类声明格式如下。

```
[访问符] [修饰符] class <类名>{
    [属性]
    [方法]
}
```

其中的相关概念解释如下。

访问符:用于声明类、属性或方法的访问权限,具体可取 public(公共)、protected(受保护)、private(私有)或省略。

修饰符:用于说明所定义的类有关方面的特性,可用的有 abstract(抽象)、static(静态)或 final(最终)等。

class:是 Java 语言中定义类的关键字。

类名:类名是一个字符串,必须符合标识符命名规则,习惯上以大写字母开头。

类头:访问符、修饰符、class 和类名部分,合起来称为类声明或类头。

类体:大括号及其内部的属性、方法等,称为类体。类体中可以没有任何语句,只有一对大括号,此时称类体为空。

属性：表现为数据变量，又称为成员变量或数据域(data field,或数据字段)。成员变量在类的内部是全局变量，可以被类中的任何方法调用(也有一些限制，如静态方法不能调用实例变量，后面会介绍)。属性的声明格式如下。

[访问符] [修饰符] <数据类型> 变量名；

或者

[访问符] [修饰符] <数据类型> 变量名 = 值；

例如：

```
private int age;
String name = "Zhang";
public static final PI = 3.14;
```

方法：也称为函数，是类的行为的体现，用于指定以何种方法操作对象及数据，是为完成一个操作而组合在一起的语句块，可以传入参数，返回结果。类的方法包括声明和实现两个部分，其语法格式如下。

```
[访问符] [修饰符] <返回类型> 方法名([参数列表]) {
    //方法体
}
```

方法定义中，大括号前的内容为方法的声明部分，也称为方法头。大括号及其中的语句是方法的实现部分，称为方法体。方法的返回类型是该方法运行后返回值的数据类型，如果没有返回值，则返回类型为 void。参数列表为该方法运行所需要的特定类型的参数。方法中声明的变量和方法的参数变量只在方法中起作用，是局部变量。如果局部变量与类的成员变量同名，则类的成员变量被隐藏。

注意，除了赋值可以和成员变量声明合并的语句，类的内部没有其他任何具体的语句(赋值、输出、分支、循环等)，具体语句必须放在方法中。

类一旦定义，就可以作为一种数据类型来声明变量和创建对象。类是对象的模板，而对象就是类的一个具体实例。创建对象的过程称为实例化。对象和实例两个概念经常互换使用，创建一个对象也称创建一个实例，可以从一个类创建多个实例。

图 5.1 显示名为 Circle 的类和它的三个对象。

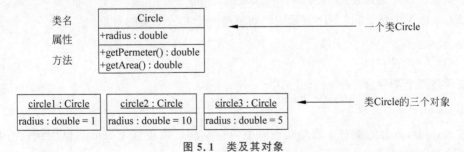

图 5.1 类及其对象

图 5.1 所示的表示方法称为 UML 类图，简称类图。类的类图有 3 个格，分别指明类名、属性和方法。对象的类图有两个格，分别指明对象名和属性值。类图中，在变量或方法名前面用"+"或"-"表示可见性为 public 或 private，数据类型放在变量或方法名的后面，用":"隔开。UML 类图可以方便地表示程序和类的框架，是一种优秀的建模工具。

【例 5.1】 定义一个类表示圆形,有属性半径,以及求周长和面积的方法。

程序 5.1　Circle.java

```java
public class Circle {
    double radius;
    public double getPerimeter() {
        return 2 * Math.PI * radius;
    }
    public double getArea() {
        return Math.PI * radius * radius;
    }
}
```

上述代码实现了对圆形类的定义,类名为 Circle,圆的属性半径定义为一个变量 radius。求周长的方法定义为 getPerimeter(),返回 double 类型的数据 2 * Math.PI * radius。求面积的方法定义为 getArea(),返回 double 类型的数据 Math.PI * radius * radius。其中,Math.PI 是一个常量,在 java.lang.Math 类中定义。

可以看到,Circle 类中没有定义 main() 方法,因此是不能运行的,它只是对圆对象的定义。通常将含有 main() 方法的类称为主类。面向对象编程的一般步骤是:定义一些表示对象的普通类和一个主类,在主类的 main() 方法中,用普通类作为数据类型声明并创建对象,然后调用对象的属性和方法,得到想要的结果。

视频讲解

5.3　对象的创建

当创建完一个类时,就创建了一种新的数据类型。此时可以通过使用 new 关键字来声明该种类型的对象,为对象动态分配内存空间,并返回对它的一个引用,且将该内存初始化为默认值。

获得一个类的对象一般经过以下两步。

第一步:声明该类类型的一个变量,即定义一个该类的对象,给对象命名。

第二步:创建该对象(即在内存中为该对象分配地址空间),并把该对象的引用赋给声明好的变量。这是通过使用 new 运算符实现的。

以 Circle 类为例,可以使用下面的语句创建一个 Circle 类的对象。

```
Circle circle;
circle = new Circle();
```

或者将两个步骤合并在一个语句中。

```
Circle circle = new Circle();
```

在 Java 中,所有的类对象都是动态分配内存空间。以创建 Circle 对象为例,在内存中动态创建的对象如图 5.2 所示。

执行声明语句"Circle circle"后,就定义了 Circle 的一个变量 circle,其值为空,即图 5.2 中 circle 后的方格(为变量 circle 分配的内存)中是空的。执行创建对象的语句"new Circle()"后,就创建了 Circle 的一个对象,该对象被分配了内存,内存的引用地址码为"0x1b1c6",内存中对该对象的 radius 属性赋了初值 0。执行"="赋值语句,将对象的引用"0x1b1c6"赋值

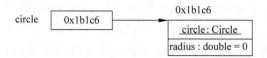

图 5.2　创建 Circle 对象

给变量 circle，circle 后的方格中存放了对象的引用"0x1b1c6"。所以，用一个类作为数据类型定义的变量，它的值是该类的对象内存的引用。

声明对象后，如果不想给对象分配内存空间，可以使用 null 关键字给对象赋值。null 关键字表示"空"，用于标识一个不确定的对象，即没有分配内存空间的对象。

null 可以赋值给引用型变量，不能赋值给基本数据类型变量。null 虽然代表一个不确定的空对象，但它本身不是一个对象，也不是类的实例。可以用等号"=="来判断一个引用型变量是否为 null。

null 的另一个用途是释放内存。Java 中没有释放内存的语句，但是提供了垃圾自动回收机制，可以自动回收不被任何变量引用的对象所占用的内存。当一个非 null 的引用型变量指向的对象不再被使用时，将 null 赋值给这个引用型变量，就断开了它对对象的引用，如果没有其他的变量引用该对象，该对象就成为内存垃圾，JVM 垃圾自动回收机制会将其占用的内存回收释放。

一个类的对象创建后，可以用"对象.变量"和"对象.方法"访问该对象的变量和方法，传递参数，获取方法运行的结果。

【例 5.2】　创建圆形类 Circle 的对象，为属性半径赋值，输出周长和面积。

程序 5.2　TestCircle.java

```java
public class TestCircle {
    public static void main(String[] args) {
        //创建 Circle 对象 circle1
        Circle circle1 = new Circle();
        System.out.println("半径 = " + circle1.radius);
        //为对象的属性赋值
        circle1.radius = 10;
        System.out.println("半径 = " + circle1.radius);
        //调用对象的方法
        System.out.println("周长 = " + circle1.getPerimeter());
        System.out.println("面积 = " + circle1.getArea());
    }
}
```

运行结果如图 5.3 所示。

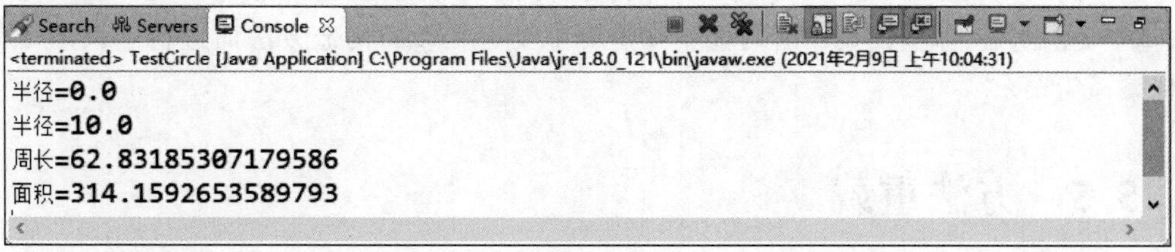

```
半径=0.0
半径=10.0
周长=62.83185307179586
面积=314.1592653589793
```

图 5.3　创建和使用 Circle 对象

上述代码定义了一个主类 TestCircle，在 main() 方法中，声明了 Circle 类的对象

circle1，并用 new 关键字创建了对象，然后使用对象 circle 的 radius 属性，设置半径为 10，调用 radius 属性、getPerimeter()和 getArea()方法获得圆的半径、周长和面积并显示。

注意，类的成员变量有默认初始值，整数类型的自动赋值为 0，带小数点的自动赋值为 0.0，boolean 类型自动赋值为 false，其他各种引用类型自动赋值为 null。例如，在程序 5.2 中，在未使用赋值语句 circle1.radius=10;为半径赋值之前，输出的半径为 0.0。

5.4 构造方法

在使用 new 关键字创建对象时，new 关键字之后是"类名()"，这是调用了类的构造方法。构造方法是与类名相同的方法，用于创建类的对象并初始化属性值。构造方法是一种特殊的方法，它的名字必须和类名完全相同，并且没有返回值类型，即使 void 类型也没有。定义构造方法的格式如下。

```
[访问符] <类名称> ([参数列表]){
    //初始化语句;
}
```

在例 5.1 对 Circle 类的定义中，并没有构造方法，在这种情况下，编译器会在类中隐式地自动定义一个没有参数的方法体为空的构造方法，称为默认的构造方法。该方法不存在于源程序中，但可以使用，因此不会影响创建对象时对构造方法的调用。

构造方法常用来在创建对象时初始化属性值，以增加代码的简洁性。例如，可以在 Circle 类中定义一个带参数的构造方法 Circle(double r)，在调用这个构造方法时传入一个值 r 为属性 radius 赋值，代码如下。

```
public class Circle {
    private double radius;
    public Circle(double r){
        radius = r;
    }
    //省略
}
```

这样，如果使用 circle1=new Circle(10) 语句，就可以在创建对象的同时为对象 circle1 的半径属性 radius 赋值为 10。

注意，如果类中显式地定义了任何构造方法，Java 就不为该类提供默认（无参数）的构造方法了。这时就只能调用类中显式定义的构造方法来创建对象。因此，如果在类中定义了构造方法，一般也显式地定义一个无参的构造方法，以方便使用并避免出现一些问题（例如，基于类的封装性，类的调用者可能不知道类中没有无参的构造方法而进行了调用，就会出现编译错误）。

5.5 方法重载

在 Java 程序中，方法名和参数列表一起构成方法签名。如果同一个类中存在两个方法具有相同的签名，将无法编译通过。但只要保证方法签名不同，在同一个类中是允许多个方法重名的,这种特性称为重载(Overload)。对于重载的方法,JVM 会在调用时根据签名进行动态绑定。

因此,在同一个类中,多个方法具有相同的名字,但方法签名不同,即参数的个数、类型或顺序不同,称为方法的重载。

注意,方法的返回类型不是方法签名的一部分,因此进行方法重载时,不能将返回类型不同当成两种方法的区别。参数的名称也不是签名的一部分,对于同一个参数,定义为"int a"和"int b",对方法签名来说没有区别。

方法重载是同一个类中多态性的表现,经常用来完成功能相似的操作。

【例 5.3】 创建一个名为 MyMath 的类,其中定义加法运算。

程序 5.3　MyMath.java

```java
public class MyMath {
    public int add(int a, int b) {
        return a + b;
    }
    public float add(float a, float b) {
        return a + b;
    }
    public double add(double a, double b) {
        return a + b;
    }
    public static void main(String[] args) {
        //定义一个 MyMath 的对象
        MyMath mymath = new MyMath();
        //求两个 int 型数的和,并输出
        System.out.println("3 + 5 = " + mymath.add(3, 5));
        //求两个 float 型数的和,并输出
        System.out.println("3.5 + 5.0 = " + mymath.add(3.5F, 5.0F));
        //求两个 double 型数的和,并输出
        System.out.println("2.71828 + 5.2 = " + mymath.add(2.71828, 5.2));
    }
}
```

运行结果如图 5.4 所示。

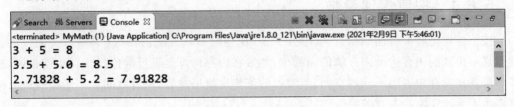

图 5.4　方法重载

上述代码中定义的三个方法名称都为 add,但是三个方法的参数是不一样的,分别传入整型、浮点型和双精度型数据时,JVM 通过参数匹配找到了对应的方法,执行后返回了正确的结果,这就是方法重载的应用。

除了普通方法,构造方法也可以重载。也就是说,在类中可以定义多个构造方法,只要保证方法签名不同。例如,可以在 Circle 类中同时定义一个没有参数的构造方法 Circle()和一个有参数的构造方法 Circle(double r),就形成构造方法的重载。每个构造方法都可以

用来创建对象,丰富了创建对象的方法,提高了编程灵活性。

需要注意的是,如果重载方法定义不当,可能会在调用一个方法时有多个可能的匹配,但是编译器无法判断哪个是更精确的匹配。这种情况称为歧义调用。歧义调用会产生一个编译错误。例如:

```java
public class MyMathAmbiguous {
    public double add(double a, int b) {
        return a + b;
    }
    public double add(int a, double b) {
        return a + b;
    }
    public static void main(String[] args) {
        MyMathAmbiguous m = new MyMathAmbiguous();
        System.out.println(m.add(2, 1));
    }
}
```

方法 add(double a,int b)和 add(int a,double b)都可以与 add(2,1)匹配,但是不能确定哪个更精确,所以这个调用是有歧义的,程序编译时,会在输出语句 System.out.println(m.add(2,1))处提示"The method double add(double,int) is ambiguous",表示 add()方法的调用不明确。

5.6 参数传递

视频讲解

定义在方法参数列表中的变量称为方法的形式参数,简称形参。调用方法时,给参数传递的数据值,称为实际参数,简称实参。实参必须与方法签名中的形参数量相同且对应的数据类型兼容,这称为参数匹配。类型兼容是指不需要经过显式的类型转换,实参的值就可以传递给形参,例如,将 int 类型的实参值传递给 double 型的形参。

在 Java 中,给方法传递参数的方式有两种:按值传递和按引用传递。

5.6.1 按值传递参数

按值传递是将要传递的参数(实参)的"值"传递给被调方法的参数(形参),被调方法通过创建一份新的内存拷贝来存储传递的值,然后在内存拷贝上进行数值操作。也就是说,实参和形参在内存中占用不同的空间,当实参的值传递给形参后,两者之间互不影响。所以按值传递不会改变原始参数的值。

在 Java 中,当传递基本数据类型的参数给方法时,是按值传递的。

【例 5.4】 创建一个名为 PassValue 的类,演示按值传递参数。

程序 5.4 PassValue.java

```java
public class PassValue {
    public static void main(String[] args) {
        int num = 5;
        System.out.println("调用 change 方法前 : num = " + num);
        //创建一个 PassValue 类型的对象
```

```java
        PassValue passValue = new PassValue();
        //调用change()方法,num 作为实参
        passValue.change(num);
        System.out.println("调用 change 方法后 : num = " + num);
    }
    //声明 change()方法,num 作为形参
    public void change(int num) {
        num += 5;
        System.out.println("change 方法中 : num = " + num);
    }
}
```

运行结果如图 5.5 所示。

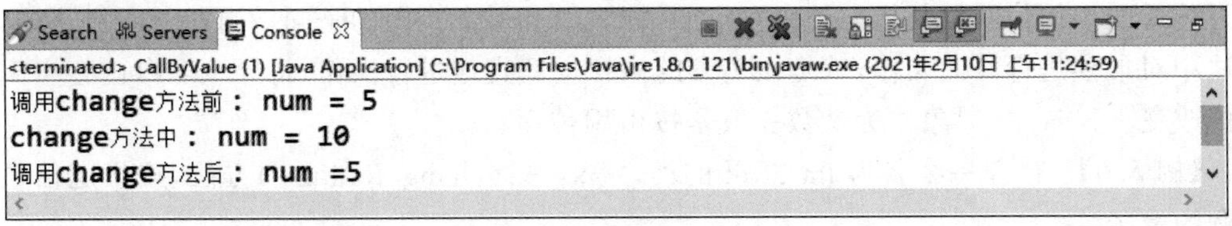

```
<terminated> CallByValue (1) [Java Application] C:\Program Files\Java\jre1.8.0_121\bin\javaw.exe (2021年2月10日 上午11:24:59)
调用change方法前： num = 5
change方法中： num = 10
调用change方法后： num = 5
```

图 5.5 按值传递

从运行结果可以看出,虽然在 change(int num)方法中将实参 num 值加 5 后输出为 10,但实参的变量 num 在调用 change(int num)方法前后没有变化,都是 5。说明在这个程序中,实参和形参分别占用内存空间,互不影响,是按值传递的。

按值传递有时可能给编程带来困惑,例如下面的程序,定义了一个 swap()方法,希望把两个变量的值交换,结果却未能如愿。

【例 5.5】 创建一个名为 PassValue2 的类,定义一个 swap()方法,尝试按值传递交换变量。

程序 5.5　PassValue2.java

```java
public class PassValue2 {
    public static void main(String[] args) {
        int num1 = 5, num2 = 10;
        System.out.println("调用 swap 方法前 : num1 = " + num1 + "  num2 = " + num2);
        //创建一个 PassValue2 类型的对象
        PassValue2 passValue2 = new PassValue2();
        //调用 swap()方法,num1、num2 作为实参
        passValue2.swap(num1,num2);
        System.out.println("调用 swap 方法后 : num1 = " + num1 + "  num2 = " + num2);
    }
    public void swap(int num1, int num2){       //交换 num1、num2 的值
        int temp;
        temp = num1; num1 = num2; num2 = temp;
        System.out.println("swap 方法中 : num1 = " + num1 + "  num2 = " + num2);
    }
}
```

运行结果如图 5.6 所示。

解决这个问题的一种方法是将数据放在数组中,因为数组作为参数是按引用传递的。

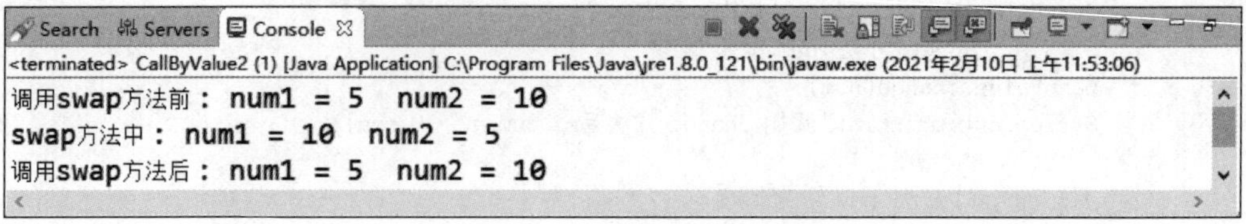

图 5.6 按值传递交换变量

5.6.2 按引用传递参数

按引用传递,是将参数的引用(类似于 C 语言的内存指针)传递给被调方法,被调方法通过传递的引用值获取其指向的内存空间,即实参和形参指向的是同一内存空间。这样,在方法中对形参进行修改操作,就是在实参的内存空间直接进行操作,将导致实参内存空间状态的改变。Java 中,对象作为参数一般是按引用传递。

【例 5.6】 创建一个名为 PassRef 的类,定义一个 changeRadius() 方法,按指定倍数放大圆的半径。

程序 5.6　PassRef.java

```java
public class PassRef {
    //按指定倍数放大圆的半径
    static void changeRadius(Circle c, int times) {
        c.radius = c.radius * times;
        System.out.println("在 changeRadius 方法中:radius = " + c.radius);
        System.out.println(c);
    }
    public static void main(String[] args) {
        Circle circle = new Circle();
        circle.radius = 1;
        System.out.println("调用 changeRadius 方法前:radius = " + circle.radius);
        System.out.println(circle);
        //circle 对象作为实参,按引用传递
        changeRadius(circle,10);
        System.out.println("调用 changeRadius 方法后:radius = " + circle.radius);
        System.out.println(circle);
    }
}
```

运行结果如图 5.7 所示。

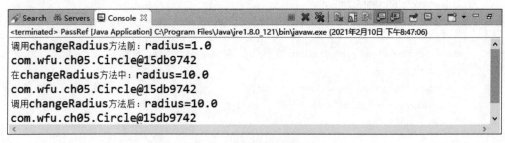

图 5.7 按引用传递参数

程序中将 Circle 对象传递给方法 changeRadius(),在方法中将半径放大了 10 倍,调用

方法后,Circle 对象的半径也发生同样的改变。程序中同时输出了 Circle 对象的字符串,其中@符号后边是对象的引用,可以看到在调用方法前后及方法中都是一样的。这是因为使用了按引用传递,形参和实参指向了相同的内存空间。按引用传递的内存模型如图 5.8 所示。

图 5.8 按引用传递的内存模型

注意,基本数据类型的封装类的对象作为方法参数时,是按值传递的,将例 5.4 程序中的 int 类型全部改为 Integer 类型进行验证,可以看到其运行结果与原来是一样的。

5.7 this 关键字

this 关键字代表当前所在类的对象,即本类对象。当方法的参数或者方法中的局部变量与类的属性同名时,类的属性变量就被屏蔽,此时访问类的属性需要使用"this.属性名"的方式,以区别于局部变量。

this 关键字也可以表示一个构造方法,用于在构造方法内部调用同一个类的其他构造方法。

【例 5.7】 定义一个表示矩形的类,有属性宽和高,有求周长和面积的方法。

程序 5.7.1 Rectangle.java

```java
public class Rectangle {
    private double width;
    private double height;
    public Rectangle() {
        this(4,5);
    }
    public Rectangle(double width, double height) {
        this.width = width;
        this.height = height;
    }
    public double getWidth() {
        return width;
    }
    public void setWidth(double width) {
        this.width = width;
    }
    public double getHeight() {
        return height;
    }
    public void setHeight(double height) {
        this.height = height;
    }
```

```
    public double getPerimeter() {
        return 2 * (width + height);
    }
    public double getArea() {
        return width * height;
    }
}
```

程序 5.7.2　TestRectangle.java

```
public class TestRectangle {
    public static void main(String[] args) {
        Rectangle rect = new Rectangle();
        System.out.println("周长 = " + rect.getPerimeter());
        System.out.println("面积 = " + rect.getArea());
    }
}
```

运行结果如图 5.9 所示。

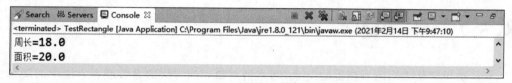

图 5.9　this 关键字的使用

在 Rectangle 类中，定义了一个带参数的构造方法 Rectangle(double width, double height)，用于给属性赋值。在这个构造方法中，两个参数的名称与类的两个属性名对应相同，使用变量 width 和 height 时，代表的是传入的参数变量，对应的属性变量被隐藏。这时，必须使用关键字 this 代表当前类的对象，用 this.width 和 this.height 表示类的属性变量，否则就不能对属性变量进行正确的赋值。

在无参的构造方法 Rectangle() 中，用 this(4,5) 调用了另一个构造方法为成员变量 width 和 height 赋值，这是 this 关键字的另一种用法。

关键技术：

(1) 在类的构造方法中调用另一个构造方法，只能使用 this 关键字，不能直接使用构造方法名调用。例如，将 this(4,5) 改为 Rectangle(4,5) 就会发生编译错误。

(2) 使用 this 关键字调用构造方法，必须放在另一个构造方法的第一行，不能在构造方法中调用自己，也不能在普通方法中调用构造方法。这是因为构造方法是用来创建对象的，要保证先创建对象，然后才能进行其他操作。

(3) 习惯上，将类的属性定义为私有变量，用 private 修饰，然后提供公开的获取和设置该变量值的方法，称为 setter/getter(修改器/访问器)方法。在上述 Rectangle 类的定义中，成员变量 width 和 height 都定义为 private 的，提供了公开的修改和访问的方法 setRadius(double radius) 和 getRadius()。使用修改器和访问器有利于对属性的封装，控制对属性的访问。

5.8　static 关键字

Java 语言中提供了一个 static 关键字，可以用来修饰类的成员，包括成员变量、常用方法以及代码块等。用 static 修饰的类成员具有一些特殊的属性，下面分别进行介绍。

5.8.1 静态变量

通过前面的学习我们知道，类是对象的模板，对象是类的实例。类只负责描述某类事物的特征和行为，并没有产生具体的数据。只有使用 new 关键字创建对象后，系统才会为对象分配内存空间，存储数据。一个类可以创建多个对象，不同的对象分配不同的内存空间，数据依附于对象而存在，对某个对象的属性值操作，不影响其他对象的数据。

程序员有时希望某些特定的数据在内存中只有一份，并且能够被一个类的全部实例所共享。例如，某个学校的学生共享同一个学校名称，就可以在学生类中定义一个由 static 关键字修饰的变量来表示学校名称，让学生类的所有对象来共享。

在一个 Java 类中，用 static 关键字来修饰的成员变量称为静态变量。静态变量在内存中只有一份，被该类所有的实例共享，可以使用"类名.变量名"的形式访问。静态变量与类的实例无关，只与类相关，所以又称为类变量。

【例 5.8】 定义一个表示学生的类 Student，用静态属性 schoolName 演示变量的共享。

程序 5.8.1 Student.java

```java
public class Student {
    static String schoolName = "志远学校";
    String name;
    public Student(String name) {
        this.name = name;
    }
}
```

程序 5.8.2 TestStudent.java

```java
public class TestStudent {
    public static void main(String[] args) {
        Student stu1 = new Student("张帅");
        Student stu2 = new Student("李丽");
        System.out.println(Student.schoolName);
        System.out.println(stu1.name + ":" + stu1.schoolName);
        System.out.println(stu2.name + ":" + stu2.schoolName);
        stu1.schoolName = "强国学校";
        System.out.println(Student.schoolName);
        System.out.println(stu1.name + ":" + stu1.schoolName);
        System.out.println(stu2.name + ":" + stu2.schoolName);
    }
}
```

运行结果如图 5.10 所示。

Student 类中定义了一个静态变量 schoolName，用于表示学生所在的学校，它被所有的实例共享。由于 schoolName 是静态变量，因此可以直接用 Student.schoolName 来访问，也可以使用 Student 的对象进行调用。将 stu1 的 schoolName 修改为"强国学校"后，两个学生对象 stu1 和 stu2 的 schoolName 都变为"强国学校"，用类名调用的 schoolName 也是一样。

注意，static 关键字只能修饰成员变量，不能修饰局部变量，否则会出现编译错误。

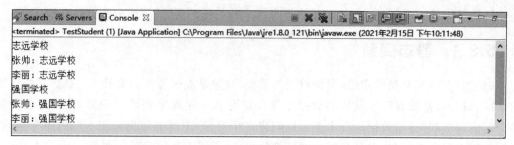

图 5.10 静态变量

5.8.2 静态方法

被 static 关键字修饰的方法称为静态方法,可以使用"类名.方法名"的形式来调用,也可以使用"对象名.方法名"的形式来访问。静态方法在不创建对象的情况下就可以被调用。在实际开发中,程序员可以将一些经常用的方法定义为静态方法放在一个公共类中,以方便使用。

Java API 中提供了一个 java.lang.Math 类,其中定义了一些静态方法来实现数学上常用的算法。例如,对 5 开平方,可以调用 Math.sqrt(5);求两个数 a 和 b 的较大值,可以调用 Math.max(a,b)。不过,Math 类中没有求最大公约数和最小公倍数的方法,下面编写一个程序来实现它。

【例 5.9】 定义一个数学类 MathCommon,用静态方法求最大公约数和最小公倍数。

程序 5.9.1　**MathCommon.java**

```
public class MathCommon {
    public static int gcd(int m, int n) {
        if (m * n <= 0) return 0;
        int temp;
        if (n > m) {
            temp = n;
            n = m;
            m = temp;
        }
        while (m % n > 0) {
            temp = n;
            n = m % n;
            m = temp;
        }
        return n;
    }
    public static int lcm(int m, int n) {
        return (m * n) / gcd(m,n);
    }
}
```

程序 5.9.2　**TestMathCommon.java**

```
public class TestMathCommon {
    public static void main(String[] args) {
```

```
        int a = 8;
        int b = 6;
        System.out.println(a + "和" + b +"的最大公约数:" + MathCommon.gcd(8, 6));
        System.out.println(a + "和" + b +"的最小公倍数:" + MathCommon.lcm(8, 6));
    }
}
```

运行结果如图 5.11 所示。

图 5.11 静态方法

MathCommon 类中定义了求最大公约数和最小公倍数的静态方法,可以用"类名.方法名"在任何类中调用,而不需要创建 MathCommon 类的实例对象。

关键技术:

(1) 静态方法可以在不创建对象的情况下访问。

(2) Java 推荐使用"类名.方法名"和"类名.静态变量"访问静态方法和静态变量。这样容易识别类中的静态方法和变量。使用对象调用静态方法和静态变量也可以,但在编译时会提示警告信息。

(3) 未用 static 修饰的方法和成员变量,必须创建对象后才能使用,分别称为实例方法和实例变量。

(4) 实例方法可以访问实例方法和实例变量,也可以访问静态方法和静态变量。静态方法只能访问静态方法和静态变量,不能访问实例方法和实例变量,因为静态方法和静态变量不属于某个特定的对象。

5.8.3 静态代码块

在 Java 类中,使用一对大括号包围起来的若干代码行称为一个代码块,用 static 关键字修饰的代码块被称为静态代码块。当类被加载时,静态代码块被执行,由于类只加载一次,因此静态代码块只执行一次。在程序中,通常用静态代码块对类的成员变量进行初始化。

【例 5.10】 在 Person 类和测试类中分别定义静态代码块,测试执行情况。

程序 5.10.1　Person.java

```
public class Person {
    String name;
    static {
        System.out.println("执行 Person 类中的静态代码块");
    }
}
```

程序 5.10.2　TestStaticBlock.java

```
public class TestStaticBlock {
    static {
```

```
            System.out.println("执行测试类中的静态代码块");
        }
        public static void main(String[] args) {
            System.out.println("执行 main 方法");
            Person p1 = new Person();
            Person p2 = new Person();
        }
    }
```

运行结果如图 5.12 所示。

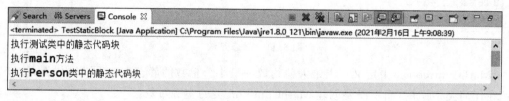

图 5.12　静态块测试

可以看到,Person 类和测试类中的两段代码块都执行了。运行程序时,Java 虚拟机会先加载主程序 TestStaticBlock,在加载类的同时就会执行该类中的静态代码块,输出"执行测试类中的静态代码块",然后调用 main()方法,输出"执行 main 方法",接着在 main()方法中创建了两个 Person 对象。创建第一个 Person 对象时,虚拟机加载了 Person 类,类中的静态代码块被执行,输出"执行 Person 类中的静态代码块"。因为类只加载一次,所以静态代码块的内容只输出了一次。

视频讲解

5.9　类的组织

在大型项目中,往往会有很多人参与开发,会定义很多的类,难免会有同名的类,而同一个目录下不允许有同名的文件,在同一个目录下有很多文件也不易查找。因此,Java 中引入了"包"的概念,利用包(package)可以将用途不同的类存储在不同的目录中。不同的包中,类名可以相同,使用"包名.类名"调用一个类,可以在同一段代码中使用多个同名的类创建对象而互不影响。

1. 声明包

使用 package 关键字可以指定类所属的包,语法格式如下。

package 包名;

下面是一个简单例子。

```
package mypackage;
public class MyClass{
    ...
}
```

这里声明了一个包,名称为 mypackage。Java 用文件系统目录来存储包,任何声明了"package mypackage"的类,编译后形成的字节码文件(.class)都被存储在一个 mypackage

目录中。

定义包需要注意以下几点。

- package 语句必须放在类的源文件的第一行。package 语句的前面只能有注释或空行。
- 在一个 Java 源文件中，最多只能有一条 package 语句。
- 如果源文件中同时定义了多个类，则它们都在同一个包中。
- 多个 Java 源文件可以声明相同的包。
- 包对应文件系统目录，包的名字有层次关系，各层之间以"."分隔，每个层次对应一个文件目录，例如 package com.wfu.ch05。

注意，虽然包的表现形式是目录，但二者并不相同。如果仅将一个类的文件放在某个目录下，而不在源文件中使用 package 声明包，在程序中是不能按"包名.类名"引用类的。

2. 使用包

在同一个包中的类，相互访问时可以不指定包名，直接引用即可。一个类如果要访问另一个包中的类，可以用"包名.类名"来引用，即直接在类名前添加完整的包名。例如：

```
java.util.Scanner sc = new java.util.Scanner();
java.util.Date now = new java.util.Date();
```

使用"包名.类名"的方法创建多个对象时，书写比较复杂，因此，Java 提供了 import 语句，可以导入其他包中的类，然后就可以直接使用类名称来声明和创建对象了。import 语句的语法格式如下。

```
import 包名.类名;
```

或者

```
import 包名.*;
```

例如：

```
import java.util.*;
import mypackage.Student;
```

使用"import 包名.类名"的方式，可以导入一个具体的类；使用"import 包名.*"的方式，可以导入整个包中所有的类。

当程序中导入两个或多个包中有同名的类时，如果使用不限定包名的类，编译器将无法区分，会产生编译错误。此时，就必须使用完全限定包名的形式。例如，类中使用了下列导入语句。

```
import java.util.*;
import java.sql.*;
```

如果类中有"Date now = new Date();"，就会产生编译错误，因为两个包中都有 Date 类，无法确定使用哪一个，在这种情况下，就必须使用完全限定包名的形式，例如：

```
java.util.Date now = new java.util.Date();
java.sql.Date sqlNow = new java.sql.Date();
```

关键技术：

(1) 指明导入包中的所有的类,不能使用类似于"java.*"的语句来导入以 java 为前缀的所有包中的类。

(2) 如果一个包中还有下级包,如"com.wfu.ch05",那么,使用导入语句"import com.wfu.*;"只能导入直接在上级包 com.wfu 中的类,不能导入 com.wfu 的下级包中的任何类。

(3) 一个包中只能有一条 package 语句,但可以有多条 import 语句。

5.10 访问修饰符

视频讲解

为了将类中的数据有效地保护起来,Java 提供了访问修饰符来控制属性、方法和类的访问,以隐藏类的实现细节,防止对数据进行未经授权的访问,这种方式称为封装。

引入封装,使用者只能通过事先制定好的方法访问数据,可以方便地加入控制逻辑,限制对属性的不合理操作,有利于保证数据的完整性和安全性。实现封装的关键是限制外界直接与对象交互,而要通过指定的方法操作对象的属性。

Java 中定义了 private(私有的)、protected(受保护的)、public(公开的)访问修饰符,同时定义了一个默认的(friendly,友好的)服务级别,用于声明类、属性和方法的访问权限。明确访问修饰符的限制是用好"封装"的关键。

- 使用 public 访问修饰符,类的成员可被同一包或不同包中的所有类访问,也就是说,public 访问修饰符可以使类的特性公用于任何类。
- 使用 protected 访问修饰符允许类本身、同一包中的所有类和不同包中的子类访问。
- 如果一个类或类的成员前没有任何访问修饰符时,它们获得默认的(友好的)访问权限,默认的可以被同一包中的其他类访问。
- private 访问修饰符是限制性最大的一种访问修饰符,被声明为 private 的成员只能被此类中的其他成员访问,不能在类外看到。

Java 中访问修饰符的用法如表 5.1 所示。

表 5.1 访问修饰符

访问控制	private 成员	默认成员	protected 成员	public 成员
同一类中成员	√	√	√	√
同一包中其他类	×	√	√	√
不同包中子类	×	×	√	√
不同包中非子类	×	×	×	√

【例 5.11】 在包 p1 中定义 public 类 MyClass1,其中定义一些用不同的访问符修饰的变量和方法,定义一个无修饰符的类 MyClass2,其中定义一个 public 方法。分别在包 p1、p2、p3 中定义 Test 类,测试访问符的限制范围。

程序 5.11.1　MyClass1.java

```
package p1;
public class MyClass1 {
    public int a = 5;
    private int b = 10;
```

```java
        protected int c = 20;
        int d = 30;
        public void func1() {
            System.out.println("func1");
        }
        private void func2() {
            System.out.println("func2");
            System.out.println(b);
        }
        protected void func3() {
            System.out.println("func3");
        }
        void func4() {
            System.out.println("func4");
        }
}
```

程序 5.11.2　MyClass2.java

```java
package p1;
class MyClass2 {//同一包中被访问
    public void func1() {
        System.out.println("func1 of MyClass2");
    }
}
```

程序 5.11.3　Test.java

```java
package p1;
public class Test {
    public void func() {
        MyClass1 obj1 = new MyClass1();
        //公共属性,任何地方都可以访问
        System.out.println(obj1.a);
        //Error,b 为私有属性,类外无法访问
        //System.out.println(obj1.b);
        //c 是受保护属性,同包的类可以访问
        System.out.println(obj1.c);
        //d 是默认属性,同包的类可以访问
        System.out.println(obj1.d);
        //func1()是公共方法,任何地方都可以访问
        obj1.func1();
        //Error,func2()为私有方法,类外无法访问
        //obj1.func2();
        //func3()是受保护方法,同一包中的类可以访问,其他包中的子类也可以访问
        obj1.func3();
        //func4()是默认方法,同一包中的类可以访问
        obj1.func4();
        //同一包中的默认类可以访问
        MyClass2 obj2 = new MyClass2();
    }
    public static void main(String[] args){
        Test t = new Test();
        t.func();
    }
}
```

程序 5.11.4　Test.java

```java
package p2;
import p1.MyClass1;
//Error,不能导入不同包中的默认类
//import p1.MyClass2;
public class Test {
    public void func() {
        MyClass1 obj1 = new MyClass1();
        //公共属性,任何地方都可以访问
        System.out.println(obj1.a);
        // Error,b 为私有属性,类外无法访问
        //System.out.println(obj1.b);
        // Error,c 是受保护属性,不同包中的非子类无法访问
        //System.out.println(obj1.c);
        // Error,d 是默认属性,不同包中的类不能访问
        //System.out.println(obj1.d);
        // func1()是公共方法,任何地方都可以访问
        obj1.func1();
        // Error,func2()为私有方法,类外无法访问
        //obj1.func2();
        // Error,func3()是受保护方法,不同包中的非子类无法访问
        //obj1.func3();
        // Error,func4()是默认方法,不同包中的类不能访问
        //obj1.func4();
        // Error,不可以访问不同包中的默认类
        //MyClass2 obj2 = new MyClass2();
    }
}
```

程序 5.11.5　Test.java

```java
package p3;
import p1.MyClass1;
public class Test extends MyClass1 {
    public void func() {
        //公共属性,任何地方都可以访问
        System.out.println(a);
        // Error,b 为私有属性,类外无法访问
        //System.out.println(b);
        // c 是受保护属性,子类可以访问
        System.out.println(c);
        // Error,d 是默认属性,不同包中的类不能访问
        //System.out.println(d);
        // func1()是公共方法,任何地方都可以访问
        func1();
        // Error,func2()为私有方法,类外无法访问
        //func2();
        // func3()是受保护方法,子类可以访问
        func3();
        // Error,func4()是默认方法,不同包中的类不能访问
        //func4();
    }
}
```

包 p1 中的 Test 类,可以访问同一个包中的公开类 MyClass1 和默认类 MyClass2,可以

访问类中除了私有成员之外的其他成员。

包 p2 中的 Test 类可以访问包 p1 中的公开类 MyClass1,可以访问其中的 public 成员。但是,包 p2 中的 Test 类不能访问包 p1 中的默认 MyClass2。

包 p3 中,Test 类是 MyClass1 的子类,可以访问 MyClass1 中的 public 和 protected 成员。

程序中对访问权限不足的语句都加了注释符进行屏蔽,并进行了注释说明,读者可以放开注释进行测试。关于子类和继承的知识,请参见第 6 章。

5.11 综合案例

2020 年 6 月 23 日 9 时 43 分,我国在西昌卫星发射中心用长征三号乙运载火箭,成功发射北斗系统第五十五颗导航卫星,暨北斗三号最后一颗全球组网卫星,至此北斗三号全球卫星导航系统星座部署比原计划提前半年全面完成。

从立项论证到启动实施,从双星定位到区域组网,再到覆盖全球,我国卫星导航系统建设历经 30 多年探索实践、三代北斗人接续奋斗,走出了一条自力更生、自主创新、自我超越的建设发展之路,建成了我国迄今为止规模最大、覆盖范围最广、服务性能最高、与百姓生活关联最紧密的巨型复杂航天系统,成为我国第一个面向全球提供公共服务的重大空间基础设施,为世界卫星导航事业发展做出了重要贡献,为全球民众共享更优质的时空精准服务提供了更多选择,为我国重大科技工程管理现代化积累了宝贵经验。

1. 案例描述

北斗系统至今发展共有三代,其中第一代也被称为"北斗卫星导航实验系统",属于实验性质,自第二代开始的北斗系统被正式称为"北斗卫星导航系统"。北斗系统从开始建设到全面组网一共发射了 59 颗卫星,包含 4 颗北斗导航实验卫星,实际提供信号的数量为 55 颗。北斗导航卫星全球星座由地球静止轨道(GEO)卫星、倾斜地球同步轨道(IGSO)卫星和中圆地球轨道(MEO)卫星三种轨道组成。

使用所学知识编写一个北斗系统信息展示程序,展示三代北斗系统的启动时间、建成时间以及所发射的卫星信息。

2. 问题分析

(1) 确定案例中的实体对象:通过案例描述,程序中包括北斗和卫星两个对象,可以分别定义类表示。

(2) 定义卫星类 Satellite:卫星类需要定义卫星编号、发射日期、发射火箭、轨道类型以及卫星类型等属性。

(3) 定义北斗类 Beidou:北斗类需要定义编号、启动时间、建成时间以及包含的卫星等属性。

(4) 定义测试类 BeidouSystem:创建北斗对象,添加包含的卫星,显示北斗系统信息。

3. 实现代码

程序 5.12.1　Satellite.java

```java
import java.time.LocalDate;
//卫星类 Satellite
public class Satellite {
    private int number;                    //卫星编号
    private LocalDate LaunchDate;          //发射日期
    private String rocket;                 //运载火箭
    private String orbit;      /*轨道类型,北斗导航卫星全球星座由地球静止轨道(GEO)卫星、倾斜地球同步轨道(IGSO)卫星和中圆地球轨道(MEO)卫星三种轨道卫星组成*/
    private String type;       /*卫星类型,包括北斗一号系统,北斗二号系统,北斗三号实验系统,北斗3号系统*/
    public Satellite() {

    }
    public Satellite(int number, LocalDate launchDate, String rocket, String orbit, String type) {
        super();
        this.number = number;
        LaunchDate = launchDate;
        this.rocket = rocket;
        this.orbit = orbit;
        this.type = type;
    }
    public int getNumber() {
        return number;
    }
    public void setNumber(int number) {
        this.number = number;
    }
    public LocalDate getLaunchDate() {
        return LaunchDate;
    }
    public void setLaunchDate(LocalDate launchDate) {
        LaunchDate = launchDate;
    }
    public String getRocket() {
        return rocket;
    }
    public void setRocket(String rocket) {
        this.rocket = rocket;
    }
    public String getOrbit() {
        return orbit;
    }
    public void setOrbit(String orbit) {
        this.orbit = orbit;
    }
    public String getType() {
        return type;
    }
    public void setType(String type) {
```

```java
        this.type = type;
    }
    /**
     * @return 卫星名称
     */
    public String getName() {
        /*北斗一号系统的四颗卫星都称为北斗导航实验卫星,北斗二号发射的第一颗卫星通常
称为北斗导航一号卫星,人们常说的北斗 55 颗星是指北斗二号系统和北斗三号系统运行和建设过程
中发射卫星的总数*/
        String name = "";
        if(number < 5) {
            name = "第" + number + "颗北斗导航实验卫星";
        }
        else {
            name = "第" + (number - 4) + "颗北斗导航卫星";
        }
        return name;
    }
    public void showInfo() {
        System.out.println(this.getName() + "\t" + this.getLaunchDate() + "\t" + this.getRocket() + "\t" + this.getOrbit());
    }
}
```

程序 5.12.2　Beidou.java

```java
package com.wfu.ch05.shopping;
/*北斗类 Beidou*/
public class Beidou {
    private int number;                    //编号
    private String start;                  //启动时间
    private String finish;                 //建成时间
    private Satellite[] satellites;        //包含的卫星
    private int count = 0;                 //卫星数量
    public Beidou() {

    }
    public Beidou(int number, String start, String finish) {
        super();
        this.number = number;
        this.start = start;
        this.finish = finish;
    }
    public Beidou(int number, String start, String finish, Satellite[] satellites) {
        this.number = number;
        this.start = start;
        this.finish = finish;
        this.satellites = satellites;
    }
    public int getNumber() {
        return number;
    }
    public void setNumber(int number) {
        this.number = number;
    }
```

```java
    public String getStart() {
        return start;
    }
    public void setStart(String start) {
        this.start = start;
    }
    public String getFinish() {
        return finish;
    }
    public void setFinish(String finish) {
        this.finish = finish;
    }
    public Satellite[] getSatellites() {
        return satellites;
    }
    public void setSatellites(Satellite[] satellites) {
        this.satellites = satellites;
    }
    public void addSatellites(Satellite satellite) {
        this.satellites[count++] = satellite;
    }
    public void showInfo() {
        System.out.println("北斗" + this.getNumber() + "号系统从" + this.getStart() + "开始建设到" + this.finish + "建成,包括" + this.getSatellites().length + "颗卫星.");
        System.out.println("部分卫星信息如下:");
        System.out.println("卫星名称\t\t" + "发射时间\t" + "\t运载火箭\t" + "轨道\t");
        int i = 0;
        while(this.getSatellites()[i]!= null) {
            this.getSatellites()[i].showInfo();
            i++;
        }
        System.out.println();
    }
}
```

程序 5.12.3　BeidouSystem.java

```java
package com.wfu.ch05.shopping;
/* 北斗系统类 BeidouSystem */
public class BeidouSystem {
    public static void main(String[] args) {
        Beidou[] beidous = new Beidou[3];
        //北斗系统从开始建设到全面组网一共发射了59颗卫星,其中北斗一号系统发射了4颗卫
        //星,北斗二号系统发射了20颗,北斗三号系统发射了35颗。
        Satellite[] satellites = new Satellite[59];
        beidous[0] = new Beidou(1,"1994 年","2003 年",new Satellite[4]);
        beidous[1] = new Beidou(2,"2004 年","2012 年",new Satellite[20]);
        beidous[2] = new Beidou(3,"2009 年","2020 年",new Satellite[35]);
        //创建北斗一号系统的4颗卫星
        satellites[0] = new Satellite(1,LocalDate.of(2000,10,31),"CZ-3A","GEO","北斗一号系统");
        satellites[1] = new Satellite(2,LocalDate.of(2003,05,25),"CZ-3A","GEO","北斗一号系统");
        satellites[2] = new Satellite(5,LocalDate.of(2007,04,14),"CZ-3A","MEO","北斗二号系统");
```

```
            satellites[3] = new Satellite(6,LocalDate.of(2009,04,15),"CZ-3C","GEO","北斗二号
系统");
            satellites[4] = new Satellite(22,LocalDate.of(2015,07,25),"CZ-3B","MEO","北斗三
号实验系统");
            satellites[5] = new Satellite(23,LocalDate.of(2015,07,25),"CZ-3B","MEO","北斗三
号实验系统");
            satellites[6] = new Satellite(28,LocalDate.of(2017,11,05),"CZ-3B","MEO","北斗三
号系统");
            satellites[7] = new Satellite(29,LocalDate.of(2017,11,05),"CZ-3B","MEO","北斗三
号系统");
            int i = 0;
            while(satellites[i]!= null) {
                int x = satellites[i].getType().charAt(2) - '1';
                beidous[x].addSatellites(satellites[i]);
                i++;
            }
            beidous[0].showInfo();
            beidous[1].showInfo();
            beidous[2].showInfo();
        }
    }
```

小结

（1）面向对象思想：将数据及对数据的操作行为放在一起，作为一个相互依存、不可分割的整体——对象。对相似的对象进行分类、抽象后，定义为类。类是对象的模板，对象是类的一个具体实例。程序的执行表现为一组对象之间的交互通信。

（2）面向对象主要有三大特征：封装、继承和多态。

（3）Java 语言中定义类的关键字是 class。

（4）获得一个类的对象一般经过以下两步：首先使用类作为数据类型声明一个变量，即定义一个该类的对象，给对象命名。然后，使用 new 运算符创建该对象，在内存中为该对象分配地址空间，并把该对象的引用赋给声明好的变量。

（5）使用"对象.变量"和"对象.方法"访问类的属性和方法。

（6）类中与类名相同且没有返回类型的方法为构造方法。构造方法用于创建并初始化对象。

（7）如果类中没有显式地定义任何构造方法，Java 就为该类提供默认（无参数）的构造方法，否则就没有默认的构造方法。

（8）在同一个类中，多个方法具有相同的名字，但方法签名不同，即参数的个数、类型或顺序不同，称为方法的重载。构造方法也可以重载。

（9）方法的返回类型不是方法签名的一部分，在方法重载时，不能将返回类型不同当成两个方法的区别。

（10）按值传递是将要传递的参数（实参）的"值"传递给被调方法的参数（形参），实参和形参在内存中占用不同的空间，当实参的值传递给形参后，两者之间互不影响。所以按值传递不会改变原始参数的值。基本数据类型的参数是按值传递的。

（11）按引用传递是将参数的引用传递给方法，实参和形参指向的是同一内存空间。在方法中对形参进行修改操作，将导致实参状态的改变。Java 中对象作为参数一般是按引用传递。

（12）this 关键字代表当前所在类的对象。this( )方法表示类的一个构造方法，用于在构造方法中调用同一个类的其他构造方法。this( )必须放在构造方法的第一行。

（13）static 关键字可以用来修饰类的成员，包括成员变量、常用方法以及代码块等，表示该成员是静态的。

（14）Java 推荐使用"类名.方法名"和"类名.静态变量"访问静态方法和静态变量，静态方法又称为类方法，静态变量又称为类变量。

（15）实例方法可以访问实例方法和实例变量，也可以访问静态方法和静态变量。静态方法只能访问静态方法和静态变量，不能访问实例方法和实例变量。

（16）使用 package 关键字可以指定类所属的包。package 语句必须放在类的源文件的第一行。包的层次对应文件目录的层次。

（17）可以使用"包名.类名"方式调用不同包中的类。使用 import 关键字导入类以后，可以直接使用该类声明和创建对象。

（18）Java 中定义了 private（私有的）、protected（受保护的）、public（公开的）访问修饰符，同时定义了一个默认的（friendly，友好的）服务级别，用于声明类、属性和方法的访问权限。

习题

一、单选题

1. 以下代码在类的构造方法中调用了 xMethod( )，则 xMethod( )在类中是（　　）。
```
public MyClass() {
    xMethod();
}
```
  A．静态方法　　　　　B．实例方法　　　　C．静态方法或实例方法

2. 如下所示，在 main( )方法中调用了 xMethod( )方法，则 xMethod( )在类中是（　　）。
```
public static void main(String[] args) {
    xMethod();
}
```
  A．静态方法　　　　　B．实例方法　　　　C．静态方法或实例方法

3. 分析以下代码，正确的选项是（　　）。
```
public class Test {
    private int t;
    public static void main(String[] args) {
        int x;
        System.out.println(t);
    }
}
```

A. 变量 t 未初始化，因此会导致错误
B. 变量 t 是私有的，因此不能在 main()方法中访问
C. 变量 t 是非静态的，不能在静态的 main()方法中引用它
D. 变量 x 未初始化，因此会导致错误
E. 程序编译和运行良好

4. Java 的访问修饰符中，限制性最高的是(　　)。
　　A. public　　　　B. protected　　　C. private　　　D. friendly

二、多选题

1. 以下哪些可能是类 Orange 的构造方法？(　　)
　　A. Orange(){…}　　　　　　　　B. Orange(…){…}
　　C. public void Orange(){…}　　　D. public Orange(){…}
　　E. public int Orange(…){…}　　　F. private Orange(…){…}

2. 假设包 p1 中包含包 p2，类 A 直接属于包 p1，类 B 直接属于包 p2，在类 C 中要使用类 A 和类 B，需要如何导入？(　　)
　　A. import p1.＊；　　　　　　　B. import p1.p2.＊；
　　C. import p2.＊；　　　　　　　D. import p1.p2；

三、判断题

1. 类中与类名相同的方法就是构造方法。(　　)
2. 如果类中没有定义无参的构造方法，Java 就会为该类自动提供无参数的构造方法。(　　)
3. 在同一个类中，多个方法具有相同的名字，但方法签名不同，即参数的个数、类型或顺序不同，称为方法的重载。(　　)
4. 方法的返回类型是方法签名的一部分，返回类型不同的同名方法构成重载。(　　)
5. 按引用传递是将参数的引用传递给方法，实参和形参指向的是同一内存空间。在方法中对形参进行修改操作，将导致实参状态的改变。(　　)
6. this 关键字代表当前所在类的对象。this()方法用于在构造方法中调用同一个类的其他构造方法。this()必须放在构造方法的第一行。(　　)
7. 静态方法可以访问静态方法和静态变量，也能访问实例方法和实例变量。(　　)
8. 用 package 关键字可以指定类所属的包，必须放在类的源文件的第一行。(　　)

四、编程题

1. 请按照以下要求设计一个 Person 类，并进行测试。要求如下。
（1）Person 类中定义一个成员变量 name。
（2）Person 类中创建两个构造方法，其中一个构造方法是无参的，该方法中使用 this 关键字调用有参的构造方法，在有参的构造方法 Person(String name)中使用 this 关键字为成员变量赋值，并输出成员变量 name 的值。
（3）在 main()方法中创建 Person 对象，调用无参的构造方法。

2. 编写一个程序,计算箱子的体积。表示箱子的类为 Box,有构造方法可以传入箱子的长、宽、高,有计算箱子体积的方法 getVolumn()。

3. 编写一个程序,计算两点之间的距离。表示点的类 Point,有两个属性 x、y 表示坐标,一个方法 distance(Point p1, Point p2)计算两点间的距离。

4. 设计一个类 OverLoadDemo,其中有求两个数的最大值的方法 getMax(),要求有两个重载方法,一个方法的参数为两个整数,另一个方法的参数为两个 double 型数。

5. 编写司机开车的程序。车类 Car 有名称属性 name 和运行方法 run(),司机类 Driver 有姓名属性 name 和开车方法 drive()。

6. 在包 p02 中定义一个类 FoundMin,使用下面的格式编写一个方法,求一个 double 型数组中的最小元素:

public static double min(double[ ] array)

在包 p02 中定义一个类 Test,提示用户输入 5 个 double 型数,并存放到一个数组中,然后调用这个方法返回最小值。

7. 创建学生类和教师类,分别给出两个类的特征定义、行为定义。创建学生对象和教师对象,并显示学生信息或教师信息。创建一个学生数组,容纳一个宿舍的学生,并显示各名学生的基本信息。

8. 修改超市购物程序,在商品类 Product 中添加价格和数量属性,在购物者类 Person 中添加购物清单,适当修改 Person 类购物方法 shopping()和 Market 类的售卖方法 sell(),测试购物过程,输出购物结果(购物小票)。

第6章

继承和多态

CHAPTER 6

本章学习目标
- 理解继承的概念,学会通过继承由父类定义子类
- 理解构造方法在继承中的用法
- 学会在子类中重写父类的方法
- 理解重写和重载的不同
- 理解多态的概念和动态绑定
- 掌握 Object 类的基本用法
- 掌握对象类型转换的方法,理解向上和向下转换的区别
- 使用可见性修饰符 protected 使父类中的数据和方法可以被子类访问
- 使用修饰符 final 防止类的继承以及方法的覆盖

6.1 继承的实现

现实生活中,继承一般是指子女继承父母的财产。另外,还有一种所属关系的概念,可以称为广义的继承。有一句俗语叫作"他大舅他二舅都是他舅,高桌子低板凳都是木头",这是一种所属关系的概念,在计算机技术中,叫作"is-a(是一种…)"关系。例如,说到猫和狗,人们会想到它们都是哺乳动物,具有哺乳动物的特征"胎生,哺乳,一般有四条腿"等。在编程过程中,如果已经定义了哺乳动物的类,其中定义了"胎生,哺乳,一般有四条腿"等特征和行为,当定义猫或狗的类时,指明猫或狗是哺乳动物,不再定义哺乳动物的特征,直接定义猫或狗的更细节的特征就可以了。也就是说,使用继承的方法,可以复用已有的程序,减少代码的编写,简化编程过程。

Java是面向对象的语言,具有面向对象的所有特征,包括继承性、封装性和多态性。在面向对象的语言中,继承是必不可少的、非常优秀的语言机制,它具有如下优点。

- 提高代码的重用性。
- 代码共享,所有子类都拥有父类的方法和属性,提高可维护性。
- 提高代码的可扩展性,易于实现"对扩展开放,对修改关闭"的开闭原则。
- 提高产品或项目的开放性,例如,实现多态和面向抽象编程。

自然界的所有事物都是优点和缺点并存的,继承也有缺点,主要表现如下。

- 继承是侵入性的。只要继承,子类就必须拥有父类的所有属性和方法。
- 降低代码的灵活性。子类必须拥有父类的属性和方法,让子类受到限制。
- 增强了耦合性。当父类的常量、变量和方法被修改时,需要考虑子类的修改,在缺乏规范的环境下,这种修改可能带来糟糕的结果——大段的代码需要重构。

Java语言中,继承是指在一个现有类的基础上构建一个新的类,构建出的新类称为子类,现有类称为父类,子类自动拥有父类所有可继承的属性和方法,并可以重新定义、追加属性和方法等。父类又称为超类或者基类,子类又称为派生类。

Java语言中实现类的继承,需要使用extends关键字,语法格式如下。

```
<修饰符> class 子类名称 extends 父类名称{
    //…
}
```

例如:

```
public class dog extends Animal{
    …
}
```

上述代码中,创建了一个新类dog,通过使用extends关键字,继承了Animal类的属性和方法。

假设已经有一个Person类,具有姓名name、性别gender、年龄age的属性和一个方法sayHello()。现在需要设计一个职员类Employee,就不必定义上述3个属性,可以直接继承Person类,然后加入自己的特征(如工资属性、计算工资的方法)。

【例6.1】 继承测试。使用继承的方法,利用已有的Person类定义新类Employee。

程序 6.1.1　Person.java

```java
public class Person {
    String name;
    String gender;
    int age;
    public Person() {
        System.out.println("调用 Person 类的无参构造方法");
    }
    public Person(String name, String gender, int age) {
        this.name = name;
        this.gender = gender;
        this.age = age;
    }
    public void sayHello() {
        System.out.println("大家好！我是 " + name + "," + gender + "," + age + "岁");
    }
}
```

程序 6.1.2　Employee.java

```java
public class Employee extends Person {
    public double salary;
    //计算工资的方法：基本工资＋加班工资
    public double computeSalary(int hours,double hourSalary) {
        return salary + hours * hourSalary;
    }
}
```

程序 6.1.3　TestEmployee.java

```java
public class TestEmployee {
    public static void main(String[] args) {
        Employee emp = new Employee();
        emp.name = "王小明";
        emp.gender = "男";
        emp.age = 18;
        emp.salary = 4000;
        emp.sayHello();
        System.out.println("工资:" + emp.computeSalary(10, 200));
    }
}
```

运行结果如图 6.1 所示。

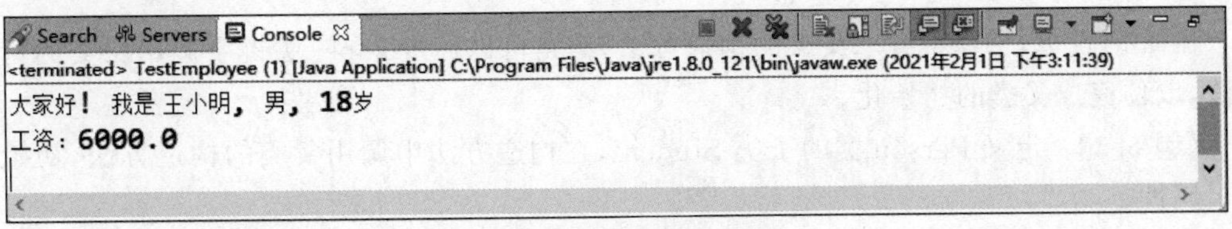

```
大家好！ 我是 王小明，男，18岁
工资：6000.0
```

图 6.1　继承测试运行结果

可以看到，Employee 类中仅定义了一个变量 salary 和一个方法 computeSalary()。但是，因为 Employee 继承了 Person 类，所以它的对象 emp 可以操作父类 Person 中定义的 name、gender、age 属性和 sayHello()方法，这就是类继承的效果。

关键技术：

一个子类继承的成员（属性或方法）应当是这个类的完全意义的成员，就像在子类中直接声明定义的一样。如果子类中定义的实例方法不能操作父类的某个成员，该成员就没有被子类继承。

子类的继承性有以下几种情况。

(1) 私有成员不能被子类继承。即父类中用 private 修饰的成员不能被子类继承。

(2) 父类的构造方法不能被子类继承。

(3) 如果子类和父类在同一个包中，子类可以继承父类的所有非私有成员，包括 public、protected 和无可见性修饰符的成员变量与方法。

(4) 如果子类和父类不在同一个包中，子类可以继承父类的公开的和受保护的成员，即用 public、protected 修饰的成员变量和方法。

请读者将 Person 类中的变量和方法分别指定不同的可见性修饰符，然后将 Employee 类放在不同的包中，测试子类的继承性。

注意，父类中可以提供一个公开的方法访问其私有成员，由子类继承并使用这个公开的方法，从而间接地操作父类指定的私有成员。

关于类的继承，还有以下几点说明。

(1) 单继承。Java 语言中的继承是单继承，不允许多继承，即一个类只能有一个直接父类，不允许有多个父类。但是现实世界中一个对象往往有多个父对象，Java 提供了接口的概念来解决这个问题，详见第 7 章抽象类与接口。

(2) Java 中，Object 类是所有其他类的直接或间接父类。如果一个类没有用 extends 关键字指明父类，它的父类就是 Object。例如，例 6.1 中，Person 类没有用 extends 关键字指明父类，它是 Object 类的子类，可以调用 Object 类的方法（如 toString()方法）。

视频讲解

6.2　super 关键字

super 关键字代表父类对象，主要有以下两种用途。
(1) 调用父类的构造方法。
(2) 访问父类的属性和方法。

6.2.1　调用父类的构造方法

Java 语言中，子类不继承父类的构造方法，但是可以通过 super 关键字调用父类的构造方法，以便完成父类的初始化。

【例 6.2】　定义 Person 类的子类 Student，在构造方法中调用父类的构造方法，初始化各个属性。

程序 6.2.1　Student.java

```
public class Student extends Person {
    String grade;
    int score;
    public Student() {
```

```
    }
    public Student(String name, String gender, int age) {
        super(name, gender, age);
    }
}
```

程序 6.1.3 TestStudent.java

```
public class TestStudent {
    public static void main(String[] args) {
        Student stu = new Student();
        stu.name = "李晓丽";
        stu.gender = "女";
        stu.age = 19;
        stu.sayHello();
        System.out.println();

        stu = new Student("张志宏","男",20);
        stu.grade = "2020 级";
        stu.score = 90;
        stu.sayHello();
        System.out.println("年级:" + stu.grade + "," + "成绩:" + stu.score);
    }
}
```

运行结果如图 6.2 所示。

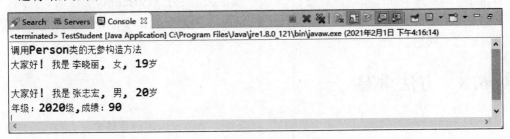

图 6.2 子类调用父类构造方法

在 Person 类中定义了两个构造方法,第一个构造方法无参数,第二个构造方法有 3 个参数。在第二个构造方法中用 super(name,gender,age)调用父类的构造方法 Person (name,gender,age),将传入的参数向上传递来完成从父类继承的属性的初始化。

关键技术:

(1) 利用 new 关键字调用子类的构造方法创建对象时,总是首先调用父类的构造方法,以完成父类对象的初始化。

(2) 如果子类的构造方法中没有使用 super 关键字显式地调用父类的构造方法,程序会自动调用父类中无参的构造方法,即执行 super()。

例如,在例 6.2 中,创建姓名为李晓丽的实例时,调用了无参构造方法 Student(),这个构造方法中没有使用 super()调用父类 Person 的构造方法,但是它自动调用从而输出了"调用 Person 类的无参构造方法"。

(3) 如果一个类中只定义了有参数的构造方法,没有定义无参的构造方法,根据第 5 章中关于构造方法的知识,这个类也没有默认的无参构造方法。这时,如果这个类的子类的构造方法中没有显式地使用 super 关键字调用父类的构造方法,就会出现编译错误。

例如,如果去掉 Person 类中的无参构造方法,就会出现编译错误。

(4) 使用 super 关键字显式地调用父类的构造方法时,必须写在子类构造方法的第 1 行。因为子类必须先调用父类的构造方法,然后才执行自己构造方法中的语句。

6.2.2 访问父类的属性和方法

使用 super 关键字不仅可以调用父类的构造方法,也可以访问父类的属性和方法。访问父类的属性,使用"super.属性名";访问父类的方法,使用"super.方法名(参数列表)"。

例如,父类 Person 中定义了输出信息的方法 sayHello(),但是它不能输出子类 Student 中新定义属性 grade 和 score,于是可以在 Student 类中添加一个新的方法 mySayHello(),输出其所有属性。代码如下。

```
public void mySayHello(){
    super.sayHello();
    System.out.println("年级:" + grade + "," + "成绩:" + score);
}
```

方法 mySayHello()中,super.sayHello()调用了父类的 sayHello()方法输出父类中的属性信息,然后又输出了自己新定义的信息。

当然,由于子类 Student 继承了父类的 sayHello()方法,可以直接调用,在 sayHello() 前加"super."是为了方便阅读。但是,当子类中也定义了一个 sayHello()方法时,为了区分使用的是父类中的方法还是子类中的方法,使用 super 关键字就非常有必要了。下面在 6.3 节中讨论这个问题。

视频讲解

6.3 方法重写

如果父类中的方法不能满足子类的需要,可以对父类的方法进行重新定义,即在子类中定义一个与父类中的方法签名相同的方法,这称为方法的重写。重写是 Java 多态性的一种体现。

如果子类中重写了父类的方法,子类中或者子类的对象调用该方法时,调用的是子类重写的方法,父类中的方法就被隐藏起来。如果想要调用父类中的该方法,就需要在子类中使用 super 关键字。

【例 6.3】 定义 Person 类的子类 Teacher,重写父类中的 sayHello()方法。

程序 6.3.1　Teacher.java

```
public class Teacher extends Person {
    string department;
    public Teacher() {
    }
    public Teacher(String name, String gender, int age) {
        super(name, gender, age);
    }
    public void sayHello() {
        super.sayHello();
        System.out.println("我是一名教师,我们部门是" + department);
    }
}
```

程序 6.3.2　TestTeacher.java

```java
public class TestTeacher {
    public static void main(String[] args) {
        Teacher teacher = new Teacher();
        teacher.name = "周峰";
        teacher.gender = "男";
        teacher.age = 38;
        teacher.department = "计算机工程学院";
        teacher.sayHello();
    }
}
```

运行结果如图 6.3 所示。

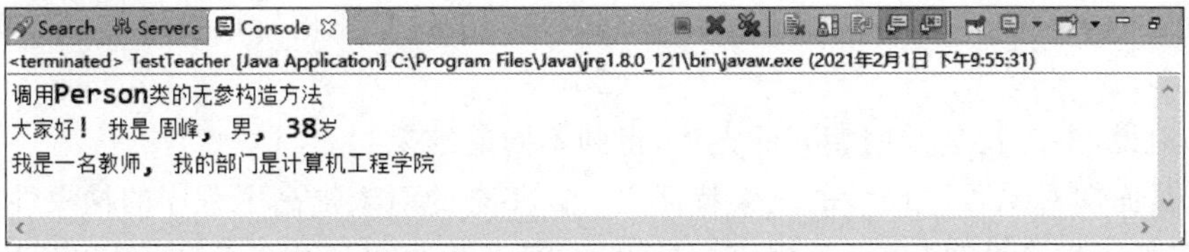

```
调用Person类的无参构造方法
大家好！我是 周峰，男，38岁
我是一名教师，我的部门是计算机工程学院
```

图 6.3　重写父类的方法

类 Teacher 中定义了一个与父类中签名相同的方法 sayHello()，重写了父类的 sayHello()方法，子类方法中首先使用 super.sayHello()调用了父类的方法，按照父类的定义输出"大家好，我是周峰，男，38 岁"，然后调用输出语句显示"我是一名教师，我的部门是计算机工程学院。"

子类重写父类的方法，需要注意以下几点。

(1) 重写的方法的签名必须和被重写的方法的签名相同，即方法名相同，并且参数个数和类型顺序相同。

(2) 重写的方法的返回类型必须和被重写方法的返回类型一样或者是其子类。

(3) 子类中重写父类的方法时，可访问性只能一样或变得更公开。例如，假设被重写方法的可见性为 public，重写方法的可见性是 protected、private 或者不带可见性访问符，则会出现编译错误。

(4) 仅当实例方法可以访问时，才能被重写。private 方法不能被重写，因为私有方法不能被继承，即使子类中有与父类相同的私有方法，因为二者完全没有关系，所以也不能称为重写。当子类与父类不在同一个包中时，父类中的不带可见性访问符的方法也不能被重写，同样因为这种方法在子类中不可见。

(5) 静态方法可以被继承，但是不能被重写。如果父类中定义的静态方法在子类中被重新定义，那么父类中的静态方法就被隐藏，可以用"父类名.方法名"调用。

需要注意的是，方法重载和重写是两个不同的概念，但是二者从名称到定义都有些类似，很容易混淆。

方法重载是在一个类或者其子类中，具有同名的方法，但是方法的签名不同，即参数的个数、类型和顺序不同，而访问修饰符和返回值类型可以相同也可以不同。

方法重写是指子类中定义了与父类中同名的方法，方法的签名相同，即参数的个数、类型和顺序相同。重写的方法的返回类型必须和被重写方法的返回类型一样或者是其子类。子类中重写父类的方法时，可访问性不能降低。

6.4 多态

多态是指同一个实体同时具有多种实现形式,同一操作作用于不同的实现形式,可以有不同的解释,产生不同的执行结果。

在同一个类中,允许方法的重载,同名的方法有不同的实现,调用同一个方法,因为传入的参数类型、个数和顺序不同,会获得不同的结果,这称为静态多态。

在继承机制中,可以将其子类的对象赋值给父类的变量,由于不同子类中方法重写的实现不同,父类的变量调用同一个方法,也会得到不同的结果,这称为动态多态。

后面还将学习接口的概念,将接口的不同实现类的对象赋值给该接口类型的变量,也是一种动态多态。

简单地说,多态就是调用相同的方法,得到不同的结果。

多态是面向对象程序设计的三大特征之一。多态的引入提高了程序的抽象性、简洁性、灵活性,降低了耦合性,提高了类模块的封闭性,有利于写出通用的代码,做出通用的编程,以适应需求的不断变化。例如,当需要编写司机开车的程序时,司机类 Driver 的驾驶方法 drive()可以用各种车的父类 Car 作为参数,传入宝马车、奔驰车、大卡车等对象,都可以调用父类 Car 的 run()方法,实现对各种车的驾驶,而不必定义很多的重载方法,提高了程序的通用性、灵活性和简洁性。

【例 6.4】 多态测试。定义表示动物的类 Animal 及其子类 Dog 和 Bird,利用上转型测试多态。

程序 6.4.1 Animal.java

```java
public class Animal {
    public Animal() {
        System.out.println("这是动物");
    }
    public void move() {
        System.out.println("动物会动");
    }
    public void sound() {
        System.out.println("动物会叫");
    }
}
```

程序 6.4.2 Dog.java

```java
public class Dog extends Animal{
    public Dog() {
        System.out.println("一只小狗");
    }
    public void move() {
        System.out.println("狗儿跑");
    }
    public void sound() {
        System.out.println("汪汪");
    }
}
```

程序 6.4.3　Bird.java

```java
public class Bird extends Animal {
    public Bird() {
        System.out.println("一只小鸟");
    }
    public void move() {
        System.out.println("鸟儿飞");
    }
    public void sound() {
        System.out.println("啾啾啾");
    }
}
```

程序 6.4.4　TestAnimal.java

```java
public class TestAnimal {
    public static void main(String[] args) {
        Animal animal = new Dog();
        animal.move();
        animal.sound();
        animal = new Bird();
        animal.move();
        animal.sound();
    }
}
```

运行结果如图 6.4 所示。

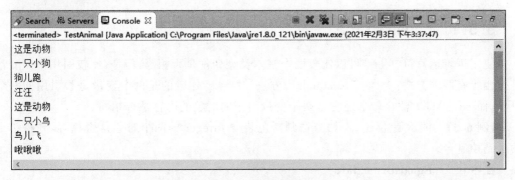

图 6.4　多态测试

本例中，用类 Animal 作为数据类型声明了一个变量 animal，将子类 Dog 的对象赋值给变量 animal 后，调用 move()方法输出的是"狗儿跑"，调用 sound()方法输出的是"汪汪"，而将子类 Bird 的对象赋值给变量 animal 后，调用 move()方法输出的是"鸟儿飞"，调用 sound()方法输出的是"啾啾啾"。从程序上看，两段代码完全一样，animal 对象调用的方法都是 move()和 sound()，而输出结果不同，体现了多态性。

关键技术：

一个变量必须被声明为某种数据类型，这个类型称为变量的声明类型。一个引用型变量可以是 null 值或者是一个对声明类型实例的引用。实例可以使用声明类型或者它的子类型的构造方法创建，被变量实际引用的对象的类型称为变量的实际类型。一个引用型变量调用某个方法时，方法的内容由变量的实际类型决定，这称为方法的动态绑定。

例 6.4 中,变量 animal 的声明类型是 Animal,当实际类型为 Dog 时,调用 move()和 sound()方法时,使用的是实际类型 Dog 类中对该方法的定义;当实际类型为 Bird 时,调用 move()和 sound()方法时,使用的是实际类型 Bird 类中对该方法的定义,这就是方法的动态绑定。

6.5 Object 类

Object 类是所有类的顶级父类,在 Java 体系中,所有类都是直接或间接地继承了 Object 类。如果在定义一个类时没有用 extends 指明父类,那么这个类的父类默认是 Object。Object 类包含所有 Java 类的公共属性和方法,这些属性和方法在任何类中均可以直接使用,其中较为重要的方法如表 6.1 所示。

表 6.1 Object 类的常用方法

方法声明	功能描述
boolean equals(Object obj)	比较两个类变量所指向的是否为同一个对象,是则返回 true
Class getClass()	获取当前对象所属类的信息,返回 Class 对象
String toString()	将调用 toString()方法的对象转换成字符串
Object clone()	生成当前对象的一个备份,并返回这个副本
int hashCode()	返回该对象的哈希代码值

本节主要介绍 equals()方法和 toString()方法。

6.5.1 equals()方法

使用逻辑运算符"=="可以比较两个基本类型变量是否相等,但是,比较引用类型变量是否相等有两种方式:"=="和 equals()方法。"=="比较的是两个变量是否引用同一个对象,而 equals()方法比较的通常是两个变量引用的对象的内容是否相同。

【例 6.5】 演示使用 equals()方法判断包装类 Integer 的两个对象是否相等,并将结果输出到控制台。

程序 6.5 EqualsDemo.java

```java
public class EqualsDemo {
    public static void main(String[] args) {
        Integer obj1 = new Integer(5);
        Integer obj2 = new Integer(15);
        Integer obj3 = new Integer(5);
        Integer obj4 = obj2;
        System.out.println("obj1.equals( obj1 ): " + obj1.equals(obj1));
        // obj1 和 obj2 是两个不同的对象
        System.out.println("obj1.equals( obj2 ): " + obj1.equals(obj2));
        // obj1 和 obj3 引用指向的对象值一样
        System.out.println("obj1.equals( obj3 ): " + obj1.equals(obj3));
        // obj2 和 obj4 引用指向同一个对象
        System.out.println("obj2.equals( obj4 ): " + obj2.equals(obj4));
        System.out.println();
        System.out.println("obj1 == obj1: " + (obj1 == obj1));
```

```
        // obj1 和 obj2 是两个不同的对象
        System.out.println("obj1 == obj2: " + (obj1 == obj2));
        // obj1 和 obj3 引用指向的对象的值一样,但对象空间不一样
        System.out.println("obj1 == obj3: " + (obj1 == obj3));
        // obj2 和 obj4 引用指向同一个对象空间
        System.out.println("obj2 == obj4: " + (obj2 == obj4));
    }
}
```

运行结果如图 6.5 所示。

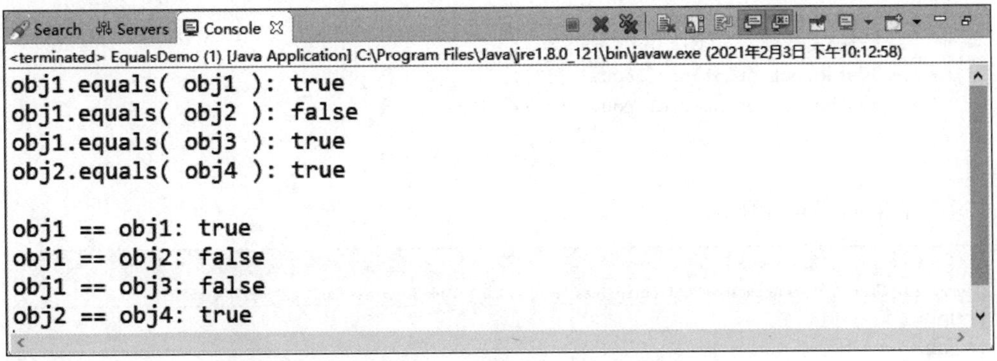

```
obj1.equals( obj1 ): true
obj1.equals( obj2 ): false
obj1.equals( obj3 ): true
obj2.equals( obj4 ): true

obj1 == obj1: true
obj1 == obj2: false
obj1 == obj3: false
obj2 == obj4: true
```

图 6.5　使用 equals() 方法判断两个对象是否相等

使用逻辑运算符"=="将比较两个变量是否引用同一个对象,即比较的是两个对象在内存中的地址,只有当两个变量指向同一个内存地址即同一个对象时才返回 true,否则返回 false。上述代码中,obj1 和 obj2 通过 new 创建的两个 Integer 对象,分配了不同的内存空间,所以 obj1==obj2 返回 false；而赋值语句 obj4=obj2 将变量 obj4 指向了 obj2 引用的对象,所以 obj4==obj2 返回 true。

Integer 类的 equals() 方法比较的是两个对象的内容是否相同,4 个对象的内容分别是 5、15、5、15,所以用 equals() 方法比较返回了相应的结果。

需要注意的是,Object 类的 equals() 方法中就是采用==进行比较的,所以如果一个类没有重写 equals() 方法,则通过==和 equals() 进行比较的结果是相同的。由于 Integer 类重写了 equals() 方法,比较对象中的整数值,所以会有上述比较结果。

在 Java API 中很多类重写了 equals() 方法,如 java.lang.String 和 java.util.Date 等,用于比较两个对象的内容是否相等。

对于用户自己定义的类,判断两个对象是否相等的规则与具体业务逻辑相关,可以根据不同的业务规则采用不同的方式重写 equals() 方法。如圆形类 Circle,可以基于半径比较两个对象是否相等,因此可以在 Circle 类中重写基类 Object 的 equals() 方法。

【例 6.6】　在 Circle 类中重写 equals() 方法,判断两个对象是否相等,并将结果输出到控制台。

程序 6.6　Circle.java

```java
public class Circle {
    double radius = 1.0;
    public Circle(double radius){
        this.radius = radius;
    }
```

```java
    public double getArea() {
        return Math.PI * radius * radius;
    }
    public boolean equals(Object obj) {
        if(obj == null) return false;
        if(getClass() != obj.getClass()) return false;
        return radius == ((Circle)obj).radius;
    }
    public static void main(String[] args) {
        Circle c1 = new Circle(10);
        Circle c2 = new Circle(10);
        Circle c3 = new Circle(5);
        System.out.println(c1.equals(c2));
        System.out.println(c1.equals(c3));
    }
}
```

运行结果如图 6.6 所示。

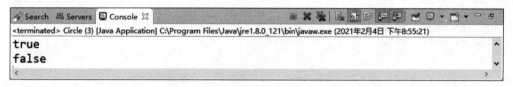

图 6.6　在 Circle 类中重写 equals()方法

在 Circle 类中重写了基类 Object 的 equals()方法，通过半径是否相等判断两个 Circle 对象的内容是否相同。由于 c1、c2、c3 的半径分别为 10、10、5，所以，c1.equals(c2) 返回 true，而 c1.equals(c3)返回 false。

注意：在 Circle 类中，重写的 equals()方法的参数 obj 是 Object 类型。这是因为 Object 类中 equals()方法的参数是 Object 类型，而重写的方法签名必须与被重写的方法一样。这种情况下，比较半径前，需要先调用 getClass()方法判断是否是同一个类型，然后还要将传入的 Object 对象强制转换成 Circle 类型，才能进行比较。

如果把 Circle 类中 equals()方法的参数定义为 Circle 类型，代码可以简单一些，具体如下。

```java
public boolean equals(Circle obj) {
    if(obj == null) return false;
    return radius == obj.radius;
}
```

这个方法是对 Object 类中 equals()方法的重载，不是重写。这种情况下，传入的参数是 Circle 对象时调用的是重载的 equals()方法，而传入的参数是非 Circle 对象时调用的是基类 Object 类中的 equals()方法。

注意：当需要将对象放入类似 HashMap、HashSet 的集合中时，判断两个对象相同的底层原理是：先判断传入的键的 Hash 值是否相同，如果不同则直接放入集合中；如果 Hash 值相同，还需要进行 equals()判断，如果返回 true，则认为两个对象相同，后放入集合的键会将前面的键覆盖。对于 String、Integer 等类，其中已经重写了 hashCode()方法，两个对象内容相同时，其 Hash 值也相同。对于自己定义的类，如果将对象放入类似 HashMap、

HashSet 的集合中,那么,既要重写 equals()方法,也要重写 hashCode()方法,以保证相同对象的哈希码必须相同。

6.5.2 toString()方法

Object 类的 toString()方法用于获取对象的描述性信息。使用 System.out.println()方法输出一个对象时,将自动调用该对象的 toString()方法。

Object 类中的 toString()方法返回包含类名和散列码的字符串,采用如下格式。

```
getClass().getName() + "@" + Integer.toHexString(hashCode)
```

例如,对一个 Person 类的对象 p,执行 System.out.println(p),其输出结果可能是 com.wfu.ch06.Person@15db9742,类名前面是该类所在的包名,@符号后面是该对象的散列码,根据运行时环境而定。

这种消息无法体现对象本身的属性,意义不大,一般需要重写 toString()方法,返回更有意义的数据信息。

【例 6.7】 修改 Person 类,重写 toString()方法,返回相关属性信息。

程序 6.7 Person.java

```java
public class Person {
    public String name;
    public String gender;
    int age;
    public Person(String name, String gender, int age) {
        this.name = name;
        this.gender = gender;
        this.age = age;
    }
    public String toString() {
        return "name = " + name + ", gender = " + gender + ", age = " + age;
    }
    public static void main(String[] args) {
        System.out.println(new Person("章小鱼","女",25));
    }
}
```

运行结果如图 6.7 所示。

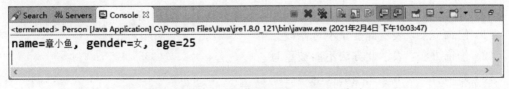

图 6.7 在 Person 类中重写 toString()方法

注意,Object 类中的 toString()方法是公开的,因此在重写时不能降低可见性,必须声明为 public。

另外,如果使用 String 类型数据和基本类型数据连接,基本类型数据会首先转换为对应的包装类型对象,然后再调用 toString()方法转换成字符串。

6.6 对象转换和 instanceof 运算符

一个对象的引用可以转换为另外一个类型对象的引用,这称为对象转换。

在 6.4 节实现多态时,将子类的对象赋值给父类型的变量,这是执行了从子类对象向父类对象的转换,称为向上转型(Upcasting)。向上转型可以直接将子类对象赋值给父类变量,Java 编译器会自行处理转换,这称为隐式转换。

如果把一个父类的对象赋值给它的子类变量,称为向下转型(Downcasting)。向下转型必须使用转换标记"(子类名)",向编译器表明意图,称为显式转换。

向下转型时,为了能够转换成功,必须确保要转换的对象是该子类的一个实例,否则就会出现一个运行时异常 ClassCastException(类型转换异常)。例如,对于 Animal 的两个子类 Dog 和 Bird,将 Dog 的实例赋值给 Animal 的变量 animal 后,再向下转型,执行 Bird bird=(Bird)animal,就会出现类型转换异常。因此,一个好的做法是,在对象向下转型之前确保该对象是另一个类的实例。这可以使用 getClass()方法或者 instanceof 运算符来实现。

在 6.5.1 节 Circle 类重写 equals()方法时,将传入的 Object 对象转换成 Circle 类型之前,先调用 getClass()方法判断传入的对象与当前对象是否是同一个类型,以保证转换成功。

Java 中,运算符 instanceof 可以用来判断一个对象是否是某种类型的实例。因此,Circle 类中重写 equals()方法时,也可以用如下的代码实现。

```
public boolean equals(Object obj) {
    if (obj instanceof Circle)
        return radius == ((Circle)obj).radius;
    return false;
}
```

注意:对象访问操作符"."优先于类型转换操作符,因此需要使用圆括号保证在点操作符"."之前进行对象类型转换,如((Circle)obj).radius。

6.7 final 关键字

关键字 final 表示"不可改变的、最终的",主要有以下三种用途。
(1) 修饰变量:表示此变量不可修改。
(2) 修饰方法:表示此方法不能被重写。
(3) 修饰类:表示此类不能被继承。

1. final 修饰变量

声明为 final 的变量是一个常量,在定义时必须给予初始值,变量一旦初始化,将不能改变。

习惯上,Java 中的常量使用全部大写字母命名,如果有多个单词,使用下画线连接。例如,Math.PI、Integer.MAX_VALUE。

用 final 修饰对象(包括数组)时,表示对象的引用是恒定不变的,但对象的属性可以被修改。

【例 6.8】 final 修饰变量。

程序 6.8 TestFinal.java

```java
public class TestFinal {
    private int num;
    final static double E = 2.71828;
    public void setNum(int num) {
        this.num = num;
    }
    public int getNum() {
        return this.num;
    }
    public static void main(String[] args) {
        final TestFinal obj = new TestFinal();
        System.out.println("obj.num : " + obj.getNum());
        obj.setNum(10);
        System.out.println("obj.num : " + obj.getNum());

        final double PI = 3.14;
        final int[] num = {1, 2, 3};
        num[0] = 10;

        //PI = 3.1415;               //错误,常量不能重新赋值
        //E = 2.71;                  //错误,常量不能重新赋值
        //obj = new TestClass();     //错误,无法改变 obj 的引用空间
        //num = new int[10];         //错误,数组常量不能被重新分配空间
    }
}
```

运行结果如图 6.8 所示。

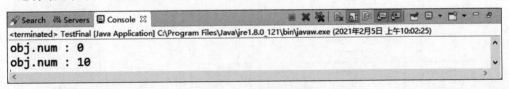

图 6.8 final 修饰变量

通过执行结果可以看出,常量对象 obj 的属性可以被修改。代码中最后几行是测试对常量重新赋值,由于会发生编译错误,因此被注释掉了。

2. final 修饰方法

使用 final 修饰的方法不能被子类重写。如果某些方法完成关键性的、基础性的功能,不希望被子类重写,可以将其声明为 final 的。例如:

```java
public class Base{
    public final void fun(){
    }
}
public class Sub extends Base{
```

```
        public void fun(){              //错误,无法重写父类中的 final 方法
        }
}
```

3. final 修饰类

声明为 final 的类是一个最终类,不能被继承。例如:

```
public final class A{
}
public class B extends A{            //错误,无法继承 final 类
}
```

例如,Java API 中的 Math 类、String 类以及基本数据类型的包装类都是最终类,无法扩展子类。

视频讲解

6.8 类之间的关系

在面向对象的系统中,通常不会存在孤立的类,类之间、对象之间总是存在各种各样的关系,按照 UML(Unified Modeling Language,统一建模语言)规范,类之间存在六种关系:继承、实现、依赖、关联、聚合、组成。

继承:也称为泛化,表现的是一种共性与特性的关系。一个类继承另一个类的属性和方法,并在此基础上添加自己的特有功能。用末端为空心三角形的实线箭头表示,箭头指向父类。图 6.9 表示类 Student 和 Teacher 继承了类 Person。

实现:表示一个类实现了某个接口的功能。用末端为空心三角形的虚线箭头表示,箭头指向接口。图 6.10 表示类 Circle 实现了接口 Comparable。

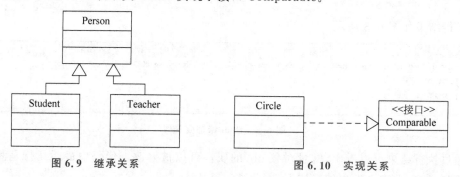

图 6.9 继承关系   图 6.10 实现关系

依赖:如果在一个类中操作另外一个类的对象,称第一个类依赖于第二个类。依赖表明一个类使用或需要知道另一个类中包含的信息,用虚线箭头表示,箭头指向被依赖的类。图 6.11 表示司机类 Driver 依赖于汽车类 Car。

关联:比依赖关系更紧密,通常体现为一个类中使用另一个类的对象作为属性,用实线箭头表示,箭头指向被关联的类。图 6.12 表示客户类 Customer 依赖于订单类 Order。

聚合:是关联关系的一种特例,体现的是整体和部分的关系,即一个类(整体)由其他的类的属性(部分)构成。聚合关系中的各个部分可以具有独立的生命周期,部分可以属于多个整体,是 0…* 对 1…* 的关系。用菱形和实线表示,菱形在表示整体的类一端。例如,公

司和人的关系就是聚合关系,如图 6.13 所示。

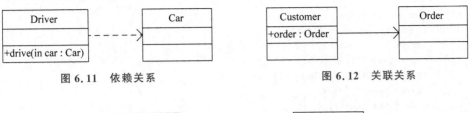

图 6.11 依赖关系　　　　　　　图 6.12 关联关系

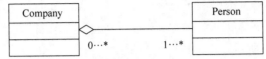

图 6.13 聚合关系

组合:也是关联关系的一种特例,体现的是更紧密的整体和部分的关系。组合关系中的整体和部分是不可分的,整体的生命周期结束后,部分的生命周期随之结束。用实心菱形和实线表示,菱形在表示整体的类一端。例如,公司和部门的关系就是组合关系,如图 6.14 所示。

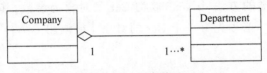

图 6.14 组合关系

UML 的六种关系中,继承和实现是一种纵向关系,其余四种是横向关系。其中,关联、聚合、组合关系在代码上是无法区分的,更多的是一种语义上的区别。

【例 6.9】 以司机开汽车为例,演示依赖关系。

程序 6.9.1　Car.java

```java
public class Car {
    String name;
    public String getName() {
        return name;
    }
    public void setName(String name) {
        this.name = name;
    }
    public void run() {
        System.out.println("汽车行驶中");
    }
}
```

程序 6.9.2　Driver.java

```java
public class Driver {
    String name;
    public void drive(Car car) {
        System.out.println(name + "驾驶" + car.getName());
        car.run();
    }
}
```

程序 6.9.3　Car.java

```
public class TestDriveCar {
    public static void main(String[] args) {
        Car car = new Car();
        car.setName("红旗车");
        Driver driver = new Driver();
        driver.name = "张平";
        driver.drive(car);
    }
}
```

运行结果如图 6.15 所示。

```
张平驾驶红旗车
汽车行驶中
```

图 6.15　依赖关系测试结果

例 6.9 中，Driver 类的方法 drive()以类 Car 的对象为参数，其中调用了 Car 对象的 name 属性和 run()方法，必须先有一个 Car 的对象才能调用 Driver 的方法 drive()。因此 Driver 类依赖于类 Car。

6.9　综合案例

视频讲解

2021 年 2 月 25 日，习近平总书记在全国脱贫攻坚总结表彰大会上庄严宣告："经过全党全国各族人民共同努力，在迎来中国共产党成立一百周年的重要时刻，我国脱贫攻坚战取得了全面胜利，创造了又一个彪炳史册的人间奇迹！"

回望党的十八大以来，8 年间，中国 832 个贫困县全部摘帽，全国近 1 亿贫困人口实现脱贫，创造了世界减贫史上的奇迹。8 年间，累计 300 多万名驻村干部、第一书记和数百万名基层工作者奋战在脱贫攻坚一线。广大扶贫干部是新时代的英雄，值得我们深深致敬。

广大扶贫干部身上彰显的是不信东风唤不回的担当精神，敢教日月换新天的奋斗精神，咬定青山不放松的攻坚精神，丹心从来系家国的奉献精神。这些英雄模范是永远值得学习的榜样，这些精神是新时代新征程上的强大精神动力。向脱贫攻坚一线的英雄模范们学习，接力传承他们的精神力量，咬定青山不放松，脚踏实地加油干，我们一定能绘就乡村振兴的壮美画卷，朝着共同富裕的目标稳步前行。

1. 案例描述

使用所学知识编写一个精准扶贫系统，在精准扶贫系统中除了有贫困户对象，当然也少不了奋战在脱贫攻坚一线的扶贫干部对象，请利用类的继承特性，完成如下功能。

（1）声明一个名为 Person 的类，其中含有身份证号码、姓名、性别、年龄和联系电话等属性，包含一个无参构造方法和有参构造方法，包含获取属性值的 getter()方法和修改属性值的 setter()方法，包含一个自我介绍的 introduce()方法。

（2）声明两个继承于 Person 的子类贫困户类和扶贫干部类。在贫困户类中新增家庭地址、家庭人口、致贫原因、脱贫状态和年人均收入等属性，在扶贫干部类中新增工作单位、政治面貌、帮扶对象、帮扶人数等属性。在这两个类中分别重写 Person 类的 introduce()方法，同时贫困户类新增修改脱贫状态的方法，扶贫干部类新增增加帮扶对象和获取已脱贫人数的方法。

2. 问题分析

（1）创建父类 Person 类，包含 introduce()方法，用于进行简单的自我介绍。

（2）创建子类 Poor 类，重写 introduce()方法，添加 Poor 类特有属性的介绍，同时增加 setState()方法，用于修改贫困户的脱贫状态，如果贫困户的年人均收入大于当年的国家贫困标准，则将贫困户的脱贫状态修改为已脱贫，否则若贫困户的年人均收入小于或等于当年的国家贫困标准且脱贫状态为已脱贫，则将贫困户的脱贫状态修改为返贫。

（3）创建子类 Helper 类，重写 introduce()方法，添加 Helper 类特有属性的介绍，同时增加修改扶贫对象脱贫状态方法、增加扶贫对象方法以及获取脱贫人数方法。

3. 参考代码

```java
public class Person {
    private String ID;              //身份证号码
    private String name;            //姓名
    private String gender;          //性别
    private int age;                //年龄
    private String phone;           //联系电话
    public Person() {
    }
    public Person(String iD, String name, String gender, int age, String phone) {
        super();
        ID = iD;
        this.name = name;
        this.gender = gender;
        this.age = age;
        this.phone = phone;
    }
    public String getID() {
        return ID;
    }
    public void setID(String iD) {
        ID = iD;
    }
    public String getName() {
        return name;
    }
    public void setName(String name) {
        this.name = name;
    }
    public String getGender() {
        return gender;
    }
    public void setGender(String gender) {
```

```java
            this.gender = gender;
        }
        public int getAge() {
            return age;
        }
        public void setAge(int age) {
            this.age = age;
        }
        public String getPhone() {
            return phone;
        }
        public void setPhone(String phone) {
            this.phone = phone;
        }
        public void introduce() {
            System.out.print("大家好,我是" + name + ",今年" + age + "岁.");
        }
    }
    public class Poor extends Person {
        private String address;         //家庭住址
        private String reason;          //致贫原因
        private String state;           //脱贫状态
        private int number;             //家庭人口
        private int income;             //年人均收入
        public Poor() {
            super();
        }
        public Poor(String iD, String name, String gender, int age, String phone, String address,
    String reason, String state, int number, int income) {
            super(iD, name, gender, age, phone);
            this.address = address;
            this.reason = reason;
            this.state = state;
            this.number = number;
            this.income = income;
        }
        /**
         * 重写introduce()方法
         */
        @Override
        public void introduce() {
            super.introduce();
            System.out.println("家住" + address + ",家里有" + number + "口人," + reason + "致贫.");
        }
        /**
         * 根据脱贫标准,修改脱贫状态
         * @param standard 表示脱贫标准
         */
        public void setState(int standard) {
            if(income > standard) {
                state = "已脱贫";
            }
            else if(income < standard && state.equals("已脱贫")) {
```

```java
            state = "返贫";
        }
    }
    public String getState() {
        return state;
    }
}
import java.util.Scanner;
public class Helper extends Person {
    private String workUnit;              //工作单位
    private String politicalOutlook;      //政治面貌
    private Poor[] targetOfAids;          //帮扶对象
    private int numberOfHelpers;          //帮扶数
    public Helper() {
    }
     public Helper(String iD, String name, String gender, int age, String phone, String workUnit,
            String politicalOutlook) {
        super(iD, name, gender, age, phone);
        this.workUnit = workUnit;
        this.politicalOutlook = politicalOutlook;
        targetOfAids = new Poor[30];
    }
    @Override
    public void introduce() {
        super.introduce();
        System.out.println("来自" + workUnit + ",我是一名" + politicalOutlook + ",我共帮扶"
 + numberOfHelpers + "户贫困户,其中已脱贫数为:" + this.getNumberOfRelief() + "户");
    }
    /**
     * 修改帮扶对象的脱贫状态
     */
    public void setState() {
        System.out.println("请输入今年的脱贫标准:");
        Scanner input = new Scanner(System.in);
        int standard = input.nextInt();
        for(int i = 0;i < this.numberOfHelpers;i++) {
            targetOfAids[i].setState(standard);
        }
    }
    /**
     * 增加帮扶对象
     * @param poor
     */
    public void addTargetOfAid(Poor poor) {
        this.targetOfAids[numberOfHelpers++] = poor;
    }
    /**
     * 统计脱贫人数
     * @return 脱贫人数
     */
    public int getNumberOfRelief() {
        int count = 0;
        for(int i = 0;i < this.numberOfHelpers;i++) {
```

```java
            if("已脱贫".equals(targetOfAids[i].getState())) {
                count++;
            }
        }
        return count;
    }
}
public class Test {
    public static void main(String[] args) {
        Poor[] poors = new Poor[5];
        poors[0] = new Poor("370000XXXXXXXXXXX1","张三","男",45,"136XXXXXXX1","桃花村",
"因病","未脱贫",3,1500);
        poors[1] = new Poor("370000XXXXXXXXXXX2","李四","男",35,"137XXXXXXX1","桃花村",
"因残","未脱贫",4,1700);
        poors[2] = new Poor("370000XXXXXXXXXXX3","王五","男",48,"138XXXXXXX1","桃花村",
"缺资金","未脱贫",3,4000);
        poors[0].introduce();
        Helper helper = new Helper("37000019XXXXXXXXX4","赵六","男",35,"139XXXXXX12","民政
局","中共党员");
        helper.addTargetOfAid(poors[0]);
        helper.addTargetOfAid(poors[2]);
        helper.setState();
        helper.introduce();
    }
}
```

4. 运行结果

案例运行结果如图 6.16 所示。

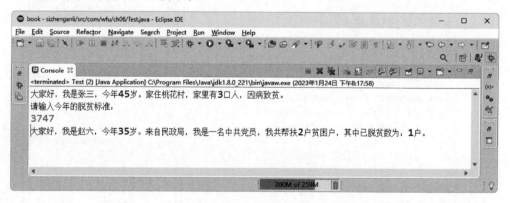

图 6.16 运行结果

小结

（1）继承是指在一个现有类的基础上构建一个新的类，构建出的新类称为子类，现有类称为父类，子类自动拥有父类所有可继承的属性和方法，并可以重新定义、追加属性和方法等。父类又称为超类或者基类，子类又称为派生类。

（2）Java 语言中的继承是单继承，不允许多继承，即一个类只能有一个直接父类。

(3) super 关键字代表父类对象，主要有两个用途：调用父类的构造方法和访问父类的属性和方法。

(4) 利用 new 关键字调用子类的构造方法创建对象时，总是首先调用父类的构造方法。

(5) 使用 super 关键字调用父类的构造方法时，必须写在子类构造方法的第 1 行。

(6) 子类可以重写父类的方法。

(7) 重写的方法的签名必须和被重写的方法的签名相同，即方法名相同，并且参数个数和类型顺序相同。

(8) 重写的方法的返回类型必须和被重写方法的返回类型一样或者是其子类。

(9) 子类中重写父类的方法时，可访问性不能降低。

(10) 仅当实例方法可以访问时，才能被重写。private 方法不能被重写。当子类与父类不在同一个包中时，父类中的不带可见性访问符的方法也不能被重写。

(11) 多态是指同一个实体同时具有多种实现形式，同一操作作用于不同的实现形式，可以有不同的解释，产生不同的执行结果。

(12) 可以将不同的子类对象赋值给父类型的变量实现多态。

(13) Object 类是所有类的顶级父类。

(14) "=="比较的是两个变量是否引用同一个对象，而 equals() 方法比较的通常是两个变量引用的对象的内容是否相同。对于用户自己定义的类，可以根据不同的业务规则重写 equals() 方法。

(15) Object.toString() 方法用于获取对象的描述性信息。用户可以在自己定义的类中重写 toString() 方法。

(16) 将子类对象赋值给父类变量，称为向上转型，向上转型是隐式转换。

(17) 将父类的对象赋值给子类变量，称为向下转型。向下转型必须使用转换标记"(子类名)"进行显式转换。

(18) 运算符 instanceof 可以用来判断一个对象是否是某种类型的实例。可以使用 instanceof 判断对象的类型，以保证向下转型成功。

(19) 关键字 final 表示"不可改变的、最终的"。final 变量是常量，final 方法不能被重写，final 类不能被继承。

习题

一、单选题

1. 下面关于继承的描述错误的是（　　）。
   A. 子类只能有一个父类
   B. 子类对象可以访问父类中任何的变量和方法
   C. 上转型对象不能操作子类新增的变量或方法
   D. 重写父类中的方法时，不可以降低方法的访问权限

2. 子类 Worker 继承了父类 Person。下面哪一条语句可以从 Worker 类中调用 Person 类的无参构造方法？（　　）

A. Person() B. this.Person()
C. super.Person() D. super()

3. 将哪种方法插入第 5 行会引起编译错误？（　　）

```
1. class  Base{
2.     public  float  aFun(float a, float b) { … }
3. }
4. public  class  Child  extends  Base {
5.
6. }
```

A. void aFun(int a, float b){ … }
B. public int aFun(int a, int b) { … }
C. int aFun(float p, float q){ … }
D. private double aFun(double a, int b) { …}

4. 以下哪一项不正确？（　　）

A. 一个类中只定义了一个私有的构造方法，它也可以被继承
B. 子类的构造方法必须先调用父类的构造方法
C. 子类使用 super 关键字调用父类的构造方法，并且要放在子类构造方法的第一行
D. 如果子类的构造方法没有调用其他构造方法，则默认调用其父类不带参数的构造方法

5. 根据以下代码，哪个选项是正确的？（　　）

```
public class Test {
    public static void main(String[] args) {
        new B();
    }
}
class A {
    int i = 7;
    public A() {
        System.out.println("i from A is " + i);
    }
    public void setI(int i) {
        this.i = 2 * i;
    }
}
class B extends A {
    public B() {
        setI(20);
    }
    @Override
    public void setI(int i) {
        this.i = 3 * i;
    }
}
```

A. 未调用 A 类的构造方法
B. A 类的构造方法被调用，它显示"i from A is 7"

C. A 类的构造方法被调用,它显示"i from A is 40"
D. A 类的构造方法被调用,它显示"i from A is 60"

6. 分析以下代码。

```
//程序 1:
public class Test {
    public static void main(String[] args) {
        Object a1 = new A();
        Object a2 = new A();
        System.out.println(a1.equals(a2));
    }
}
class A {
    int x;
    public boolean equals(Object a) {
        return this.x == ((A)a).x;
    }
}
//程序 2:
public class Test {
    public static void main(String[] args) {
        Object a1 = new A();
        Object a2 = new A();
        System.out.println(a1.equals(a2));
    }
}
class A {
    int x;
    public boolean equals(A a) {
        return this.x == a.x;
    }
}
```

A. 程序 1 显示 true,程序 2 显示 true
B. 程序 1 显示 false,程序 2 显示 true
C. 程序 1 显示 true,程序 2 显示 false
D. 程序 1 显示 false,程序 2 显示 false

7. 以下代码的输出是(　　)。

```
public class Test {
    public static void main(String[] args) {
        new Person().printPerson();
        new Student().printPerson();
    }
}

class Student extends Person {
    @Override
    public String getInfo() {
        return "Student";
    }
}
```

```
class Person {
    public String getInfo() {
        return "Person";
    }

    public void printPerson() {
    System.out.println(getInfo());
    }
}
```

  A. Person   B. Person   C. Stduent   D. Student
    Person   Student   Student   Person

8. 根据以下代码,正确的选项是( )。

```
public class Test {
    public static void main(String[] args) {
        String s = new String("Welcome to Java");
        Object o = s;
        String d = (String)o;
    }
}
```

  A. Object o = s; 将 s 赋给 o 时,将创建一个新对象
  B. String d = (String)o; 将 o 强制转换为 s 时,将创建一个新对象
  C. String d = (String)o 将 o 强制转换为 s 时,o 的内容将更改
  D. s、o 和 d 引用同一个字符串对象

9. 分析以下代码,正确的选项是( )。

```
public class Test {
    public static void main(String[] args) {
        B b = new B();
        b.m(5);
        System.out.println("i is " + b.i);
    }
}
class A {
    int i;
    public void m(int i) {
        this.i = i;
    }
}
class B extends A {
    public void m(String s) {
    }
}
```

  A. 程序有一个编译错误,因为 m 在 B 中被重写时使用了不同的签名
  B. 程序有一个编译错误,因为 b.m(5)无法调用,方法 m(int)在 b 中被隐藏
  C. 程序在 b.i 上有一个运行时错误,因为无法从 b 访问 i
  D. B 中没有重写方法 m。B 从 A 继承了方法 m,并在 B 中定义了重载方法 m

10. 以下哪项陈述是错误的?( )
  A. 父类型的变量可以指向子类型的对象,这个特性称为多态性

B. 编译器根据参数类型、参数数目和编译时参数的顺序来查找匹配方法
C. 一个方法可以在多个子类中实现。Java 虚拟机在运行时动态绑定方法的实现
D. 动态绑定可以应用于静态方法
E. 动态绑定可以应用于实例方法

二、多选题

1. 以下陈述正确的是(　　)。
   A. 通常会在类中重写 Object 类的 equals()方法和 toString()方法
   B. 当需要将对象放入类似 HashMap、HashSet 的集合中时，如果一个类重写了 equals()方法，则也需要重写 hashCode()方法，以便保证相同对象的哈希码必须相同
   C. 如果在定义类时没有定义任何构造方法，则编译器自动为类添加一个默认无参构造方法
   D. 要遵循标准的 Java 编程风格和命名约定，程序中为变量、常量、类和方法要选择直观易懂的描述性名字
2. 以下可以为 Object[] 类型的变量赋值的是(　　)。
   A. new char[100]　　　　　　　　B. new int[100]
   C. new double[100]　　　　　　　D. new String[100]
   E. new java.util.Date[100]
3. 以下哪项陈述是正确的？(　　)
   A. 方法可以在同一个类中重载
   B. 方法可以在同一个类中重写
   C. 如果一个方法重载另一个方法，则这两个方法必须具有不同的签名
   D. 如果一个方法重写另一个方法，则这两个方法必须具有相同的签名
   E. 子类可以重载父类中的方法

三、判断题

1. 方法重写是指该方法必须使用相同的签名和兼容的返回值类型在子类中定义。(　　)
2. 方法的重载意味着使用同样的名字但是不同的签名来定义多个方法。(　　)
3. 无法重写私有方法，如果子类中定义的方法在其父类中是私有的，则这两个方法完全不相关。(　　)
4. 如果两个方法在同一个类中，唯一的区别是返回类型不同，则这是一个编译错误。(　　)
5. 编译器根据参数类型、参数数目和编译时参数的顺序来查找匹配方法。(　　)

四、编程题

1. 编写 Person 类和教师类 Teacher 类，其功能要求如下。

（1）Person 中包括两个成员变量 name 和 idCard，表示姓名和身份证号码；一个无参数的构造方法，输出"这是一个人"；一个两参数的构造方法，用来给 name 和 idCard 赋初值；一个 printInfo()方法，输出姓名和身份证号。

（2）Teacher 类继承 Person，并增加部门 department 和工资 salary 属性，一个无参数的构造方法，输出"这是一个教师"；一个两参数的构造方法，用来给 name 和 idCard 赋初值；一个 4 参数构造方法，用来给所有 4 个属性赋初值；重写输出方法 printInfo()，用于显示全部 4 个属性。

（3）编写主类 Test，用 Teacher 的三个构造函数各创建一个对象，然后对各个属性赋值，调用 printInfo() 显示各个属性。

2. 设计一个表示三角形的类 Triangle，继承 GeometricObject 类。GeometricObject 类有颜色属性 color 和表示是否填充的属性 filled。三角形类包括：

三个名为 a,b,c 的 double 类型数据来表示这个三角形的三条边，它们的默认值是 1.0。

一个无参构造方法，创建一个默认的三角形。

一个创建指定 a,b,c 值的三角形的构造方法。

一个 boolean 型方法 isTriangle()，判断是否满足任意两边之和大于第三边。

一个名为 getArea() 的方法返回该三角形的面积。

一个名为 getPerimeter() 的方法返回该三角形的周长。

一个名为 toString() 的方法返回该三角形的字符串描述。

注：计算三角形面积的公式为 Math.sqrt($s \times (s-a) \times (s-b) \times (s-c)$)，其中，$s = (a+b+c)/2$。

编写一个测试程序，创建一个 Triangle 的对象，提示用户输入三角形的三条边，如果 isTriangle() 返回 false，则重新输入。输入颜色和一个 boolean 值对应 color 和 filled。显示面积、周长。如果 filled 为 true，则显示颜色。

3. 有一个水果箱 Box，可以装入、取出水果 Fruit。水果有苹果 Apple、梨 Pear、桃 Peach。每种水果都有重量和颜色。编写程序，在水果箱中装入或取出水果，每次操作显示水果的重量、颜色、水果箱中水果的个数和总重量。

第 7 章

抽象类和接口

CHAPTER 7

本章学习目标

- 掌握抽象类的定义和用法
- 掌握接口的定义和用法
- 理解抽象类和接口的异同
- 了解 Comparable 接口的用法
- 了解 Comparator 接口的用法

7.1 面向抽象编程

随着计算机技术的迅速发展,软件在社会生产生活中的地位和作用越来越显著,软件的功能越来越强大,使用越来越方便,很多软件的规模和复杂程度也不断增加,开发难度越来越大。为了提高开发效率和软件质量,软件工程的思想和方法被提出并越来越受到程序开发者的重视。

软件工程的基本方法是抽象、模块化和逐步求精。抽象是指抽取事物最基本的特性和行为,忽略非基本的细节。采用分层次抽象,自顶向下、逐层细化的办法控制软件开发过程的复杂性。模块化是把程序中逻辑相对独立的部分作为一个独立的编程单位,有助于信息隐藏和抽象,易于表示复杂的系统。逐步求精是针对某个功能的宏观描述进行分解,逐步确立过程细节,直到实现程序算法和代码。

软件工程的方法应用到具体的编程过程中,就是面向抽象编程。Java 语言中引入了抽象类和接口两种机制,可以方便地实现软件工程中面向抽象的思想,使 Java 拥有了强大的面向对象编程能力。

在设计程序时,使用到抽象类和接口,建立类之间的关系和程序框架,可以使程序员只关心操作,而不关心这些操作具体的实现细节,从而把主要精力放在程序的设计上,而不必拘泥于细节的实现(将这些细节留给子类的设计者),即避免设计者把大量的时间和精力花费在具体的算法上。当设计某种重要的类时,不让该类面向具体的类,而是面向抽象类,即所设计类中的重要数据是抽象类声明的对象,而不是具体类的声明的对象。例如,在设计地图时,首先考虑地图最重要的轮廓,不必去考虑诸如城市中的街道牌号等细节,细节应当由抽象类的非抽象子类去实现,这些子类可以给出具体的实例,来完成程序功能的具体实现。在设计一个程序时,可以通过在抽象类或接口中声明若干个抽象方法,表明这些方法在整个系统设计中的重要性,方法体的内容细节由它的非抽象子类去完成。这样就可以实现软件工程思想中自顶向下逐步细化的"抽象-逐步求精"的过程,使编程逻辑清晰而严密,保证软件质量,提高软件的重用性和可维护性。

7.2 抽象类

在面向对象的概念中,所有的对象都是通过类来表述,但并不是所有的类都是用来描绘对象的,如果一个类中没有包含足够的信息来描绘一类具体的对象,这样的类就是抽象类。抽象类一般用来表征对问题领域进行分析、设计中得出的抽象概念,是对一系列看上去不同,但是本质上相同的具体概念的抽象。

例如,数学中平面图形的概念,任何平面图形都有周长和面积,那么,可以定义一个平面图形类 GeometricObject,其中定义用于计算周长和面积的方法。对于不同的平面图形,如三角形、圆形和矩形,其周长和面积的计算方法是各不相同的,因此,在平面图形类 GeometricObject 中很难定义统一的求周长和面积的方法。但是,它们都是平面图形,都需要有这两个方法。

这时，可以只定义类的"骨架"，对其共同行为提供规范，但并不具体实现，而将其具体实现放在子类中完成。这种"骨架"类在 Java 中就叫作抽象类，通过 abstract 关键字进行描述。

定义抽象类的语法格式如下。

```
[修饰符] abstract class 类名{
    [修饰符] abstract <返回类型> 方法名([参数列表]);
    …
}
```

定义抽象类的目的是提供可由其子类共享的一般形式，子类可以根据自身需要扩展抽象类。

例 7.1 定义了一个抽象的平面图形类 GeometricObject，其中定义了用于求周长和面积的抽象方法 getPerimeter() 和 getArea()。这两个抽象方法在子类 Circle 和 Rectangle 中都被重写实现。

【例 7.1】 抽象类测试。定义抽象的平面图形类 GeometricObject 及其子类 Circle 和 Rectangle，演示抽象类的使用。

程序 7.1.1　GeometricObject.java

```java
//定义抽象的平面图形类 GeometricObject
abstract class GeometricObject {
    String color = "white";              //填充颜色
    String name = "平面图形";             //名称
    public abstract double getPerimeter() //抽象方法,求周长
    public abstract double getArea();     //抽象方法,求面积
    public String toString() {
        return "名称:" + this.name + "\t 颜色:" + this.color + "\t" +
               "周长:" + this.getPerimeter() + "\t 面积:" + this.getArea();
    }
}
```

程序 7.1.2　Circle.java

```java
class Circle extends GeometricObject {
    double radius;
    public Circle(double radius) {
        this.radius = radius;
    }
    //实现父类的抽象方法,求周长
    public double getPerimeter() {
        return 2 * Math.PI * radius;
    }
    //实现父类的抽象方法,求面积
    public double getArea() {
        return Math.PI * radius * radius;
    }
}
```

程序 7.1.3　Rectangle.java

```java
class Rectangle extends GeometricObject {
    double width, height;
    public Rectangle(double width, double height) {
```

```java
        this.width = width;
        this.height = height;
    }
    //实现父类的抽象方法,求周长
    public double getPerimeter() {
        return 2 * (width + height);
    }
    //实现父类的抽象方法,求面积
    public double getArea() {
        return width * height;
    }
}
```

程序 7.1.4   TestGeometricObject.java

```java
public class TestGeometricObject {
    public static void main(String[] args) {
        //GeometricObject g = new GeometricObject(); //编译错误,不能实例化抽象类
        GeometricObject g1 = new Circle(5);
        g1.name = "圆形";
        g1.color = "黑色";
        System.out.println(g1);
        GeometricObject g2 = new Rectangle(3,4);
        g2.name = "矩形";
        g2.color = "蓝色";
        System.out.println(g2);
        System.out.println("两个平面图形的面积是否相等? " + equalArea(g1,g2));
    }
    public static boolean equalArea(GeometricObject g1,GeometricObject g2) {
        return g1.getArea() == g2.getArea();
    }
}
```

运行结果如图 7.1 所示。

图 7.1   抽象类测试

关键技术:

(1) abstract 放在 class 关键字的前面,指明该类是抽象类。

(2) abstract 放在方法声明中返回类型的前面,表示该方法是抽象方法,抽象方法没有方法体。

(3) 一个抽象类的子类必须实现父类中的所有抽象方法,除非这个子类也是抽象类。例如,上面的 Circle 是 GeometricObject 的非抽象子类,它重写了父类中的抽象方法 getPerimeter()和 getArea()。如果在 Circle 中删除这两个方法中的任何一个,都会出现编译错误"The type Circle must implement the inherited abstract method GeometricObject.

getPerimeter()"。

（4）抽象类不能实例化，即不能用 new 操作符来创建对象。但是，抽象类可以作为一个数据类型，可以用抽象类来定义变量，用其子类的对象赋值。

（5）含有抽象方法的类必须是抽象类，非抽象类不能含有抽象方法。但是，抽象类中可以没有抽象方法，也可以含有非抽象方法。

（6）abstract 不能和 final 同时修饰一个类。因为抽象类必须被继承才能创建对象，final 修饰的类不允许被继承。

（7）abstract 不能和 static、private 或 final 并列修饰同一方法。因为抽象方法必须被重写。

（8）抽象方法是未实现的方法，但不是空方法。

7.3 接口

接口是两个不同的系统或一个系统中两个特性不同的部分相互连接的部分。在计算机中，接口是计算机系统中两个独立的部件进行信息交换的共享边界。这种交换可以发生在计算机软件、硬件、外部设备或进行操作的人之间，也可以是它们的结合。通常分为硬件接口和软件接口两种。

在 Java 语言中，一个类只能有一个直接父类，子类与父类之间是单继承关系，不允许多重继承。但是，现实问题中继承关系往往是多重的。为了解决这个问题，Java 语言引入了接口的概念，允许一个类实现多个接口，可以使得处于不同层次甚至互不相关的类具有相同的行为。

接口是一种与类相似的结构，用于为对象定义共同的操作。接口在许多方面与抽象类很相似，但是它的目的是指明相关或不相关的对象的共同行为。例如，使用适当的接口，可以指明这些对象是可比较的、可食用的或者可克隆的。

7.3.1 接口定义

接口（Interface）定义了一种可以被类层次中任何类实现共同行为的协议，是常量、抽象方法、默认方法和静态方法的集合。接口可以用来实现多重继承。

接口的定义与类相似，包括接口声明和接口体两部分。接口声明使用 interface 关键字，格式如下：

```
<修饰符> interface 接口名 {
    //常量定义
    //抽象方法定义
    //静态方法定义
    //默认方法定义
}
```

下面是一个接口的例子，表示可以食用的接口。

```
public interface Edible {
    //定义一个抽象方法，表示怎样食用
```

```
    public abstract String howToEat();
}
```

在 Java 中,接口被看作一种特殊的类,程序文件的扩展名是.java,每个接口都被编译为独立的字节码文件,扩展名为.class。

接口不是类,不能实例化。但是,与抽象类相似,接口可以作为数据类型,用实现接口的类的对象赋值。

接口中的成员变量都是常量,修饰符都是 public static final,可以省略。必须在声明时赋初值,其他任何地方不能重新赋值。

在 JDK 1.7 以前的版本中,接口中的方法都是抽象方法。修饰符都是 public abstract,可以省略。

从 JDK 1.8 开始,接口中可以定义两种非抽象方法:静态方法和默认方法。默认方法需要在返回类型前加 default 关键字。例如:

```
public interface A{
    //在接口中定义一个静态方法
    public static int add(int a, int b){
        return a + b;
    }
    //在接口中定义一个默认方法
    public default void print(String msg){
        System.out.println(msg);
    }
}
```

7.3.2 接口实现

接口不能单独使用,必须用类来实现。一般格式如下。

```
<修饰符> class 类名 implements 接口名[, 接口列表]{
}
```

接口实现使用 implements 关键字,可以实现多个接口,接口之间用逗号隔开。接口中方法的访问修饰符都是 public,所以可以省略。

下面的例子中,类 Fruit 表示水果,类 Animal 表示动物。水果都是可以吃的,所以 Fruit 类实现了 Edible 接口,这样,它的任何子类具有了 Edible 接口,都可以食用。动物有的可以吃,有的不可以吃,所以类 Animal 没有实现 Edible 接口,它的子类 Chicken 实现了 Edible 接口,表示可以食用的,而子类 Tiger 没有实现 Edible 接口,表示不可以食用。

【例 7.2】 接口测试。定义一个对象数组,包括 Tiger、Chicken、Apple 和 Orange 的实例,如果某个对象实现了 Edible 接口,输出其食用方法;如果是动物,输出其叫声。

程序 7.2 TestEdible.java

```
public class TestEdible {
    public static void main(String[] args) {
        Object[] objects = { new Tiger(), new Chicken(), new Apple(), new Orange() };
        for (int i = 0; i < objects.length; i++) {
            if (objects[i] instanceof Edible)
                System.out.println(((Edible) objects[i]).howToEat());
```

```java
                if (objects[i] instanceof Animal) {
                    System.out.println(((Animal) objects[i]).sound());
                }
            }
        }
    }

    abstract class Animal {                    //动物类
        private double weight;
        public double getWeight() {
            return weight;
        }
        public void setWeight(double weight) {
            this.weight = weight;
        }
        /** 抽象方法,动物叫声 */
        public abstract String sound();
    }

    class Chicken extends Animal implements Edible {
        @Override
        public String howToEat() {
            return "鸡的吃法:油炸";
        }
        @Override
        public String sound() {
            return "鸡的叫声:咯咯哒";
        }
    }

    class Tiger extends Animal {
        @Override
        public String sound() {
            return "老虎的叫声:虎啸";
        }
    }

    abstract class Fruit implements Edible {
        //抽象水果类,不必实现其接口中的抽象方法
    }

    class Apple extends Fruit {
        @Override
        public String howToEat() {
            return "苹果的吃法:洗洗吃,做果酱";
        }
    }

    class Orange extends Fruit {
        @Override
        public String howToEat() {
            return "橘子:扒皮吃,榨汁喝";
        }
    }
```

运行结果如图 7.2 所示。

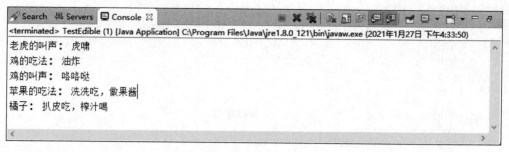

图 7.2 接口测试

Animal 类是一个抽象类,其中定义了重量属性 weight 及其 setter()/getter() 方法,还定义了抽象的 sound() 方法,表示动物的叫声,需要被其子类实现。

Fruit 类实现了 Edible 接口,但是没实现其中的 howToEat() 方法,所以 Fruit 类必须声明为 abstract,而它的子类必须实现 howToEat() 方法。Apple 类和 Orange 类实现了 howToEat() 方法。

Apple 和 Orange 没有显式地使用 implements 实现 Edible 接口,但它们是 Fruit 类的子类,所以它们的对象也是 Edible 的一个实例。

main() 方法中,定义了一个对象数组,包括 Tiger、Chicken、Apple 和 Orange 的实例。用 instanceof 运算符判断对象是哪个类型,如果是 Edible 接口,调用 howToEat() 方法,输出其食用方法;如果是动物,调用 sound() 方法,输出其叫声。

关键技术:

(1) 如果一个类实现了一个或多个接口,必须重写所有接口中的所有抽象方法,除非将该类定义为抽象类。

(2) 接口中方法的访问修饰符都是 public,定义时可以省略,但在子类中实现时必须显式地使用 public 修饰符。

(3) 实现接口的类及其子类的对象也是该接口的实例,可以用 instanceof 运算符判断一个对象是否是某个接口的实例。

(4) 如果将一个类的实例赋值给其接口类型的变量,称作接口回调。该接口类型的变量只能调用自己定义的方法和变量,不能调用类中其他的方法和变量。

7.3.3 接口的继承

一个接口可以继承一个或多个接口,即接口可以多继承。假设有接口 A 和 B,可以定义一个接口 C 同时继承 A 和 B 两个接口。

【例 7.3】 接口继承测试。定义接口 C 同时继承两个接口 A 和 B。

程序 7.3 MultiInheritInterface.java

```
interface A {
    int a = 10;
    int f1();
    public default void print(String msg){
        System.out.println("接口 A 中的 print:" + msg);
    }
```

```java
    }
    interface B {
        int a = 20;
        int f2();
        public default void print(String msg){
            System.out.println("接口 B 中的 print:" + msg);
        }
    }

    interface C extends A,B{
        //接口 A 和 B 中都有默认方法 print(),必须重写
        public default void print(String msg){
            B.super.print(msg);              //指定调用父接口 B 中的 print()方法
        }
    }

    public class MultiInheritInterface implements C{
        public int f1() {                    //实现接口 A 中的抽象方法 f1()
            return 1;
        }
        public int f2() {                    //实现接口 B 中的抽象方法 f2()
            return 2;
        }
        public static void main(String[] args) {
            MultiInheritInterface m = new MultiInheritInterface();
            m.print("接口多继承测试");
            System.out.println("f1: " + m.f1());
            System.out.println("f2: " + m.f2());
            //接口 A 和 B 中都有常量 a,使用时需要指明
            System.out.println("A.a = " + A.a);
            System.out.println("B.a = " + B.a);
        }
    }
```

本例中,接口 C 同时继承了接口 A 和 B。A 和 B 中都有一个默认方法 print(),二者的签名相同,在 C 中无法区分,必须进行重写,重写时可以指定调用哪个父接口的 print()方法,如例题中用 B.super.print(msg)指定调用父接口 B 中的 print()方法。接口 A 和 B 中都有一个常量 a,二者都可以继承到 C 中,但是调用时必须指明来自哪个接口。类 MultiInheritInterface 实现了接口 C,需要同时实现 C 的父接口中的所有抽象方法。

运行结果如图 7.3 所示。

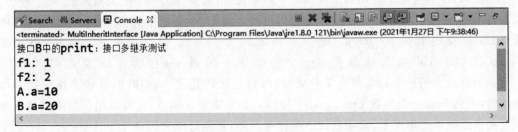

图 7.3 接口测试

关键技术：

（1）一个接口可以继承多个接口，使用 extends 关键字，多个父接口之间用逗号隔开。

（2）多个父接口中如果有相同的默认方法，在子接口中必须重写这个方法，可以在重写时指明调用哪个父接口的这个默认方法。类似地，如果一个类同时实现了两个接口，而其中有相同的默认方法，也必须重写这个方法。

（3）实现子接口的类，必须实现该子接口及其所有父接口中的所有抽象方法。除非这个类是抽象的。

（4）如果多个接口中有重名的抽象方法，没有任何问题，因为它们都必须在实现类中重写。

7.4 抽象类和接口的比较

抽象类和接口在定义和使用时有很多相似之处，其中都可以定义抽象方法，都需要使用另外一个类来实现其中的抽象方法，都不能使用 new 关键字实例化，但是可以作为数据类型，用子类或实现类创建的实例赋值使用。但是二者也有一些区别，主要表现在以下几个方面。

（1）定义方法不同。抽象类是类，用 abstract class 关键字来定义；接口不是类，用 interface 关键字来定义。

（2）使用方法不同。抽象类需要被继承来使用，通过 extends 关键字来定义子类，实现其中的抽象方法。接口需要被实现来使用，一个类使用关键字 implements 实现接口，可以同时实现多个接口，类中需要实现所有接口的所有抽象方法。一个接口类型的变量可以引用任何实现接口类的实例。

（3）扩展能力不同。类是单继承，一个类只能有一个父类。接口是多继承，一个接口可以同时继承多个接口。

（4）在接口中，数据变量必须是常量；抽象类中可以使用各种类型数据。

（5）接口中除了静态方法和默认的实体方法外，其他方法都是抽象方法；抽象类中可以有抽象方法，也可以有实体方法。

（6）抽象类有构造方法，子类通过构造方法链调用构造方法。接口没有构造方法。

（7）所有的类共享一个根类 Object，但是对接口来说没有共同的根。

抽象类和接口都是用来指定多个对象的共同特征的。那么，如何确定在什么情况下应该使用接口，什么情况下使用抽象类呢？一般来说，清晰描述类的父子关系的强"是一种…"关系（strong is-a relationship），应该使用类建模。例如，平面图形类 GeometricObject 和圆形类 Circle 及矩形类 Rectangle，是一种清晰的父子关系，那么就使用类建模，将父类 GeometricObject 定义为抽象类。一个弱的 is-a 关系，也称为类属关系（is-kind-of relationship），表明一个对象拥有某种属性，可以用接口建模。例如，所有的字符串都是可比较的，因此 String 类实现 Comparable 接口。如果需要多继承，也可以用接口来规避单继承。在多重继承的情况下，必须设计一个作为超类，其他的作为接口。

7.5 接口示例

Java 语言的类库中提供了很多接口,程序员可以方便地利用这些接口使自己定义的类具有某种特性。有些接口没有定义任何方法,称为标识接口,如 java.lang 包中的 Cloneable 接口和 java.io 包中的 Serializable 接口。有些接口中定义了若干方法,如 java.lang 包中的 Comparable 接口中定义的 compareTo()方法,Runnable 接口中定义的 run()方法等。

下面以 Comparable 接口和 Cloneable 接口为例介绍一下常用接口的用法。

7.5.1 Comparable 接口

视频讲解

在输出学生信息时,经常按照名称排序,这是一种对字符串进行排序的方法。因为 String 类实现了 Comparable 接口,可以用它的 compareTo()方法对字符串按照字典顺序进行排序。例如,"John".compareTo("Tom")返回-10,表示字符串 John 和 Tom 相差 10 个位置,按姓名排序时 John 排在 Tom 的前面。如果要将若干 Circle 对象按面积大小排序,该如何做呢?可以编写一个排序函数,将这些对象进行排序,但有一个更一般的方法,就是在 Circle 类中实现 Comparable 接口,重写 compareTo()方法,然后调用数组的排序方法 Arrays.sort()进行排序。

【例 7-5】 将 Circle 对象按面积大小排序。

```
class Circle extends Shape implements Comparable<Circle>{
    private double radius;
    public Circle(double radius) {
        this.radius = radius;
    }
    @Override
    public double getArea() {
        return Math.PI * radius * radius;
    }
}
```

```
//实现接口 Comparable 中的方法
@Override
public int compareTo(Circle c) {
    if(getArea()> c.getArea())
        return 1;
    else if(getArea()< c.getArea())
        return -1;
    else
        return 0;
```

```java
        }
        public static void main(String[] args) {
            Circle[] circles =  {new Circle(2),
                    new Circle(1),new Circle(3)};

            System.out.println("前两个比较:" + circles[0].compareTo(circles[1]));

            //排序
            Arrays.sort(circles);
            System.out.println("排序后输出面积:");
            for(Circle c : circles)
                System.out.println(c.getArea());
        }
    }
```

运行结果如图 7.4 所示。

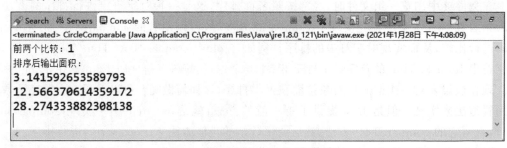

图 7.4 Comaparable 接口测试

关键技术：

(1) 接口 Comaparable<T>是泛型接口，在实现该接口时，使用具体类型替换泛型 T，例题中使用 Circle 类替换，重写 compareTo()方法时就可以使用 Circle 作为参数类型，实现当前对象与参数对象的比较，当前 Circle 对象的面积大于、小于、等于参数对象的面积时分别返回 1、-1、0。有关泛型的知识，请参见第 9 章泛型与集合。

(2) 数组排序方法 Arrays.sort()的参数是一个实现了 Comparable 接口的数组，执行该方法后，该数组根据 compareTo()方法中定义的比较方法按顺序重新排列。从而在本例中实现了对 Circle 数组的排序。

Java API 中许多类实现了 Comparable 接口，如 String 类、File 类、Date 类和基本数据类型的包装类(Byte、Short、Integer、Long、Float、Double、Charactor、Boolean)等，这些类的对象都可以按照自然顺序排序。

7.5.2 Cloneable 接口

视频讲解

有时候需要创建一个对象的拷贝，就需要使用 Cloneable 接口。Cloneable 接口是一个标识接口，其中没有定义任何常量和方法。实现 Cloneable 接口的类标记为可克隆的，需要重写 Object 类中定义的 clone()方法实现克隆。

下面是一个使用 Cloneable 接口的例子。

【例 7.5】 使用 Cloneable 接口实现对房子类 House 的克隆。

程序 7.5　House.java

```java
import java.util.Date;
public class House implements Cloneable {
    private int id;
    private double area;
    private Date builtDate;
    public House(int id, double area, Date builtDate) {
        this.id = id;
        this.area = area;
        this.builtDate = builtDate;
    }
    public int getId() {
        return id;
    }
    public double getArea() {
        return area;
    }
    public Date getBuiltDate() {
        return builtDate;
    }

    public String toString() {
        return id + "\t" + area + "\t" + builtDate;
    }
    @Override                           //重写父类 Object 中的 clone()方法
    public Object clone() {
        try {
            return super.clone();
        } catch (CloneNotSupportedException ex) {
            return null;
        }
    }
    public static void main(String[] args) {
        House h1 = new House(1,180, new Date());
        House h2 = (House) h1.clone();
        h2.id = 2;
        h2.area = 120;

        System.out.println(h1);
        System.out.println(h2);
    }
}
```

运行结果如图 7.5 所示。

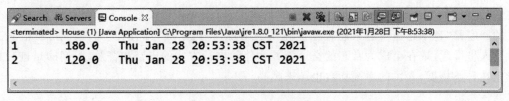

图 7.5　Cloneable 接口测试

House 类实现了 Cloneable 接口，重写了 Object 类的 clone()方法，在主函数中创建

House 类的对象 h1 后，调用 h1.clone()创建了 h1 的拷贝，赋值给 House 类的对象 h2，修改 h2 的属性后，不影响 h1 的属性值，说明 h1 和 h2 是两个对象，实现了对象复制。

关键技术：

（1）Object 类中定义的 clone()方法头是：

protected native Object clone() throws CloneNotSupportException;

关键字 native 表示这个方法不是用 Java 编写的，但它是 JVM 针对本地平台实现的。关键字 protected 限定方法只能在同一个包或者其子类中访问，House 类中重写该方法时将可见性修饰符改为 public，就可以在任何包内使用。所以 House 类中的 clone()方法只是简单地返回 super.clone()即可。

（2）Object 类中的 clone()方法声明抛出了 CloneNotSupportException 异常，因此 House 类中重写 clone()方法时使用了 try-catch 捕获异常。关于异常的概念请参见第 8 章。

（3）对象克隆的浅复制和深复制。

在进行克隆时，如果一个成员变量是引用型数据，复制的是该对象的引用。例如，House 类中的 builtDate 是 Date 类，所以复制的是引用，h1 和 h2 中的成员变量 builtDate 是同一个对象，h1.builtDate==h2.builtDate 为真。这称为浅复制，如果改变 h1.builtDate 的值，h2.builtDate 也会随之改变。

如果希望执行深复制，使得 h1.builtDate 和 h2.builtDate 互不影响，可以修改 House 中的 clone()方法，代码如下：

```
public Object clone() {
    try {
        House houseClone = (House) super.clone();
        houseClone.builtDate = (java.util.Date) (builtDate.clone());
        return houseClone;
    } catch (CloneNotSupportedException ex) {
        return null;
    }
}
```

注意：Java 中调用 super.clone()方法的复制是浅复制，当类中有引用型数据域时，就不是完全的复制，对引用型数据的修改就会影响被复制对象中的对应数据，造成数据安全问题。

视频讲解

7.6 综合案例

改革开放以来，我国发展的变化表现在生活的方方面面，其中，交通工具的变化更是与我们息息相关。自行车是从前人们出行的基本工具，而如今私家车进入寻常百姓家，让每个人的回家路"越来越短"，越来越轻松。高铁的出现，拉近了城市间的距离；从前，飞机只有少数人坐得起，现在已成为常态的交通工具。伴随出行方式的丰富和普及，人们的足迹和视野也在日益拓展，人民的幸福指数也越来越高。

1. 案例描述

设计一个 Movable 移动接口，该接口具有移动功能。设计一个表示交通工具的抽象类

Vehicle,该抽象类包括速度、时间和距离三个属性,无参构造方法和有参构造方法,getter()/setter()和一个 showInfo()的抽象方法。三种具体的交通工具,分别是汽车 Car,火车 Train 和飞机 Plane。最后设计一个测试程序,测试这些交通工具的使用。

问题分析:

(1) 定义一个接口 Movable,该接口有一个抽象方法 move()。

(2) 定义一个抽象类 Vehicle 并实现 Movable 接口,包括 speed、time 和 s 三个属性以及构造方法和 getter()/setter()方法,其中,距离的获取是通过时间和速度的乘积获得的,即 s=speed×time,同时定义 showInfo()抽象方法,用于显示每种交通工具的具体信息。

(3) 定义类 Car,并继承 Vehicle 类。声明 Car 类的构造方法并重写 Vehicle 类的 showInfo()方法。

(4) 定义类 Train,并继承 Vehicle 类。声明 Train 类的构造方法并重写 Vehicle 类的 showInfo()方法。

(5) 定义类 Plane,并继承 Vehicle 类。声明 Plane 的构造方法并重写 Vehicle 类的 showInfo()方法。

(6) 定义测试类,在测试类中定义一个 Vehicle 对象,然后根据用户选择使用向上转型的方式实例化 Vehicle 对象 veh,并使用 veh 调用 move()方法和 showInfo()方法。

2. 参考代码

```java
//定义接口
public interface Movable {
    public abstract void move();
}
//定义抽象类
public abstract class Vehicle implements Movable{
    private int speed;                  //速度
    private double time;                //时间
    private double s;                   //距离
    public Vehicle() {
        super();
    }
    //带参数的构造方法,只需指定速度和时间即可获得距离
    public Vehicle(int speed, double time) {
        super();
        this.speed = speed;
        this.time = time;
        this.s = speed * time;
    }
    public int getSpeed() {
        return speed;
    }
    public void setSpeed(int speed) {
        this.speed = speed;
    }
    public double getTime() {
        return time;
    }
    public void setTime(double time) {
        this.time = time;
```

```java
        }
        public double getS() {
            s = speed * time;                    //距离 = 速度 * 时间
            return s;
        }
        public abstract void showInfo();
    }
    //定义 Car 子类
    public class Car extends Vehicle{
        private String brand;                    //汽车品牌
        public Car() {

        }
        //带参数的构造方法
        public Car(String brand, int speed, double time) {
            super(speed, time);                  //调用父类的带参数的构造方法
            this.brand = brand;
        }
        @Override                                //实现接口中的 move()方法
        public void move() {
            System.out.println("汽车在公路上行驶");
        }
        @Override                                //实现抽象类中的 showInfo()方法
        public void showInfo() {
            System.out.println("汽车品牌为:" + brand);
            System.out.println("汽车以时速" + this.getSpeed() + "千米/小时的速度行驶了" +
this.getTime() + "小时,行驶的路程为:" + this.getS() + "千米");
        }
    }
    //定义 Train 子类
    public class Train extends Vehicle {
        private String number;                   //车次
        public Train() {

        }
        public Train(String number, int speed, double time) {
            super(speed, time);                  //调用父类的带参数的构造方法
            this.number = number;
        }

        @Override                                //实现接口中的 move()方法
        public void move() {
            System.out.println("火车在轨道上行驶");
        }
        @Override                                //实现抽象类中的 showInfo()方法
        public void showInfo() {
            System.out.println("火车车次为:" + number);
            System.out.println("火车以时速" + this.getSpeed() + "千米/小时的速度行驶了" +
this.getTime() + "小时,行驶的路程为:" + this.getS() + "千米");
        }
    }
    //定义 Plane 子类
    public class Plane extends Vehicle{
        private String flight;                   //航班
        public Plane() {

        }
```

```java
    public Plane(String flight,int speed, double time) {
        super(speed, time);              //调用父类的带参数的构造方法
        this.flight = flight;
    }
    @Override                             //实现接口中的move()方法
    public void move() {
        System.out.println("飞机在天上飞行");
    }
    @Override                             //实现抽象类中的showInfo()方法
    public void showInfo() {
        System.out.println("飞机的航班号为:" + flight);
        System.out.println("飞机以时速" + this.getSpeed() + "千米/小时的速度飞行了" +
this.getTime() + "小时,飞行的路程为:" + this.getS() + "千米");
    }
}
//定义测试类
import java.util.Scanner;
public class Test {
    public static void main(String[] args) {
        Vehicle veh = null;
        System.out.println("请选择您要乘坐的交通工具:1-汽车  2-火车  3-飞机");
        Scanner input = new Scanner(System.in);
        int type = input.nextInt();
        switch(type) {
        case 1: veh = new Car("红旗",120,1.5);break;
        case 2: veh = new Train("G206",300,1.5);break;
        case 3: veh = new Plane("CA1576",900,1.5);break;
        default:System.out.println("输入有误!");
        }
        if(veh!= null) {
            veh.move();
            veh.showInfo();
        }
    }
}
```

3. 运行结果

案例运行结果如图 7.6 所示。

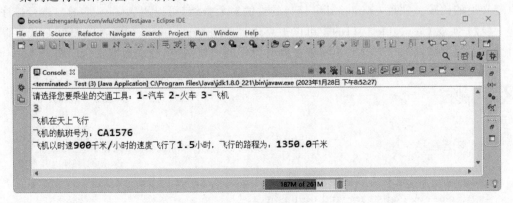

图 7.6　运行结果

小结

（1）abstract 放在 class 关键字的前面，指明该类是抽象类。
（2）abstract 放在方法声明中返回类型的前面，表示该方法是抽象方法，抽象方法没有方法体。
（3）一个抽象类的子类必须实现父类中的所有抽象方法，除非这个子类也是抽象类。
（4）抽象类不能实例化，即不能用 new 操作符来创建对象。但是，抽象类可以作为一个数据类型，可以用抽象类来定义变量，用其子类的对象赋值。
（5）含有抽象方法的类必须是抽象类，抽象类中可以没有抽象方法，也可以含有非抽象方法。非抽象类不能含有抽象方法。
（6）abstract 不能和 final 同时修饰一个类。
（7）abstract 不能和 static、private 或 final 并列修饰同一方法。
（8）抽象方法是未实现的方法，但不是空方法。
（9）Java 语言引入了接口的概念，允许一个类实现多个接口，可以使得处于不同层次，甚至互不相关的类具有相同的行为。
（10）接口声明使用 interface 关键字。
（11）接口不是类，但被看作一种特殊的类，程序文件的扩展名是.java，每个接口都被编译为独立的字节码文件，扩展名为.class。
（12）与抽象类相似，接口不能实例化，但可以作为数据类型，用接口实现类的对象赋值。
（13）接口中的成员变量都是常量，修饰符都是 public static final，可以省略。必须在声明时赋初值，其他任何地方不能重新赋值。
（14）在 JDK 1.7 以前的版本，接口中的方法都是抽象方法。修饰符都是 public abstract，可以省略。
（15）从 JDK 1.8 开始，接口中可以定义两种非抽象方法：静态方法和默认方法。默认方法需要在返回类型前加 default 关键字。
（16）可以在自定义的类中实现 Comparable 接口，重写它的 compareTo()方法，实现对自定义类的比较。实现 Comparable 接口的类的对象数组，可以用 Arrays.sort()进行排序。
（17）实现 Cloneable 接口的类可以被克隆。调用 super.clone()方法的复制是浅复制，对类中引用型数据的修改就会影响被复制对象中的对应数据，造成数据安全问题。

习题

一、单选题

1. 以下（　　）定义了合法的抽象类。
　　A. class A { abstract void unfinished(){} }
　　B. class A { abstract void unfinished();}
　　C. abstract class A { abstract void unfinished();}

D. public class abstract A { abstract void unfinished();}

2. 以下(　　)用于在抽象类中声明抽象方法。

   A. public abstract method();

   B. public abstract void method();

   C. public void abstract method();

   D. public void method();

   E. public abstract void method() {}

3. 下列关于抽象类的陈述,错误的是(　　)。

   A. 可以使用抽象类的构造方法创建实例

   B. 可以扩展抽象类

   C. 非抽象类的子类可以是抽象的

   D. 子类可以重写父类中的具体方法,并将它定义为 abstract 的

   E. 抽象类可以用作数据类型

4. 下列关于抽象类的陈述,错误的是(　　)。

   A. 抽象类具有构造函数

   B. 非抽象类中不能包含抽象方法,包含抽象方法的类必须是抽象类

   C. 可以声明一个不包含任何抽象方法的抽象类

   D. 数据字段可以声明为抽象的

5. 下列有关抽象类的说法正确的是(　　)。

   A. 抽象类可以用 final 修饰

   B. 抽象方法可以是静态方法

   C. 抽象方法可以声明为私有的

   D. 抽象类的非抽象子类必须实现所有抽象方法

   E. 抽象方法可以用 final 修饰

6. 分析代码。下列陈述正确的是(　　)。

```
public class Test {
    public static void main(String[] args) {
        Number x = new Integer(3);
        System.out.println(x.intValue());
        System.out.println(x.compareTo(new Integer(4)));
    }
}
```

   A. 该程序有一个编译错误,因为不能将 Integer 实例分配给 Number 变量

   B. 该程序有一个编译错误,因为 intValue 是 Number 中的抽象方法

   C. 该程序有一个编译错误,因为 x 不具有 compareTo()方法

   D. 该程序编译和运行正常

7. 下列接口的定义,正确的是(　　)。

   A. interface A { void print(){ };}

   B. abstract interface A { print();}

   C. abstract interface A { abstract void print(){ };}

D. interface A { void print();}

8. 有关接口的下列说法不正确的是（　　）。
   A. 接口可以用 new 运算符实例化　　　B. 接口的成员变量都是静态常量
   C. 接口可以继承多个接口　　　　　　　D. 接口被编译为独立的字节码文件
   E. 接口中可以有静态的非抽象方法　　　F. 接口中可以有默认的非抽象方法

9. 以下关于接口的说法不正确的是（　　）。
   A. 可以通过 extends 声明一个接口是另一个接口的子接口
   B. 在 Java 中一个类可以实现多个接口
   C. 在 Java 中接口可以作为方法的参数
   D. 接口中的方法都是 public abstract 方法

10. 有关抽象类下列说法不正确的是（　　）。
    A. 抽象方法必须是非静态的　　　　　B. 抽象类可以不包含抽象方法
    C. 抽象类中的方法都是抽象方法　　　D. 抽象类不能用 new 运算符实例化

二、判断题

1. 可以使用抽象类的构造方法创建实例。（　　）
2. 可以扩展抽象类。（　　）
3. 非抽象超类的子类可以是抽象的。（　　）
4. 子类可以重写超类中的具体方法,并将它定义为 abstract 的。（　　）
5. 抽象类或接口可以用作数据类型。（　　）
6. 抽象类具有构造函数。（　　）
7. 包含抽象方法的类必须是抽象的。（　　）
8. 可以声明一个不包含任何抽象方法的抽象类。（　　）
9. 非抽象类中不能包含抽象方法。（　　）
10. 一个类只能继承一个父类,但是可以实现多个接口。（　　）

三、编程题

1. 编写程序,定义表示平面图形的抽象类 GeometricObject 并实现 Comparable 接口,其中定义表示颜色的成员变量 color,返回周长和面积的抽象方法 getPerimeter() 和 getArea()。定义 GeometricObject 的子类 Circle、Rectangle,分别表示圆形和矩形。定义 GeometricObject 类型的数组,元素包括一些圆形和矩形的对象,然后按照面积由大到小排序输出。

2. 定义一个名为 Square 的类表示正方形,它有一个名为 length 的成员变量表示边长,一个带参数的构造方法,要求该类对象能够调用 clone()方法进行克隆。覆盖父类的 equals() 方法,当边长相等时认为两个 Square 对象相等。覆盖父类的 toString()方法,要求当调用该方法时输出 Square 对象的格式如下：Square[length=100],这里 100 是边长。编写一个程序测试 clone()、equals()和 toString()方法的使用。

3. 根据以下要求编写程序。
   定义一个 Person 接口,包括一个抽象的方法 sayHello()。

定义一个名为 Student 的类,实现 Person 接口,其中含有成员变量 name、age,表示学生的姓名和年龄。定义一个带参数构造方法,通过给定的姓名和年龄创建 Student 对象。

定义默认构造方法,在该方法中调用有参构造方法,将姓名和年龄分别设置为"张三"、20。重写方法 sayHello(),输出学生的姓名和年龄。定义 compareTo()方法,返回两个人的年龄差。

定义一个名为 Test 的测试类,使用无参的 Student 构造方法创建一个 Student 对象;从键盘上输入姓名(name)和年龄(age),并使用有参的构造方法构造一个 Student 类对象;输出他们的姓名和年龄;求他们的年龄差并输出。

4. 在程序设计中有一个重要的原则,叫作依赖倒置原则。其基本含义是:模块间的依赖通过抽象发生,实现类之间不发生直接的依赖关系,其依赖关系是通过接口或抽象类产生。接口或抽象类不依赖于实现类。实现类依赖于接口或抽象类。

请按照以下步骤编程实现依赖倒置原则的实例。

定义一个抽象类 AbstractCar,表示汽车,其中有抽象方法 run()。

定义一个抽象类 AbstractDriver,表示司机,其中有成员变量 name,有表示开车的抽象方法 drive(ICar car)。

定义汽车类 AbstractCar 的三个子类 Benz、BMW 和 Cherry,在 run()方法中输出"XXX 车在行驶"。

定义司机类 AbstractDriver 的子类 Driver,重写 drive(ICar car)方法,在其中调用 ICar 的 run()方法。

编写主程序,用抽象类定义变量,用实现类赋值,实现司机开各种车的测试。

5. 设计模式是一套优秀的程序设计经验的总结。使用设计模式是为了重用代码、使代码更易理解并保证代码的可靠性。工厂方法模式是一种创建型模式,是对类的实例化过程进行管理的一种优秀方法。

请按照以下步骤编写一个工厂方法模式的实例。

定义接口 Fruit,表示水果产品,有两个方法:种植 plant()和收获 harvest()。

定义实现接口 Fruit 的类 Apple 和 Grape,实现相关方法。

定义水果工厂接口 FruitFactory,有 createFruit()方法,返回值类型为 Fruit。

定义生产苹果的工厂类 AppleFactory,实现接口 FruitFactory,createFruit()方法返回一个 Apple 类的实例。

定义生产葡萄的工厂类 GrapeFactory,实现接口 FruitFactory,createFruit()方法返回一个 Grape 类的实例。

定义主程序类 TestFactory,定义 FruitFactory 的变量,分别用 AppleFactory 和 GrapeFactory 类的实例赋值,调用 createFruit()方法产生 Apple 和 Grape 的实例,调用 plant()和 harvest()方法测试。

第 8 章

异常处理

CHAPTER 8

本章学习目标
- 理解异常的概念
- 掌握异常处理机制
- 理解 Java 异常的分类
- 掌握 try、catch、finally 使用方法
- 掌握 throw、throws 的使用方法
- 掌握自定义异常的定义和使用方法

8.1 异常和异常类

视频讲解

在程序设计或程序运行过程中,发生错误是在所难免的。在程序运行过程中,如果JVM检测到一个不可能执行的操作,就会出现运行时错误。例如,在程序中有一个数组arr[]的长度是5,执行System.out.println(arr[5]),就会发生一个称为数组下标越界异常(ArrayIndexOutOfBoundsException)的运行时错误。因为数组的下标是从0开始的,长度是5的数组,最大下标是4。当需要输入一个整数时,如果用户的输入中不小心多了一个字母,就会出现一个称为输入不匹配异常(InputMismatchException)的运行时错误。

程序运行时发生错误,就会中断执行,称为异常终止。这不仅会影响用户的使用感受,而且极有可能造成数据错误、设备运行错误等,给用户带来不必要的损失。因此,必须在编程时周密考虑可能发生的各种情况,尽可能避免错误发生。但是要绝对避免运行时错误是非常难的,那么,错误发生时,最好能够给用户提供补救的方法,或者使错误造成的损失尽量小,使程序可以优雅地退出。Java语言提供的异常处理机制,就是应对程序运行时错误的一种很好的工具。

8.1.1 异常

异常(Exception)是指由于程序中的错误而导致正在执行的程序流程中断的一种事件。例如,除数为0、数组越界、文件找不到等都属于异常。

Java提供了一种异常处理机制。异常在Java中被定义为类,当异常发生时,JVM会抛出一个异常对象,可以通过调用它的各种方法,获得异常的类型、异常内容、发生异常的代码位置、包括程序调用链中各个方法的代码位置等。在程序运行的控制台给出异常提示信息,程序员可以利用这些信息找出程序错误,对程序进行调试修改。

Java的异常处理机制中,提供了抛出、捕捉和处理异常的方法,可以使用这些方法有效地处理异常,减少程序异常中断带来的损失,并使程序易于维护和调试。

下面通过一个程序异常的例子,来体会一些Java中的异常处理机制,包括异常是如何创建和抛出的情况。

【例8.1】 输入两个整数,计算并显示它们的商。

程序8.1 Quotient.java

```java
import java.util.Scanner;
public class Quotient {
    public static void main(String[] args) {
        Scanner input = new Scanner(System.in);
        System.out.print("请输入2个整数:");
        int number1 = input.nextInt();
        int number2 = input.nextInt();
        input.close();
        System.out.println(number1 + " / " + number2 + " is " + (number1 / number2));
    }
}
```

输入10和5,计算结果正确,输出显示正常。运行结果如图8.1所示。

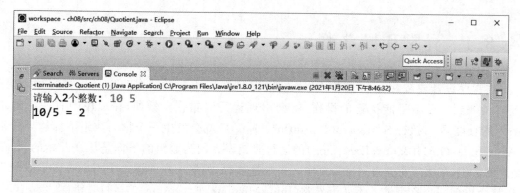

图 8.1　输入 10 和 5 时的运行结果

这表明程序是正确的,达到了预期的结果。但是,这不足以表明这个程序是一个好的程序。显然,如果输入 10 和 0,就会出现程序异常中断,运行结果如图 8.2 所示。

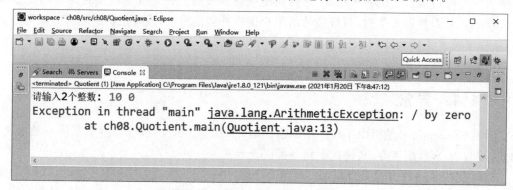

图 8.2　输入 10 和 0 时的运行结果

此时,由于出现了被 0 除错误,JVM 抛出了一个异常对象,并在控制台输出了该异常的信息,翻译成中文大致是:在主线程中出现了"被 0 除的算术运算异常(ArithmeticException)",出错代码位置在包 ch08 中的 Quotient 类的 main()方法中(Quotient.java 文件的第 13 行)。

另外,如果输入 10 和 a,程序会出现"输入不匹配异常(InputMismatchException)",请自行测试。

这说明,即使程序没有编译错误,也没有逻辑错误,能够根据正确的输入得到正确的输出,仍然不一定是一个好程序。因为用户在使用程序时,可能会有错误的操作和输入,从而导致程序异常终止。

对于某些异常,可以通过优化修改程序代码来避免。例如,对于上面的被 0 除错误,可以使用一个 if 语句,判断第二个数字不是 0,然后再进行除法运算。对于输入不匹配异常,可以先输入一个字符串,然后逐个判断其中的每个字符,保证都是数字,然后再将字符串转换成数字进行计算。

但是,某些异常通过类似上面的优化程序的方法来处理比较难以实现,就必须利用 Java 异常处理机制来解决。例如,JDBC 中的 Class.forName("com.mysql.jdbc.Driver")语句,使用字符串指定数据库驱动程序包,只有在程序加载时 JVM 才能判断程序包是否存在,使用编码判断比较难以实现,就需要使用异常处理机制来解决。关于 JDBC 的内容参见第 15 章。

为了更好地理解 Java 的异常处理机制,下面首先来了解一些 Java 中异常的分类。

8.1.2 异常类

Java 中异常分为两类,分别为 java.lang.Errot 和 java.lang.Exception,二者有一个共同的父类 java.lan.Throwable。在 Throwable 类中定义了相关方法,用来检索与异常相关的错误信息,并打印、显示异常发生的栈跟踪信息。Error 和 Exception 分别用于定义不同类型的错误。

(1) Error(错误):JVM 系统内部错误、资源耗尽等严重情况。

(2) Exception(异常):因编程错误或偶然的外在因素导致的一般性问题。例如,对负数开平方根、空指针访问、试图读取不存在的文件、网络连接中断等。

图 8.3 列举了部分异常类并指明了它们之间的继承关系。

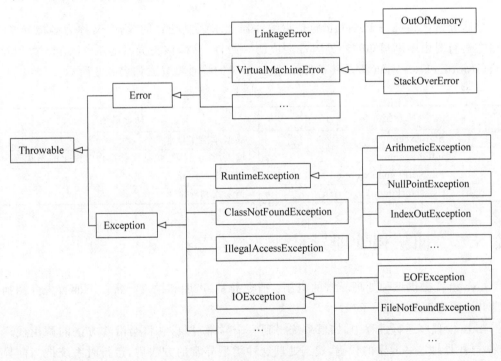

图 8.3 异常类的继承层次图

当发生 Error 时,程序员无能为力,只能让程序终止,如内存溢出(OutOfMemory)等;当发生 Exception 时,程序员可以做出捕获或抛出处理。本章主要讨论对 Exception 类型异常的处理方法。

从编程角度,基于 JVM 是否在编译时检查异常,可以将异常分为以下两类。

1. 非检查型异常

非检查型异常(Unchecked Exception)是指编译器不要求强制处置的异常,又称为免检异常。该异常是因设计或实现方式不当导致的问题,是程序员的原因导致的异常。例如,如果通过一个引用变量访问一个对象之前并未将一个对象赋值给它,就会抛出 NullPointerException;

如果访问数组元素时指定的下标索引超出边界,会抛出 IndexOutOfBoundsException。这类情况可以通过修改程序避免异常的产生,Java 不要求必须编写代码来捕捉免检异常。

运行时异常类 RuntimeException 及其所有子类都是非检查型异常。常见的非检查型异常如表 8.1 所示。

表 8.1 常见的非检查型异常

非检查型异常	功能描述
ClassCastException	类型转换异常
ArrayIndexOutOfBoundsException	数组下标越界异常
NullPointerException	空指针异常
ArithmeticException	算术异常,被 0 除错误

2. 检查型异常

检查异常(Checked Exception)是指编译器要求强制处置的异常,又称为必检异常,是程序在运行时由不可预知的外界因素造成的一般性异常,该类异常是 Exception 类型及其子类(RuntimeException 类及其子类除外)。常见的检查型异常如表 8.2 所示。

表 8.2 常见的检查型异常

检查型异常	功能描述
SQLException	数据库操作异常
IOException	输入/输出异常,包括文件操作时发生的异常等
FileNotFoundException	文件未找到异常
ClassNotFoundException	类未找到异常

视频讲解

8.2 捕获和处理异常

Java 语言提供三种处理异常的机制:捕获异常、声明和抛出异常。下面首先介绍捕获异常并进行处理的方法。

在 Java 程序运行过程中,如果系统得到一个异常对象,它将会沿着方法的调用栈逐层回溯,寻找处理这一异常的代码,找到处理这种类型异常的方法后,运行时系统把当前异常对象交给这个方法进行处理,该过程称为捕获异常。如果 Java 运行时系统找不到可以捕获异常的方法,则会终止程序运行,在运行控制台输出异常信息。

8.2.1 try-catch 语句

捕获异常通常使用 try-catch 语句,具体语法格式如下。

```
try{
    //程序代码块
}catch(ExceptionType  e){           // ExceptionType 必须是 Exception 类或其子类
    //根据异常对象 e 进行处理
}
```

其中,try 代码块中编写可能发生异常的 Java 语句,catch 代码块中编写针对异常进行处理的代码,catch 关键字后边的小括号内声明了某个异常类的变量 e,指明要捕捉的异常类型。

如果 try 代码块中的程序产生异常,系统会将这个异常的信息封装成一个异常对象,并将这个对象传递给 catch 代码块。如果该异常对象的类型是 catch 语句中的 ExceptionType 指定的类型或者是其子类,则表示该异常能够被捕捉到,程序进入 catch 代码块执行。

下面利用 Java 异常捕获机制,修改程序 8.1,使程序不会异常终止,并给用户提供错误补救的方法。

【例 8.2】 输入两个整数,计算并显示它们的商,使用 try-catch 语句捕获并处理异常。

程序 8.2　QuotientWithTryCatch.java

```java
import java.util.Scanner;
public class QuotientWithTryCatch {
    public static void main(String[] args) {
        Scanner input = new Scanner(System.in);
        while(true) {
            System.out.print("请输入2个整数: ");
            try {
                int number1 = input.nextInt();
                int number2 = input.nextInt();
                System.out.println(number1 + "/" + number2 + " = " + (number1/number2));
                break;
            }catch(Exception e) {
                System.out.print("输入数据错误!" + e.toString());
                input.nextLine();
            }
        }
        input.close();
    }
}
```

程序运行结果如图 8.4 所示。

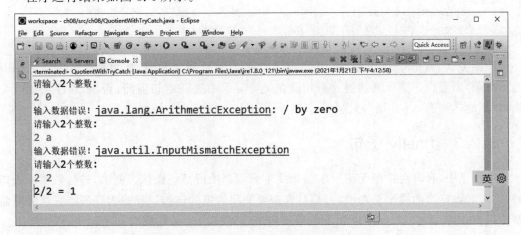

图 8.4　带异常处理的求商程序的运行结果

由于采用了异常捕获处理,输入 2 和 0 时,虽然进行了被 0 除的错误运算,但是程序并没有异常终止,而是给出了提示信息"输入数据错误!"和异常对象 e 的提示信息,然后继续向下执行,利用 while 循环语句重新输入,保证用户输入错误时可以进行自我修正,以完成正确的计算。

本例题中 catch 语句指定的异常类型是 Exception 类,可以同时捕获其子类异常 ArithmeticException 和 InputMismatchException。

8.2.2　多重 catch 语句和 try-catch 语句嵌套

当程序中可能出现多个异常,并且每个异常需要单独处理时,可以采用一个 try 语句跟随多个 catch 语句的方式,或者采用多个 try-catch 语句嵌套的方式。

1. 多重 catch 语句方式处理异常

```
try {
    int number1 = input.nextInt();
    int number2 = input.nextInt();
    System.out.println(number1 + "/" + number2 + " = " + (number1/number2));
}catch(ArithmeticException e1) {
    System.out.print("被 0 除错误!" + e1.toString());
} catch(InputMismatchException e2) {
    System.out.print("数据类型不匹配!" + e2.toString());
}
```

2. try-catch 语句嵌套方式处理异常

```
try{
    try {
        int number1 = input.nextInt();
        int number2 = input.nextInt();
        System.out.println(number1 + "/" + number2 + " = " + (number1/number2));
    }catch(ArithmeticException e1) {
        System.out.print("被 0 除错误!" + e1.toString());
    }
} catch(InputMismatchException e2) {
    System.out.print("数据类型不匹配!" + e2.toString());
}
```

使用多重 catch 语句或者 try-catch 语句嵌套方式处理异常时,如果两个异常类之间有继承关系,需要将子类异常的捕获语句放在父类异常的捕获语句前面,否则,程序编译时会提示"不能达到的 catch 块"错误。

8.2.3　finally 子句

在程序中,有时会希望无论程序是否发生异常都执行某些操作。例如,进行数据库操作时,不管对数据库的操作是否成功,最后都需要关闭数据的连接以释放内存资源。这时就需要使用 finally 子句。finally 子句不能单独使用,必须和 try 语句结合使用,一般格式如下:

```
try {
    //可能发生异常的代码段
} catch (Throwable ex) {
    //对异常进行处理的代码段
} finally {
```

```
    //总要被执行的代码
}
```

一般情况下,finally 块中的代码都会执行,不论 try 块中是否出现异常或者是否被捕获。即使在 try 子句或 catch 子句中使用了 return 语句,或者,当 try-catch-finally 语句包含在循环语句块中时,try 子句或 catch 子句中使用了 continue 或者 break 等跳出循环的语句,也会执行 finally 子句。但在 try 子句或 catch 子句中使用 System.exit()语句强制退出程序时,不会执行 finally 子句。

【例 8.3】 输入两个整数,计算并显示它们的商,使用 try-catch-finally 语句捕获并处理异常。

程序 8.3   QuotientWithTryCatchFinally.java

```java
import java.util.Scanner;
public class QuotientWithTryCatchFinally {
    public static void main(String[] args) {
        Scanner input = new Scanner(System.in);
        while(true) {
            System.out.println("请输入 2 个整数: ");
            try {
                int number1 = input.nextInt();
                int number2 = input.nextInt();
                //continue 执行时,也要执行 finally 子句
                if(number2 == 1)continue;
                //执行 System.exit()强制退出时,不执行 finally 子句
                if(number2 == 2)System.exit(1);
                //return 执行时,也要执行 finally 子句
                if(number2 == 3) return;
                System.out.println(number1 + "/" + number2 + " = " + (number1 / number2));
                //break 执行时,也要执行 finally 子句
                break;
            }catch(Exception e) {
                //捕获异常时,也要执行 finally 子句
                System.out.println("输入数据错误!" + e.toString());
                input.nextLine();
            }finally {
                System.out.println("fianlly");
            }
        }
        input.close();              //可以将此句移至 finally 子句中
    }
}
```

说明:程序中设定了几种特殊情况,以测试 finally 语句的执行情况。当除数 number2=1 时,执行 continue 语句,忽略其后的代码,仍然可以输出其后的 finally 语句块的信息;当除数 number2=2 时,执行 System.exit(1)语句,强制终止程序,不输出其后的 finally 语句块的信息;当除数 number2=3 时,执行 return 语句跳出 main()方法,仍然输出其后的 finally 语句块的信息;除法运算结束并输出结果后,执行 break 语句退出循环,仍然输出其后的 finally 语句块的信息。

8.3 声明和抛出异常

前面讨论了如何捕获 Java 程序运行时由系统引发的异常,如果希望在程序中明确地引发异常,就需要使用声明或抛出异常语句。

8.3.1 声明异常

如果一个方法可以引发必检异常,而它本身并不对该异常进行处理,那么该方法必须声明将这个异常抛出,以使程序能够编译通过。这时候就要在方法头中使用 throws 关键字指明要抛出的异常类型。在调用这个带 throws 的方法时,必须做异常处理(捕获或者声明抛出),这样就加了一个安全限制。

声明异常的语法格式如下。

```
returnType methodName() throws ExceptionType1,ExceptionType2 {
    // body
}
```

throws 关键字指明方法要抛出的异常类型,多个异常使用逗号隔开。

注意:如果父类中的方法没有声明异常,那么不能在子类中对其重写时声明异常。

8.3.2 抛出异常

检测到错误的程序可以创建一个合适的异常类型的实例并抛出它,这称为抛出异常。

还是做除法的例子,假如定义了一个方法,传入两个整数,计算二者的商。如果传入的除数是 0,这个方法就可以创建一个 ArithmeticException 类的实例并抛出它,由这个方法的调用者捕获并处理。

【例 8.4】 抛出异常测试。输入两个整数,调用 Divide()方法计算它们的商并显示。Divide()方法中,如果除数是 0,抛出 ArithmeticException 异常。

程序 8.4 QuotientWithThrowException.java

```java
import java.util.Scanner;
public class QuotientWithThrowException {
    public static void main(String[] args) {
        Scanner input = new Scanner(System.in);
        System.out.print("请输入 2 个整数: ");
        int number1 = input.nextInt();
        int number2 = input.nextInt();
        try {
            System.out.println(number1 + "/" + number2 + " = " + Divide(number1, number2));
        }catch(ArithmeticException e) {
            e.printStackTrace();
        }
    }
    public static int Divide(int number1,int number2) {
        if(number2 == 0) {
            throw new ArithmeticException("除数不能为 0");
```

```
        }
        return number1/number2;
    }
}
```

输入 12 和 0，在方法 Divide()中判断后主动抛出了异常，main()方法中捕获到指定的异常，调用异常对象的 printStackTrace()方法，输出了抛出异常时指定的信息"除数不能为 0"以及出错代码的调用链信息。运行结果如图 8.5 所示。

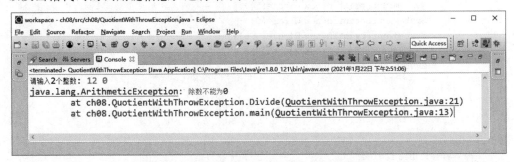

图 8.5 主动抛出异常的求商程序的运行结果

关键技术：

（1）在 Divide()方法中，创建 ArithmeticException 的实例时，为构造方法传递了一个字符串型参数。这个参数称为异常消息，它可以通过一个异常对象调用 getMessage()方法获取。Java API 中的每个异常类至少有两个构造方法：一个无参构造方法和一个带有可以描述这个异常的 String 参数的构造方法。利用第二个构造方法，可以在抛出异常时传递指定的消息。

（2）如果方法抛出的不是必检异常，调用代码不必须进行捕捉处理，但发生异常时仍然可以得到该方法抛出的异常对象，异常消息是方法中指定的消息。

（3）声明异常的关键字是 throws，抛出异常的关键字是 throw。

8.4 自定义异常

视频讲解

Java 语言提供了很多异常类，一般不需要自己定义异常类。然而，如果遇到一个不能用系统预定义的异常类来充分描述的问题，程序员可以通过继承 Exception 类或者其子类来创建自己的异常类。

【例 8.5】 扩展 Exception 类自定义一个异常类 InvalidRadiusException，其构造函数中传入一个半径。圆形类 Circle 的 setRadius()方法中，判断半径小于 0 时，抛出这个自定义的异常。

程序 8.5 TestCircleWithCustomException.java

```
class InvalidRadiusException extends Exception {
    private double radius;
    public InvalidRadiusException(double radius) {
        super("无效的半径 " + radius);
        this.radius = radius;
    }
```

```java
        public double getRadius() {
            return radius;
        }
    }

    public class TestCircleWithCustomException {
        public static void main(String[] args) {
            try {
                System.out.println(new Circle(5));
                System.out.println(new Circle(0));
                System.out.println(new Circle(-5));
            } catch (InvalidRadiusException ex) {
                System.out.println(ex);
            }
        }
    }

    class Circle {
        private double radius;

        public Circle() {
        }
        public Circle(double newRadius) throws InvalidRadiusException {
            setRadius(newRadius);
        }
        public double getRadius() {
            return radius;
        }
        public void setRadius(double newRadius) throws InvalidRadiusException {
            if (newRadius >= 0)
                radius = newRadius;
            else
                throw new InvalidRadiusException(newRadius);
        }
        public double getArea() {
            return radius * radius * 3.14159;
        }
        public String toString() {
            return "半径:" + radius + " 面积:" + getArea();
        }
    }
```

运行结果如图 8.6 所示。

关键技术：

（1）由于 InvalidRadiusException 是继承 Exception 类定义的，是一个必检异常，setRadius()方法的头部必须声明抛出 InvalidRadiusException。如果继承 RuntimeException 或者其子类来自定义异常类，就不必在方法头部声明抛出，因为 RuntimeException 是非检查型异常。

（2）构造方法中调用了 setRadius()方法来设置半径，而 setRadius()方法声明抛出了必检异常 InvalidRadiusException，所以该构造方法也必须在头部声明抛出 InvalidRadiusException。

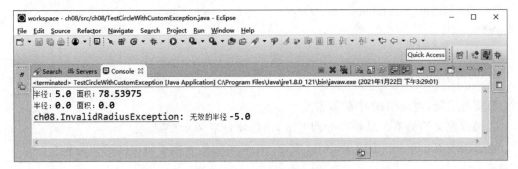

图 8.6　自定义异常测试结果

（3）主函数中调用 new Circle(−5)会抛出自定义的异常 InvalidRadiusException，它被处理器捕获，显示了异常对象 ex 的信息"无效的半径−5.0"。

（4）自定义异常类 InvalidRadiusException 中定义了成员变量 radius 和方法 getRadius()，表示自定义异常可以自主定义变量和方法以更好地描述异常信息，此程序中不是必需的。

8.5　异常的进一步讨论

视频讲解

1. 使用异常注意事项

异常处理将错误处理代码从正常的程序设计任务中分离出来，这样，可以使程序更易读和更易修改。

但是应该注意，由于异常处理需要初始化新的异常对象，需要从调用栈返回，而且还需要沿着方法的调用链来传播异常以便找到它的异常处理器，所以，异常处理通常需要更多的时间和资源。

2. 何时抛出异常

异常发生在方法中。如果想要调用者处理异常，需要建立一个异常对象然后抛出它。如果能在方法中异常出现的地方处理它，就不必抛出。

3. 何时使用异常

在代码中，什么时候应该使用 try-catch 块呢？当必须处理不可预料的错误状况时应该使用它。不要用 try-catch 块处理简单的、可预料的情况。例如，以下的代码用 try-catch 块来处理引用型对象为空的问题。

```
try {
    System.out.println(var.toString());
}
catch (NullPointerException ex) {
    System.out.println("对象 var 为空!");
}
```

最好直接用 if 语句判断来避免空对象调用，可以替换成如下代码。

```
if (refVar != null)
```

```
        System.out.println(var.toString());
else
        System.out.println("对象 var 为空");
```

4. 何时使用自定义异常

只要有可能,使用 API 中的异常类。

如果预定义的类不满足程序处理要求,则创建自定义异常类。

通过派生 Exception 类或 RuntimeException 类及其子类来创建自定义异常类。

8.6 综合案例

2020 年 9 月 8 日,全国抗击新冠肺炎疫情表彰大会在人民大会堂隆重举行,习近平总书记强调,在这场同严重疫情的殊死较量中,中国人民和中华民族以敢于斗争、敢于胜利的大无畏气概,铸就了生命至上、举国同心、舍生忘死、尊重科学、命运与共的伟大抗疫精神。2020 年伊始,突如其来的新冠肺炎疫情让中国进入战"疫"时刻。"无双国士""国之大医"临危受命、执甲出征,"天使白""橄榄绿""守护蓝""志愿红"迅速集结,中国人民肩并肩、心连心,共同铸就了伟大的抗疫精神,让我们一起为英雄人民点赞,为伟大祖国点赞!

1. 案例描述

为维护校园师生生命安全和身体健康,学校在常态化疫情防控期间严格实行"三码联查"和测温措施,发现红码、黄码人员及行程码带"＊"号标志的人员禁止进入校园。请自定义异常类 HealthCodeException 和 TripCodeException,然后定义测试类,在测试类中定义 healthcodeCheck()方法检查用户的健康码,如果不符合要求则抛出 HealthCodeException,定义 tripcodeCheck()方法检查行程码,如果不符合要求则抛出 TripCodeException 异常;最后在 main()方法中使用 try-catch 语句捕获健康码和行程码异常并输出。

2. 问题分析

(1) 定义健康码异常类 HealthCodeException,继承 Exception,定义无参构造方法和带一个 String 类型的构造方法。

(2) 定义行程码异常类 TripCodeException,继承 Exception,定义无参构造方法和带一个 String 类型的构造方法。

(3) 定义测试类 Test,在测试类中定义健康码检测方法,如果健康码不是"绿码"则抛出 HealthCodeException 异常;定义行程码检测方法,如果行程码中包含"＊",则抛出 TripCodeException 异常;在 main()方法中输入健康码和行程码,同时使用 try-catch 捕获异常,如果出现异常则输出异常信息,否则输出"健康码和行程码正常,允许通行!!!"。

3. 参考代码

```java
//自定义健康码异常类
public class HealthCodeException extends Exception {
    private static final long serialVersionUID = 1L;
```

```java
    public HealthCodeException() {

    }
    public HealthCodeException(String message) {
        super(message);
    }
}
//自定义行程码异常类
public class TripCodeException extends Exception {
    private static final long serialVersionUID = 1L;
    public TripCodeException() {
        super();
    }
    public TripCodeException(String message) {
        super(message);
    }
}
//测试类
public class Test {
    public static void main(String[] args) {
        String heathCode;
        String tripCode;
        Scanner input = new Scanner(System.in);
        System.out.println("请输入健康码:");
        heathCode = input.nextLine();
        System.out.println("请输入行程码:");
        tripCode = input.nextLine();
        try{
            healthcodeCheck(heathCode);
            tripcodeCheck(tripCode);
            System.out.println("健康码和行程码正常,允许通行!!!");
        } catch (HealthCodeException | TripCodeException e) {
            System.out.println(e.getMessage());
        }
    }
    //健康码检测方法
    public static void healthcodeCheck(String healthcode) throws HealthCodeException {
        //健康码为绿码表示健康码正常,否则表示健康码异常
        if (!healthcode.equals("绿码")) {
            throw new HealthCodeException("健康码异常!!!");
        }
    }
    //行程码检测方法
    public static void tripcodeCheck(String tripcode) throws TripCodeException {
        //如果行程码中包含星号(*)表示曾经去过疫区,抛出行程码异常
        if (tripcode.contains("*")) {
            throw new TripCodeException("行程码异常!!!");
        }
    }
}
```

4. 运行结果

案例运行结果如图 8.7 所示。

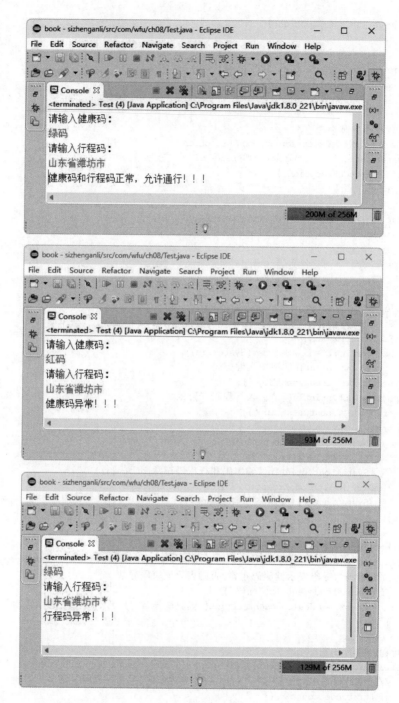

图 8.7 运行结果

小结

（1）异常是指由于程序中的错误而导致正在执行的程序流程中断的一种事件。

（2）异常在 Java 中被定义为类，当异常发生时，JVM 会抛出一个异常对象，可以通过调用它的各种方法，获得异常的类型、内容、发生异常的代码位置（包括方法调用链中各个代码位置）等。

（3）异常分为 Error 和 Exception 两类，Throwable 类是两者的父类。Error 类对象由 Java 虚拟机生成并抛出，程序无须处理。Exception 类对象由应用程序处理或抛出，应定义相应处理方案。

（4）从编程角度考虑可以将异常分为两类：非检查型异常和检查型异常。调用声明了检查型异常的方法，必须捕获处理或者声明抛出。如果一个方法中需要抛出检查型异常，必须在方法头部声明抛出。

（5）Java 中使用 try-catch 语句来捕获处理异常，使用 finally 子句为 try-catch 语句提供总的出口。

（6）一般情况下，finally 块中的代码都会执行，不论 try 块中是否出现异常或者是否被捕获。即使在 try 子句或 catch 子句中使用了 return、continue、break 等跳出函数或循环的语句，也会执行其后的 finally 子句。但使用 System.exit() 语句强制退出程序时，不会执行 finally 子句。

（7）Java 中用 throw 来抛出异常，使用 throws 在方法头部声明要抛出的异常类型。

（8）Java 中可以自定义异常类用于满足特殊业务处理。自定义异常类需要通过继承 Exception 或 RuntimeException 及其子类来实现。

习题

一、单选题

1. 以下程序抛出（　　）异常类型。

```java
public class Test {
    public static void main(String[] args) {
        int[] list = new int[5];
        System.out.println(list[5]);
    }
}
```

  A. ArithmeticException   B. ArrayIndexOutOfBoundsException
  C. StringIndexOutOfBoundsException   D. ClassCastException
  E. 程序运行正常无异常

2. 以下程序抛出（　　）异常类型。

```java
public class Test {
    public static void main(String[] args) {
        Object o = new Object();
        String d = (String)o;
    }
}
```

  A. ArithmeticException   B. ArrayIndexOutOfBoundsException

C. StringIndexOutOfBoundsException   D. ClassCastException

E. 程序运行正常无异常

3. 代码,下列(   )陈述是正确的。

```java
public class Test {
  public static void main(String[] args) {
    try {
      String s = "5.6";
      Integer.parseInt(s);
      int i = 0;
      int y = 2 / i;
      System.out.println("Welcome to Java");
    }catch (Exception ex) {
      System.out.println(ex);
    }
  }
}
```

A. 由于 Integer.parseInt(s)引发异常   B. 由于 2 / i 引发异常

C. 该程序有一个编译错误   D. 程序编译和运行无异常

4. 以下(   )不是 Java 异常处理的优势。

A. Java 将异常处理与常规处理任务分开

B. 异常处理可提高性能

C. 异常处理使方法的调用者可以处理异常

D. 异常处理简化了编程,因为可以将错误报告和错误处理代码放置在 catch 块中

5. 运行以下程序时,控制台上显示(   )。

```java
public class Test {
  public static void main (String[] args) {
    try {
      System.out.println("Welcome to Java");
      return;
    }finally {
      System.out.println("The finally clause is executed");
    }
  }
}
```

A. Welcome to Java

B. Welcome to Java
   The finally clause is executed

C. The finally clause is executed

D. 其他都不对

二、多选题

1. 分析如下代码。下面陈述正确的是(   )。

```java
public class Test {
  public static void main(String[] args) {
```

```
        try{
            int value = 30;
            if(value < 40)
                throw new Exception("value is too small");
        }catch(Exception e){
            System.out.println(e.getMessage());
        }
        System.out.println("Continue after the catch block");
    }
}
```

A. 程序编译和运行正常，并输出如下两行信息：

   value is too small
   Continue after the catch block

B. 如果把语句 int value=30；换成 int value=50；程序输出如下：

   Continue after the catch block

C. 程序编译和运行正常，并输出如下一行信息：

   value is too small

D. 程序有一个编译错误

2. 分析如下代码。下面陈述正确的是（   ）。

```
public class Test {
    public static void main(String[] args) {
        for(int i = 0;i < 2;i++){
            System.out.print(i + " ");
            try{
                System.out.println(1/0);
            }catch(Exception e){
            }
        }
    }
}
```

A. 程序编译和运行正常，并输出 0

B. 程序编译和运行正常，并输出 0 1

C. 程序编译和运行正常，并输出 1

D. 程序有一个编译错误

3. 分析如下代码。下面陈述正确的是（   ）。

```
public class Test {
    public static void main(String[] args) {
        try{
            for(int i = 0;i < 2;i++){
                System.out.print(i + " ");
                System.out.println(1/0);
            }
        }catch(Exception e){
            e.printStackTrace();
        }
    }
}
```

A. 程序编译和运行正常并输出 0
B. 程序编译和运行正常并输出 1
C. 程序编译和运行正常并输出 0 1
D. 程序先输出 0，其后抛出一个异常 ArithmeticException：/ by zero

三、判断题

1. 一个方法可以声明抛出多个异常。（   ）
2. 如果方法中发生必检异常，则必须捕获该异常或将方法声明为抛出异常。（   ）

四、编程题

1. 编写一个程序，输入两个整数，计算并显示它们的和。要求在输入不正确时给出提示，并要求用户再次输入。

2. 编写一个简单计算器程序，输入一个两数进行加、减、乘或除的算术表达式，然后输出计算结果。要求利用 try-catch 语句捕获异常输出错误信息，以处理操作数非数字或除数为 0 的情况。例如，输入 2+3，则输出 2+3＝5；输入 2+a，则提示异常。

3. 编写程序，定义一个三角形的类 Triangle，其中定义一个 setSides()方法，将三个 double 型参数给三边 a、b、c 赋值，如果某两边之和不大于第三边，则抛出一个自定义的异常类 IllagalTriangleException 的对象。

第9章

泛型与集合

CHAPTER 9

本章学习目标
- 理解泛型的概念
- 掌握泛型类的创建和使用
- 理解泛型的有界类型和通配符的使用,理解泛型的局限性
- 理解Java集合框架的结构
- 掌握Java迭代器接口的使用
- 掌握List、Set、Map结构集合类的使用

9.1 泛型

从JDK 5开始，Java引入"参数化类型"的概念，这种参数化类型称为"泛型（Generic）"。泛型是将数据类型参数化，即在编写代码时将数据类型定义成参数，这些类型参数在使用之前再进行指明。泛型提高了代码的重用性，使得程序更加灵活、安全和简洁。

在JDK 5之前，为了实现参数类型的任意化，都是通过Object类型来处理。但这种处理方式所带来的缺点是需要进行强制类型转换，此种强制类型转换不仅使代码臃肿，而且要求程序员必须对实际所使用的参数类型已知的情况下才能进行，否则容易引起ClassCastException异常。

从JDK 5开始，Java增加了对泛型的支持。使用泛型之后就不会出现上述问题。泛型的好处是在程序编译期会对类型进行检查，捕捉类型不匹配错误，以免引起ClassCastException异常；而且泛型不需要进行强制转换，数据类型都是自动转换的。

泛型经常使用在类、接口和方法的定义中，分别称为泛型类、泛型接口和泛型方法。泛型类是引用类型，在内存堆中。

定义泛型类的语法格式如下。

```
[访问符] class 类名 <类型参数列表> {
    //类体…
}
```

其中：

（1）尖括号中是类型参数列表，可以由多个类型参数组成，多个类型参数之间使用","隔开。

（2）类型参数只是占位符，一般使用大写的"T""U""V"等作为类型参数。

下述代码示例了泛型类的定义。

```java
class Node<T> {
    private T data;
    public Node<T> next;
    //省略
}
```

从Java 7开始，实例化泛型类时只需给出一对尖括号"<>"即可，Java可以推断尖括号中的泛型信息。将两个尖括号放在一起像一个菱形，因此也被称为"菱形"语法。Java 7"菱形"语法实例化泛型类的格式如下。

```
类名 <类型参数列表> 对象 = new 类名<>([构造方法参数列表]);
```

例如：

```
Node<String> myNode = new Node<>();
```

下述代码示例了一个泛型类的定义。

```java
Generic.java
package com;
public class Generic<T> {
    private T data;
```

```
    public Generic() {
    }
    public Generic(T data) {
        this.data = data;
    }
    public T getData() {
        return data;
    }
    public void setData(T data) {
        this.data = data;
    }
    public void showDataType() {
        System.out.println("数据的类型是: " + data.getClass().getName());
    }
}
```

上述代码定义了一个名为 Generic 的泛型类,并提供两个构造方法。私有属性 data 的数据类型采用泛型,可以在使用时再进行指定。showDataType()方法显示 data 属性的具体类型名称,其中,"getClass().getName()"用于获取对象的类名。

下述代码示例了泛型类的实例化,并访问相应方法。

```
GenericExample.java
package com;
public class GenericExample {
    public static void main(String[] args) {
        Generic<String> str = new Generic<>("欢迎使用泛型类!");
        str.showDataType();
        System.out.println(str.getData());
        System.out.println(" ------------------ ");
        //定义泛型类的一个 Double 版本
        Generic<Double> dou = new Generic<>(3.1415);
        dou.showDataType();
        System.out.println(dou.getData());
    }
}
```

上述代码使用 Generic 泛型类,并分别实例化为 String 和 Double 两种不同类型的对象。程序运行结果如下。

```
数据的类型是: java.lang.String
欢迎使用泛型类!
------------------
数据的类型是: java.lang.Double
3.1415
```

9.2 通配泛型

视频讲解

当使用一个泛型类时(包括声明泛型变量和创建泛型实例对象),都应该为此泛型类传入一个实参,否则编译器会提出泛型警告。假设现在定义一个方法,该方法的参数需要使用泛型,但类型参数是不确定的,此时如果考虑使用 Object 类型来解决,编译时则会出现错误。以之前定义的泛型类 Generic 为例,考虑如下代码。

```java
NoWildcardExample.java
package com;
public class NoWildcardExample {
    public static void myMethod(Generic<Object> g) {
        g.showDataType();
    }
    public static void main(String[] args) {
        //参数类型是 Object
        Generic<Object> gstr = new Generic<Object>("Object");
        myMethod(gstr);
        //参数类型是 Integer
        Generic<Integer> gint = new Generic<Integer>(12);
        //这里将产生一个错误
        myMethod(gint);
        //参数类型是 Double
        Generic<Double> gdou = new Generic<Double>(12.0);
        //这里将产生一个错误
        myMethod(gdou);
    }
}
```

上述代码中定义的 myMethod() 方法的参数是泛型类 Generic，该方法的意图是能够处理各种类型参数，但在使用 Generic 类时必须指定具体的类型参数，此处在不使用通配符的情况下，只能使用"Generic<Object>"的方式。这种方式将造成 main() 方法中的语句编译时产生类型不匹配的错误，程序无法运行。程序中出现的这个问题，可以使用通配符解决。通配符是用"?"来表示一个未知类型，从而解决类型被限制、不能动态根据实例进行确定的缺点。下述代码使用通配符"?"重新实现上述处理过程，实现处理各种类型参数的情况。

```java
UseWildcardExample.java
package com;
public class UseWildcardExample {
    public static void myMethod(Generic<?> g) {
        g.showDataType();
    }
    public static void main(String[] args) {
        //参数类型是 String
        Generic<String> gstr = new Generic<>("Object");
        myMethod(gstr);
        //参数类型是 Integer
        Generic<Integer> gint = new Generic<>(12);
        myMethod(gint);
        //参数类型是 Double
        Generic<Double> gdou = new Generic<>(12.0);
        myMethod(gdou);}
}
```

上述代码定义了 myMethod() 方法时，使用"Generic<?>"通配符的方式作为类型参数,如此便能够处理各种类型参数,且程序编译无误,能够正常运行。程序运行结果如下。

数据的类型是:java.lang.String
数据的类型是:java.lang.Integer
数据的类型是:java.lang.Double

Java 语言没有真正实现泛型。Java 程序在编译时生成的字节码中是不包含泛型信息的,泛型的类型信息将在编译处理时被擦除掉,这个过程称为类型擦除。这种实现理念造成 Java 泛型本身有很多漏洞,虽然 Java 8 对类型推断进行了改进,但依然需要对泛型的使用上做一些限制,其中大多数限制都是由类型擦除和转换引起的。

Java 对泛型的限制如下。

(1) 泛型的类型参数只能是类(包括自定义类),不能是简单类型。

(2) 同一个泛型类可以有多个版本(不同参数类型),不同版本的泛型类的实例是不兼容的。例如,"Generic < String >"与"Generic < Integer >"的实例是不兼容的。

(3) 定义泛型时,类型参数只是占位符,不能直接实例化。例如,"new T()"是错误的。

(4) 不能实例化泛型数组,除非是无上界的类型通配符。例如,"Generic < String > [ ] a = new Generic < String > [10]"是错误的,而"Generic <? > [ ] a = new Generic <? > [10]"是被允许的。

(5) 泛型类不能继承 Throwable 及其子类,即泛型类不能是异常类,不能抛出也不能捕获泛型类的异常对象。例如,"class GenericException < T > extends Exception""catch(T e)"都是错误的。

9.3 集合概述

视频讲解

在程序中可以通过数组来保存多个对象,但在某些情况下开发人员无法预先确定需要保存对象的个数,此时数组将不再适用,因为数组的长度不可变。例如,要保存一所学校的学生信息,由于不停有新生来报到,同时也有学生毕业离开学校,这时学生的数目就很难确定。为了在程序中保存这些数目不确定的对象,JDK 中提供了一系列特殊的类,这些类可以存储任意类型的对象,并且长度可变,在 Java 中这些类被统称为集合。集合类都位于 java.util 包中,在使用时一定要注意导包的问题,否则会出现异常。集合按照其存储结构可以分为两大类,即单列集合 Collection 和双列集合 Map,这两种集合具有如下特点。

Collection:单列集合类的根接口,用于存储一系列符合某种规则的元素,它有两个重要的子接口,分别是 List 和 Set。其中,List 的特点是元素有序、元素可重复。Set 的特点是元素无序,而且不可重复。List 接口的主要实现类有 ArrayList 和 LinkedList,Set 接口的主要实现类有 HashSet 和 TreeSet。

Map:双列集合类的根接口,用于存储具有键(Key)、值(Value)映射关系的元素,每个元素都包含一对键值,在使用 Map 集合时可以通过指定的 Key 找到对应的 Value。例如,根据一个学生的学号就可以找到对应的学生。Map 接口的主要实现类有 HashMap 和 TreeMap。为了方便初学者易于理解整个集合类的继承体系,可参照图 9.1。

图 9.1 中列出了程序中常用的一些集合类,其中,虚线框里填写的都是接口类型,而实线框里填写的都是具体的实现类。Collection < E >接口是所有集合类型的根接口,继承了

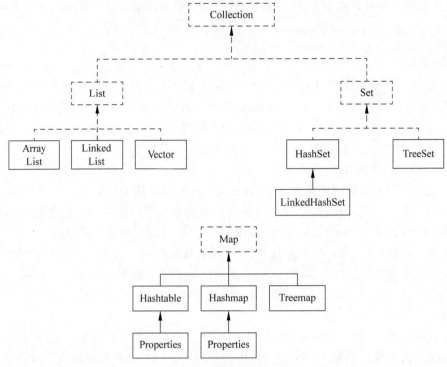

图 9.1 集合体系架构图

Iterable＜E＞接口，它有三个子接口，分别是 List 接口、Set 接口和 Queue 接口。

9.4 List 接口及实现类

9.4.1 List 接口

List 接口继承自 Collection 接口，是单列集合的一个重要分支，习惯性地会将实现了 List 接口的对象称为 List 集合。在 List 集合中允许出现重复的元素，所有的元素是以一种线性方式进行存储的，在程序中可以通过索引来访问集合中的指定元素。另外，List 集合还有一个特点就是元素有序，即元素的存入顺序和取出顺序一致。

List 作为 Collection 集合的子接口，不但继承了 Collection 接口中的全部方法，而且增加了一些根据元素索引来操作集合的特有方法，如表 9.1 所示。

表 9.1 List 集合常用方法表

方法声明	功能描述
void add(int index，Object element)	将元素 element 插入到 List 集合的 index 处
boolean add(int index，Collection c)	将集合 c 所包含的所有元素插入到 List 集合的 index 处
Object get(int index)	返回集合 index 索引处的元素
Object remove(int index)	删除 index 索引处的元素
Object set(int index，Object element)	将索引 index 处元素替换成 element 对象，并将替换后的元素返回

续表

方法声明	功能描述
int indexOf(Object o)	返回对象 o 在 List 集合中出现的位置索引
int lastindexOf(Object o)	返回对象 o 在 List 集合中最后一次出现的位置索引
List subList(int fromIndex,int toIndex)	返回索引 fromIndex(包括)到 toIndex(不包括)处所有元素集合组成的子集合

9.4.2 ArrayList 集合

ArrayList 是 List 接口的一个实现类,它是程序中最常见的一种集合。在 ArrayList 内部封装了一个长度可变的数组对象,当存入的元素超过数组长度时,ArrayList 会在内存中分配一个更大的数组来存储这些元素,因此可以将 ArrayList 集合看作一个长度可变的数组。

ArrayList 集合中大部分方法都是从父类 Collection 和 List 继承过来的,其中,add()方法和 get()方法用于实现元素的存取。

```
import java.util.ArrayList;
public class Example0901 {
    public static void main(String[] args) {
        ArrayList list = new ArrayList();                //创建 ArrayList 集合
        list.add("stu1");                                //向集合中添加元素
        list.add("stu2");
        list.add("stu3");
        list.add("stu4");
        System.out.println("集合的长度:" + list.size());   //获取集合中元素的个数
        System.out.println("第 2 个元素是:" + list.get(1)); //取出并打印指定位置的元素
    }
}
```

在上述程序中实现了如何向 ArrayList 集合中存取元素。由于 ArrayList 集合的底层是使用数组来保存元素的,在增加或者删除指定位置元素的时候会导致新建数组,所以效率太低,不适合大批量的增删操作,但是这种结构允许程序通过索引的方式来访问元素,所以比较适用于查找元素。

9.4.3 LinkedList 集合

为了克服 ArrayList 集合在查询元素时速度很快,但在增删元素时效率较低的局限性,可以使用 List 接口的另一个实现类 LinkedList。该集合内部维护了一个双向循环链表,链表中的每一个元素都使用引用的方式来记住它的前一个元素和后一个元素,从而可以将所有的元素彼此连接起来。当插入一个新元素时,只需要修改元素之间的这种引用关系即可,删除一个结点也是如此。正因为这样的存储结构,所以 LinkedList 集合对于元素的增删操作具有很高的效率,LinkedList 集合添加元素和删除元素的过程如图 9.2 所示。

通过两幅图描述了 LinkedList 集合新增元素和删除元素的过程。其中,图 9.2(a)为新增一个元素,图中的元素 1 和元素 2 在集合中彼此为前后关系,在它们之间新增一个元素时,只需要让元素 1 记住它后面的元素是新元素,让元素 2 记住它前面的元素为新元素就可

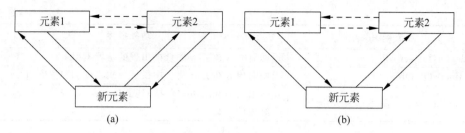

图 9.2 双向循环链表结构图

以了。图 9.2(b)为删除元素,要想删除元素 1 与元素 2 之间的元素 3,只需要让元素 1 与元素 2 变成前后关系就可以了。由此可见,LinkedList 集合具有增删元素效率高的特点。

针对元素的增删操作,LinkedList 集合定义了一些特有的方法,如表 9.2 所示。

表 9.2 LinkedList 中定义的方法

方法声明	功能描述
void add(int index, E element)	在此列表指定的位置插入指定的元素
void addFirst(Object o)	将指定元素添加到此列表的开头
void addLast(Object o)	将指定元素添加到此列表的结尾
Object getFirst()	返回此列表的第一个元素
Object getLast()	返回此列表的最后一个元素
Object removeFirst()	移除并返回此列表的第一个元素
Object removeLast()	移除并返回此列表的最后一个元素

```java
import java.util.*;
public class Example0902 {
    public static void main(String[] args) {
        LinkedList link = new LinkedList();     //创建 LinkedList 集合
        link.add("stu1");
        link.add("stu2");
        link.add("stu3");
        link.add("stu4");
        System.out.println(link.toString());    //取出并打印该集合中的元素
        link.add(3, "Student");                 //向该集合中指定位置插入元素
        link.addFirst("First");                 //向该集合第一个位置插入元素
        System.out.println(link);
        System.out.println(link.getFirst());    //取出该集合中第一个元素
        link.remove(3);                         //移除该集合中指定位置的元素
        link.removeFirst();                     //移除该集合中第一个元素
        System.out.println(link);
    }
}
```

上述程序中主要针对集合元素的增加、删除和获取操作。通过此案例可知,使用 LinkedList 对元素进行增删操作非常简单。

9.4.4 Iterator 接口

在程序开发中,经常需要遍历集合中的所有元素。针对这种需求,JDK 专门提供了一个接口 Iterator。Iterator 接口也是 Java 集合中的一员,但它与 Collection、Map 接口有所不

同,Collection 接口与 Map 接口主要用于存储元素,而 Iterator 主要用于迭代访问(即遍历) Collection 中的元素,因此 Iterator 对象也被称为迭代器。

```java
import java.util.*;
public class Example0903 {
    public static void main(String[] args) {
        ArrayList list = new ArrayList();        //创建 ArrayList 集合
        list.add("data_1");                      //向该集合中添加字符串
        list.add("data_2");
        list.add("data_3");
        list.add("data_4");
        Iterator it = list.iterator();           //获取 Iterator 对象
        while (it.hasNext()) {                   //判断 ArrayList 集合中是否存在下一个元素
            Object obj = it.next();              //取出 ArrayList 集合中的元素
            System.out.println(obj);
        }
    }
}
```

Example0903 程序演示了 Iterator 遍历集合的整个过程。首先通过调用 ArrayList 集合的 iterator()方法获得迭代器,具体如程序所示。

Iterator 迭代器对象在遍历集合时,内部采用指针的方式来跟踪集合中的元素,为了让初学者能更好地理解迭代器的工作原理,接下来通过一个图例来演示 Iterator 对象迭代元素的过程,如图 9.3 所示。

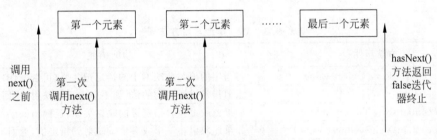

图 9.3 遍历元素过程图

在调用 Iterator 的 next()方法之前,迭代器的索引位于第一个元素之前,不指向任何元素,当第一次调用迭代器的 next()方法后,迭代器的索引会向后移动一位,指向第一个元素并将该元素返回,当再次调用 next()方法时,迭代器的索引会指向第二个元素并将该元素返回,以此类推,直到 hasNext()方法返回 false,表示到达了集合的末尾,终止对元素的遍历。

9.5 Set 接口及实现类

视频讲解

Set 接口和 List 接口一样,同样继承自 Collection 接口,它与 Collection 接口中的方法基本一致,并没有对 Collection 接口进行功能上的扩充,只是比 Collection 接口更加严格了。与 List 接口不同的是,Set 接口中的元素无序,并且都会以某种规则保证存入的元素不出现重复。

Set 接口主要有两个实现类,分别是 HashSet 和 TreeSet。其中,HashSet 是根据对象的哈希值来确定元素在集合中的存储位置,因此具有良好的存取和查找性能。TreeSet 则是以二叉树的方式来存储元素,它可以实现对集合中的元素进行排序。接下来将对 HashSet 进行详细的讲解。

HashSet 是 Set 接口的一个实现类,它所存储的元素是不可重复的,并且元素都是无序的。当向 HashSet 集合中添加一个对象时,首先会调用该对象的 hashCode()方法来计算对象的哈希值,从而确定元素的存储位置,如果此时哈希值相同,再调用对象的 equals()方法来确保该位置没有重复元素。Set 集合与 List 集合存取元素的方式都一样,在此不再进行详细的讲解。

视频讲解

9.6 Map 接口及实现类

在现实生活中,每个人都有唯一的身份证号,通过身份证号可以查询到这个人的信息,这两者是一对一的关系。在应用程序中,如果想存储这种具有对应关系的数据,则需要使用 JDK 中提供的 Map 接口。

Map 接口是一种双列集合,它的每个元素都包含一个键对象 Key 和值对象 Value,键和值对象之间存在一种对应关系,称为映射。从 Map 集合中访问元素时,只要指定了 Key,就能找到对应的 Value。

为了便于 Map 接口的学习,首先来了解一下 Map 接口中定义的一些常用方法,如表 9.3 所示。

表 9.3 Map 集合常用方法表

方法声明	功能描述
void put(Object key, Object value)	将指定的值与此映射中的指定键关联(可选操作)
Object get(Object key)	返回指定键所映射的值,如不包含键的映射,返回 null
Boolean containsKey(Object key)	如果此映射包含指定键的映射关系,返回 true
Boolean containsValue(Object value)	如果此映射将一个或多个键映射到指定值,返回 true
Setkeyset()	返回此映射中包含的 Set 视图
Collection<V> values()	返回此映射中包含的 Collection 视图
Set<Map.Entry<K,V>> entrySet()	返回此映射中包含的映射关系的 Set 视图

视频讲解

9.7 综合案例

2021 年 6 月 29 日,庆祝中国共产党成立 100 周年"七一勋章"颁授仪式在北京人民大会堂金色大厅隆重举行。根据《中共中央关于授予"七一勋章"的决定》,授予 29 名同志"七一勋章"。他们理想信念坚定,对党忠诚;他们道德品行高尚,创造出宝贵精神财富。他们当之无愧!他们是最闪亮的星!

"七一勋章"获得者都来自人民、植根人民,是立足本职、默默奉献的平凡英雄。他们的事迹可学可做,他们的精神可追可及。作为当代大学生我们要学习他们勤恳干事、艰苦创业的优良作风,学习他们开拓进取、勇于创新的时代精神。

1. 案例描述

实现一个模拟功勋党员管理程序,在程序中,指令 1 代表查询所有功勋党员信息,指令 2 代表查询指定编号的功勋党员信息,指令 3 代表添加一名功勋党员,指令 4 代表修改指定编号的功勋党员信息,指令 6 代表删除指定编号的功勋党员信息,指令 6 代表退出该系统。

2. 实现思路

第 1 步:将各指令所表示的含义打印输出到控制台。

第 2 步:程序中需要创建一个集合作为功勋党员列表,并向其添加一部分功勋党员信息。

第 3 步:由于控制台需要实时等待用户输入命令,所以可以使用 while(true)来使程序一直处于等待指令状态。

第 4 步:可以通过 Scanner 类的 nextInt()方法来接收控制台的信息。

第 5 步:根据控制台导入的指令使用 switch 语句,判断执行何种操作。

第 6 步:通过集合定义的方法来操作功勋党员列表。

实现代码:

```java
//功勋党员类
public class MeritoriousPartyMember implements Comparable<MeritoriousPartyMember>{
    private int id;                          //编号
    private String name;                     //姓名
    private String gender;                   //性别
    private String deeds;                    //事迹
    public MeritoriousPartyMember() {

    }
    public MeritoriousPartyMember(int id, String name, String gender, String deeds) {
        this.id = id;
        this.name = name;
        this.gender = gender;
        this.deeds = deeds;
    }
    public int getNumber() {
        return id;
    }
    public void setNumber(int number) {
        this.id = number;
    }
    public String getName() {
        return name;
    }
    public void setName(String name) {
        this.name = name;
    }
    public int getId() {
        return id;
    }
    public void setId(int id) {
```

```java
        this.id = id;
    }
    public String getGender() {
        return gender;
    }
    public void setGender(String gender) {
        this.gender = gender;
    }
    public String getDeeds() {
        return deeds;
    }
    public void setDeeds(String deeds) {
        this.deeds = deeds;
    }
    @Override
    //根据编号进行排序
    public int compareTo(MeritoriousPartyMember o) {
        return this.id - o.id;
    }
}
//七一勋章类
public class July1Medal {
    //存放数据的集合
    public static Set<MeritoriousPartyMember> set = new TreeSet<>();
    public static void main(String[] args) {
        init();
        Scanner input = new Scanner(System.in);
        while (true) {
            menu();
            System.out.println("请输入要执行的操作序号:");
            int op = input.nextInt();
            switch (op) {
            case 1:
                getAll();
                break;
            case 2:
                findById();
                break;
            case 3:
                add();
                break;
            case 4:
                update();
                break;
            case 5:
                delete();
                break;
            case 6:
                exit();
                break;
            default:
                System.out.println("功能选择有误,请输入正确的功能序号!");
            }
        }
```

```java
    }
    //实现数据的初始化
    public static void init() {
        MeritoriousPartyMember[] mpm = new MeritoriousPartyMember[5];
        mpm[0] = new MeritoriousPartyMember(101, "蓝天野", "男", "将一生奉献给人民文艺事业,为中国话剧艺术繁荣发展做出重大贡献.");
        mpm[1] = new MeritoriousPartyMember(102, "吕其明", "男", "新中国培养的第一批交响乐作曲家,一生坚持歌颂党、歌颂祖国、歌颂劳动人民.");
        mpm[2] = new MeritoriousPartyMember(103, "刘贵今", "男", "首位中国政府非洲事务特别代表,年逾七旬仍为深化中非合作发挥余热.");
        mpm[3] = new MeritoriousPartyMember(104, "张桂梅", "女", "帮助1800多名贫困山区女孩圆梦大学是为教育事业奉献一切的\"张妈妈\".");
        mpm[4] = new MeritoriousPartyMember(105, "林   丹", "女", "社区工作者的杰出代表,被群众亲切地称为\"小巷总理\".");
        for (int i = 0; i < mpm.length; i++) {
            set.add(mpm[i]);
        }
    }
    //控制菜单
    public static void menu() {
        System.out.println(" ---- 欢迎进入"七一勋章"管理系统 ---- ");
        System.out.println("1.显示全部");
        System.out.println("2.查询");
        System.out.println("3.添加");
        System.out.println("4.修改");
        System.out.println("5.删除");
        System.out.println("6.退出");
    }
    //获取集合中所有信息
    public static void getAll() {
        if (set == null || set.size() == 0) {
            System.out.println("不好意思,目前没有信息可供查询,请重新选择您的操作");
            return;
        }
        System.out.println("编号\t姓名\t性别\t事迹");
        for (MeritoriousPartyMember m : set) {
            System.out.println(m.getId() + "\t" + m.getName() + "\t" + m.getGender() + "\t" + m.getDeeds());
        }
    }
    /**
     * 根据id查询集合中是否存在指定的功勋党员 *
     * @param id 要查询的功勋党员编号
     * @return 如果找到返回指定的功勋党员对象,否则返回null
     */
    public static MeritoriousPartyMember findById(int id) {
        for (MeritoriousPartyMember m : set) {
            if (m.getId() == id)
                return m;
        }
        return null;
    }
    //查询指定id的功勋党员信息
    public static void findById() {
        System.out.println("请输入您要查询的功勋党员的编号:");
        Scanner input = new Scanner(System.in);
        int id = input.nextInt();
```

```java
            MeritoriousPartyMember m = findById(id);
            if (m == null) {
                System.out.println("不好意思,系统中不存在指定编号的功勋党员,请重新选择您的操作");
                return;
            }
            System.out.println("编号\t姓名\t性别\t事迹");
            System.out.println(m.getId() + "\t" + m.getName() + "\t" + m.getGender() + "\t" + m.getDeeds());
        }
        //添加数据
        public static void add() {
            System.out.println("请输入编号:");
            Scanner input = new Scanner(System.in);
            int id;
            while (true) {
                id = input.nextInt();
                MeritoriousPartyMember m = findById(id);
                if (m != null) {
                    System.out.println("该编号已经被占用,请重新输入编号");
                } else
                    break;
            }
            input.nextLine();
            System.out.println("请输入姓名:");
            String name = input.nextLine();
            System.out.println("请输入性别:");
            String gender = input.nextLine();
            System.out.println("请输入事迹:");
            String deeps = input.nextLine();
            MeritoriousPartyMember mpm = new MeritoriousPartyMember(id, name, gender, deeps);
            set.add(mpm);
            System.out.println("添加成功");
        }
        //修改数据
        public static void update() {
            System.out.println("请输入您要修改的功勋党员的编号:");
            Scanner input = new Scanner(System.in);
            int id = input.nextInt();
            MeritoriousPartyMember m = findById(id);
            if (m == null) {
                System.out.println("不好意思,系统中不存在指定编号的功勋党员,请重新选择您的操作");
                return;
            }
            input.nextLine();
            set.remove(m);
            System.out.println("请输入新姓名:");
            String name = input.nextLine();
            System.out.println("请输入新性别:");
            String gender = input.nextLine();
            System.out.println("请输入新事迹:");
            String deeps = input.nextLine();
            MeritoriousPartyMember mpm = new MeritoriousPartyMember(id, name, gender, deeps);
            set.add(mpm);
            System.out.println("修改成功");
        }
```

```java
//删除数据
public static void delete() {
    System.out.println("请输入您要删除的功勋党员的编号:");
    Scanner input = new Scanner(System.in);
    int id = input.nextInt();
    MeritoriousPartyMember m = findById(id);
    if (m == null) {
        System.out.println("不好意思,系统中不存在指定编号的功勋党员,请重新选择您的操作");
        return;
    }
    set.remove(m);
    System.out.println("删除成功");
}
//退出系统
public static void exit() {
    System.out.println("感谢您使用本系统");
    System.exit(0);
}
}
```

3. 运行结果

案例运行结果如图 9.4 所示。

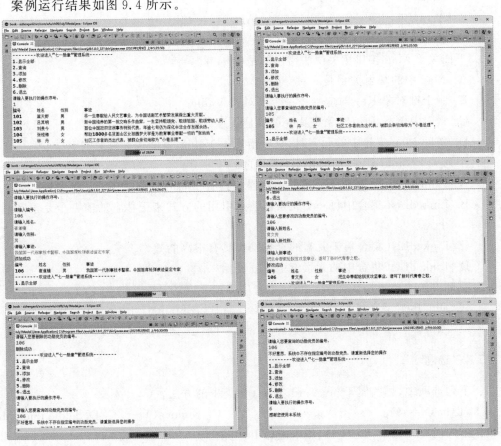

图 9.4 运行结果

小结

通过本章的学习，读者应该能够：
(1) 理解泛型的概念、创建和使用。
(2) 掌握通配泛型。
(3) 熟练掌握 Java 集合框架的结构。
(4) 掌握 Java 迭代器接口的使用。
(5) 掌握 List、Set、Map 结构集合类的使用。

习题

一、单选题

1. 下列选项中，哪个可以正确地定义一个泛型？（   ）
   A. ArrayList＜String＞list ＝ new ArrayList＜String＞();
   B. ArrayList list＜String＞ ＝ new ArrayList();
   C. ArrayList list＜String＞ ＝ new ArrayList＜String＞();
   D. ArrayList＜String＞list ＝ new ArrayList();
2. 下面关于 Map 接口相关说法错误的是(   )。
   A. Map 中的映射关系是一对一的
   B. 一个键对象 Key 对应唯一一个值对象 Value
   C. 键对象 Key 和值对象 Value 可以是任意数据类型
   D. 访问 Map 集合中的元素时，只要指定了 Value，就能找到对应的 Key
3. 下列关于 LinkedList 的描述中，错误的是(   )。
   A. LinkedList 集合对于元素的增删操作具有很高的效率
   B. LinkedList 集合中每一个元素都使用引用的方式来记住它的前一个元素和后一个元素
   C. LinkedList 集合对于元素的查找操作具有很高的效率
   D. LinkedList 集合中的元素索引从 0 开始
4. 下列方法中可以用于往 HashSet 集合中添加元素的是(   )。
   A. add(Ee)   B. contains(Objecto)
   C. clear()   D. iterator()

二、多选题

1. 下列选项中，哪些属于 java.util.Iterator 类中的方法？(   )
   A. hasNext()   B. next()   C. remove()   D. add(Objectobj)
2. 下列遍历方式中，哪些可以用来遍历 List 集合？(   )
   A. Iterator 迭代器实现   B. 增强 for 循环实现

C. get()和 size()方法结合实现　　　　D. get()和 length()方法结合实现

3. 下列关于 HashMap 集合的描述中，正确的是（　　）。

　A. HashMap 集合是 Map 接口的一个实现类

　B. HashMap 集合存储的对象都是键值映射关系

　C. HashMap 集合存储的对象，必须保证不出现重复的键

　D. HashMap 集合中，如果存储的键名称相同，那么后存储的值则会覆盖原有的值，简而言之就是：键相同，值覆盖

4. 向 HashSet 集合中存入对象时需要重写 Object 类中的哪些方法？（　　）

　A. equals(Objectobj)　　　　　　　B. hashCode()

　C. clone()　　　　　　　　　　　　D. toString()

三、判断题

1. TreeSet 是以二叉树的方式来存储元素，它可以实现对集合中的元素进行排序。（　　）
2. 使用 HashMap 集合迭代出元素的顺序和元素存入的顺序是一致的。（　　）
3. LinkedList 集合内部维护了一个单向循环链表。（　　）
4. Map 接口是一种双列集合，它的每个元素都包含一个键对象 Key 和值对象 Value。（　　）

四、编程题

1. 编写程序，将一个字符串中的单词解析出来，并按字母的升序显示所有的单词（可以重复）。

2. 继 2008 年夏奥会之后，2022 年冬奥会花落北京，北京成为世界上首座"双奥之城"。在 2022 年冬奥会上，中国冰雪健儿勇夺 9 金、4 银、2 铜，取得了我国参加冬奥会的历史最好成绩，为祖国和人民赢得了荣誉，实现了运动成绩和精神文明双丰收。请编程，输入 n 个国家的国名及获得的奖牌数，然后输出奥运奖牌排行榜，如图 9.5 所示。

图 9.5　奥运奖牌排行榜

3. 使用 Map 接口的实现类，输出山河四省（山东省、山西省、河南省、河北省）及其主要城市。

第 *10* 章

输入/输出

CHAPTER *10*

本章学习目标
- 了解 File 类的常用方法
- 掌握遍历目录下文件的方法
- 了解二进制流的概念及其分类
- 学会使用二进制流实现读写操作
- 掌握二进制缓冲流的使用技巧
- 了解文本流的种类及其作用
- 掌握文本流的使用技巧
- 掌握利用文本流操作本地文件的方法

10.1 File 类

java.io 包中提供了一系列类,用于对底层系统中的文件进行处理,其中,File 类是最重要的一个类。File 对象既可以表示文件,又可以表示目录。利用 File 对象既可以对文件或目录及其属性进行基本操作,又可以获取与文件相关的信息。例如,创建一个文件、删除或者重命名一个文件、判断磁盘上的某个文件是否存在、获取文件的名称、查询文件最后的修改日期、获取文件的大小等。

10.1.1 File 类的常用方法

File 类中提供了一系列方法,用于操作其内部封装的路径指向的文件或目录。File 类的常用构造方法如表 10.1 所示。

表 10.1 File 类的常用构造方法

方法声明	功能描述
File(String pathname)	通过指定的文件路径名创建一个 File 对象
File(String parent,String child)	根据指定的字符串类型的父路径和子路径创建一个 File 对象
File(File parent,String child)	根据指定的 File 类型的父路径和字符串类型的子路径创建一个 File 对象

File 类的常用方法如表 10.2 所示。

表 10.2 File 类的常用方法

方法声明	功能描述
String getName()	返回 File 对象表示的文件名称
String getPath()	返回 File 对象对应的路径名
long length()	返回 File 对象表示的文件的长度
long lastModified()	返回 File 对象表示的文件最后一次被修改的时间
boolean createNewFile()	当 File 对象表示的文件不存在时,该方法将创建一个 File 对象所指定的新文件,若创建成功则返回 true,否则返回 false
boolean delete()	删除 File 对象表示的文件,若删除成功则返回 true,否则返回 false
boolean exists()	判断 File 对象表示的文件是否存在,若存在则返回 true,否则返回 false
boolean isAbsolute()	判断 File 对象表示的文件是否是绝对路径,如果是绝对路径则返回 true,否则返回 false
boolean isDirectory()	判断 File 对象表示的文件是否是一个目录,若是目录则返回 true,否则返回 false
boolean isFile()	判断 File 对象表示的文件是否是一个标准文件(非目录文件),若是标准文件则返回 true,否则返回 false
boolean mkdir()	创建一个由 File 对象指定的目录,若创建成功则返回 true,否则返回 false
boolean renameTo(File dest)	重命名 File 对象表示的文件,若重命名成功则返回 true,否则返回 false
boolean canRead()	判读 File 对象表示的文件是否可读,若可读则返回 true,否则返回 false
boolean canWrite()	判读 File 对象表示的文件是否可写,若可写则返回 true,否则返回 false

【例 10.1】 创建一个 File 文件,检验文件是否存在,若不存在就创建,然后使用 File 类中的方法获取它的属性信息。

程序 10.1 FileDemo.java

```java
import java.io.File;
import java.io.IOException;
import java.util.Date;

public class FileDemo {
    public static void main(String[] args){
        //根据路径字符串创建一个 File 对象
        File file = new File("temp.dat");
        //如果文件不存在,则创建一个
        if (file.exists() == false){
            try{
                file.createNewFile();
            } catch (IOException e) {
                e.printStackTrace();
            }
        }
        //获取文件的相关信息
        System.out.println("文件是否存在:" + file.exists());
        System.out.println("文件大小:" + file.length()+" bytes");
        System.out.println("是文件吗:" + file.isFile());
        System.out.println("是目录吗:" + file.isDirectory());
        System.out.println("是绝对路径吗?" + file.isAbsolute());
        System.out.println("绝对路径:" + file.getAbsolutePath());
        System.out.println("最后修改时间:" + new Date(file.lastModified()));
    }
}
```

运行结果如图 10.1 所示。

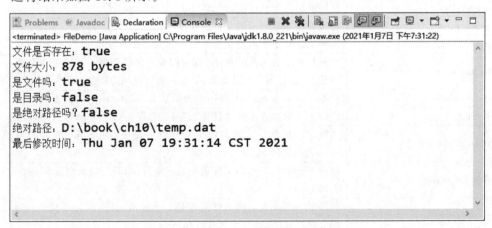

图 10.1 运行结果

关键技术:

1. 绝对路径与相对路径

在文件系统中,每一个文件都存放在一个目录下。绝对路径是由文件名和它的完整路径以及驱动器字母组成。例如,d:\book\Welcome.java 是文件 Welcome.java 在 Windows 操作系统中的绝对路径。注意:绝对文件名是依赖机器的,因此在程序中不建议直接使用绝对文件名。

相对路径是相对于当前工作目录的。对于相对文件而言,完整目录被忽略。例如,Welcome.java 就是一个相对路径。如果当前工作目录是 d:\book,它的绝对路径将是 d:\book\Welcome.java。

2. 最后修改时间

lastModified()方法返回文件最后一次被修改的时间的 long 值,用与时间点(1970 年 1 月 1 日,00:00:00GMT)之间的毫秒数表示。在实际应用中,通常通过 Date 类对其进行封装,以一种可读的方式显示它。代码如下。

```
new Date(file.lastModified())
```

10.1.2 文件列表器

在 File 类中,可以使用列表(list)方法,把某个目录中的文件或目录依次列举出来。列表(list)方法及功能如表 10.3 所示。

表 10.3 File 类的 list()方法

方法声明	功能描述
String[] list()	返回一个字符串数组,每个数组元素对应 File 对象表示的目录中的每个文件或目录
String[] list(FilenameFilter filter)	返回一个字符串数组,每个数组元素对应 File 对象表示的目录中满足 filter 过滤器指定的过滤条件的文件和目录
File[] listFiles()	返回一个 File 对象数组,每个数组元素对应 File 对象表示的目录中的每个文件或目录
File[] listFiles(FilenameFilter filter)	返回一个 File 对象数组,每个数组元素对应 File 对象表示的目录中满足 filter 过滤器指定的过滤条件的文件和目录

【例 10.2】 定义一个类,演示使用 list()方法实现遍历指定目录下的文件以及获取指定目录下所有扩展名为".txt"的文件。

程序 10.2　ListDemo.java

```java
import java.io.File;
import java.io.FilenameFilter;

public class ListDemo {
    public static void main(String[] args){
        //创建文件路径名字符串
        String filename = "d:\\java2021\\ch08";
        //根据路径字符串创建一个 File 对象
        File file = new File(filename);
        //判断 File 对象是否是一个目录
        if (file.isDirectory()){
            //获得目录下的所有文件名数组
            String[] fileNames = file.list();
```

```java
            System.out.println(filename + "目录中包含的所有文件如下:");
            //使用 for-each 遍历各个文件名称
            for (String name : fileNames){
                System.out.println(name);
            }
            System.out.println("------------------");
            //创建过滤器对象
            FilenameFilter filter = new FilenameFilter(){
                @Override
                //实现 accept()方法
                public boolean accept(File dir, String name){
                    //如果文件名以.txt 结尾则返回 true,否则返回 false
                    return (name.endsWith(".txt"));
                }
            };
            //获得过滤后的所有文件名数组
            String[] filterFileNames = file.list(filter);
            System.out.println(filename + "目录中包含的所有.txt 文件如下:");
            //使用 for-each 遍历各个文件名称
            for (String name : filterFileNames){
                System.out.println(name);
            }
        }
    }
}
```

运行结果如图 10.2 所示。

图 10.2　运行结果

关键技术：

1. 文件过滤器 FilenameFilter

FilenameFilter 是一个接口，被称作文件过滤器，实现此接口的类实例可用于过滤文件名。此接口只有一个 accept(File dir,String name)方法，在调用 list(FilenameFilter filter)时，需要实现文件过滤器 FilenameFilter，并在 accept()方法中做出判断，从而获得指定类型的文件。

2. list(FilenameFilter filter)方法的工作原理

（1）调用 list()方法传入 FilenameFilter 文件过滤器对象。
（2）取出当前 File 对象所代表目录下的所有子目录和文件。
（3）对于每一个子目录或文件，都会调用文件过滤器对象的 accept(File dir,String name)方法，并把代表当前目录的 File 对象以及这个子目录或文件的名字作为参数 dir 和 name 传递给方法。
（4）如果 accept()方法返回 true,就将当前遍历的这个子目录或文件添加到数组中,如果返回 false,则不添加。

10.2 I/O 概述

视频讲解

程序在运行期间,可能需要从外部的存储媒介或其他程序中读入所需要的数据,也可能需要将处理的结果写入到存储媒介或传送给其他的应用程序。在 Java 中,将这种通过不同输入/输出设备之间的数据传输抽象表述为"流"。程序允许通过流的方式与输入/输出设备进行数据传输。Java 中的"流"都位于 java.io 包中,称为 I/O(输入/输出)流。

按照数据传输方向的不同可以分为输入流和输出流。程序为了获得外部的数据,可以在数据源上创建一个输入流,然后使用 read()方法顺序读取数据。同样,程序可以在输出设备上创建一个输出流,然后使用 write()方法将数据写到输出流中。

所有的数据流都是单向的,使用输入流只能从中读取数据,但不能写入,相反,使用输出流只能向其写入数据,而不能读取,如图 10.3 所示。

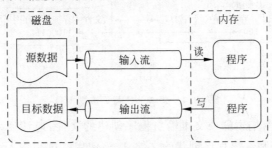

图 10.3 输入流和输出流

按照处理数据的基本单位的不同可以分为文本流和二进制流,也分别称为字节流和字符流,它们处理信息的基本单位分别是字节和字符。

10.2.1 文本 I/O 与二进制 I/O

在计算机系统中一般使用文件存储信息和数据,文件通常可以分为文本文件和二进制文件。可以使用文本编辑器进行处理的文件称为文本文件,如文本文件可以使用 Windows 下的记事本或者 UNIX 下的 vi 编辑器进行处理;所有其他文件称为二进制文件,二进制文件不能使用文本编辑器来读取——它们是为了让程序来读取而设计的。例如,Java 源文件存储在文本文件中,可以使用文本编辑器读取;而 Java 类是二进制文件,由 Java 虚拟机读取。

实际上,计算机并不区分二进制文件和文本文件,所有的文件都是以二进制形式存储的,因此从本质上说,所有的文件都是二进制文件。文本 I/O 建立在二进制 I/O 的基础上,它在二进制 I/O 的基础上提供了一个抽象层,用于字符层次的编码和解码。对于文本 I/O 而言,编码和解码是自动进行的。

在写入一个字符时,Java 虚拟机将 Unicode 码转换为文件指定的编码,而在读取字符时,将文件指定的编码转换为 Unicode 码。例如,假设使用文本 I/O 将字符串"199"写入文件,那么每个字符的二进制编码都会写入文件。字符"1"的 ASCII 码为 0x31,字符 9 的 ASCII 码为 0x39,所以为了写入字符"199",就应该将三个字节 0x31、0x39 和 0x39 发送到输出流,如图 10.4(a)所示。

而二进制输入/输出是不需要转换的。如果使用二进制 I/O 向文件写入一个数值,就是将内存中的那个值复制到文件中。例如,一个 byte 类型的数值 199 在内存中的表示为 1100 0111,用十六进制表示就是 0xC7,将它写入文件时实际写入的也是 1100 0111,如图 10.4(b)所示。使用二进制输入/输出读取一个字节时,就会从输入流中读取一个字节的数值。

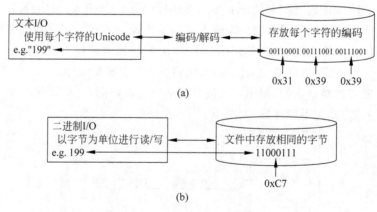

图 10.4 文本 I/O 与二进制 I/O

一般来说,对于文本编辑器或文本输出程序创建的文件,应该使用文本输入/输出来读写数据,对于 Java 二进制输出程序创建的文件,应该使用二进制输入/输出来读写数据。

由于二进制输入/输出不需要编码和解码,所以,它比文本输入/输出效率高。二进制文件与主机的编码方案无关,因此,它是可移植的。在任何机器上的 Java 程序可以读取 Java 程序所创建的二进制文件。这就是 Java 的类文件存储为二进制文件的原因,Java 类文件可以在任何具有 Java 虚拟机的机器上运行。

10.2.2　I/O 类

　　Java 提供了许多实现文件输入/输出的类,为了进行输入/输出操作,需要使用正确的 Java 输入/输出类创建对象。这些类可以分为:文本 I/O 类和二进制 I/O 类。通常,输入类包含读取数据的方法,输出类包含写入数据的方法。

　　抽象类 InputStream 类是二进制输入流的根类,主要用于从数据源按照字节的方式读取数据,OutputStream 类是进行二进制输出流的根类,主要用于把数据按照字节的方式写入文件。InputStream 和 OutputStream 是两个抽象类,如果想对数据进行读写操作,必须使用 InputStream 和 OutputStream 的子类,通过创建流对象来调用 read()方法和 write()方法进行数据的读写。用于二进制输入/输出的 InputStream 类、OutputStream 类及其子类如图 10.5 所示。

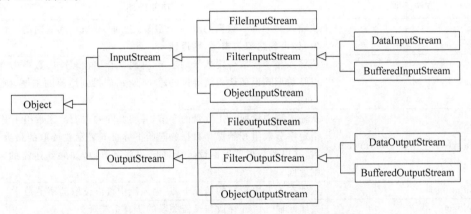

图 10.5　InputStream 类/OutputStream 类及其子类

　　在许多应用场合,Java 程序需要读写文本文件,java.io 包中提供了 Reader 类和 Writer 类,可以用来处理以字符为基本单位的文本输入流和文本输出流。用于文本 I/O 的 Reader 类、Writer 类及其子类如图 10.6 所示。

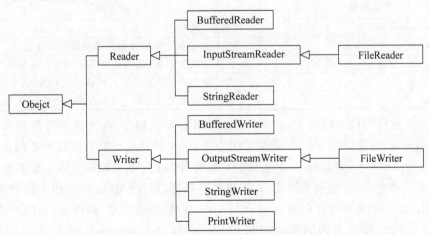

图 10.6　Reader 类/Writer 类及其子类

10.3 二进制 I/O 流

java.io 包中提供了两个抽象类 InputStream 和 OutputStream，它们是二进制输入/输出流的顶级父类，所有的二进制输入流都继承自 InputStream，所有的二进制输出流都继承自 OutputStream。

10.3.1 InputStream 类和 OutputStream 类

InputStream 类是所有二进制输入流的父类，主要用于从数据源中按照字节的方式读取数据，InputStream 类的常用方法及功能如表 10.4 所示。

表 10.4　InputStream 类的常用方法

方法声明	功能描述
int read()	从输入流中读取数据的下一个字节，返回 0～255 范围内的 int 字节值，如果到达流的末尾，则返回 −1
int read(byte[] b)	从输入流中读取一定数量的字节，并将其存储在缓冲数组 b 中，并以整数形式返回读入缓冲区的总字节数，如果到达流的末尾，则返回 −1
int read(byte[] b, int off, int len)	从输入流中读取一定数量的字节，并将其存储在缓冲数组 b 中，off 指定字节数组开始保存数据的起始下标，len 表示要读取的最大字节数，并以整数形式返回读入缓冲区的总字节数，如果到达流的末尾，则返回 −1
int available()	返回在不发生阻塞的情况下，从输入流中可以读取的字节数
void close()	关闭此输入流并释放与该流关联的所有系统资源

OutputStream 类是所有二进制输出流的父类，主要用于把数据按照字节的方式写入到目的端。OutputStream 类的常用方法及功能如表 10.5 所示。

表 10.5　OutputStream 类的常用方法

方法声明	功能描述
void write(int c)	向输出流写入一个字节
void write(byte[] b)	将 b.length 个字节从指定的数组写入输出流
void write(byte[] b, int off, int len)	将指定数组中从 off 开始的 len 个字节写入输出流
void flush()	将缓冲中的字节立即写入到输出流，同时清空缓冲
void close()	关闭此输出流并释放与该流关联的所有系统资源

注意：在进行 I/O 操作时，当前 I/O 流会占用一定的内存，由于系统资源宝贵，因此在 I/O 操作结束后，应该调用 close() 方法关闭 I/O 流，从而释放当前 I/O 流所占的系统资源。

InputStream 和 OutputStream 这两个类虽然提供了一系列和读写数据相关的方法，但是这两个类是抽象类，不能被实例化，如果想要对数据进行读写，必须使用它们的非抽象子类，通过创建子类的流对象并调用 read() 方法来进行数据的读取，调用 write() 方法进行数据的写入。因此，针对不同的功能，InputStream 和 OutputStream 提供了不同的子类。InputStream 类及其常用子类如图 10.7 所示，OutputStream 类及其子类如图 10.8 所示。

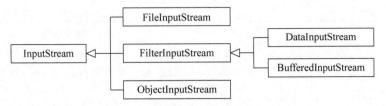

图 10.7　InputStream 类及其常用子类

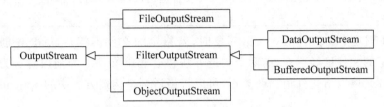

图 10.8　OutputStream 类及其常用子类

10.3.2　FileInputStream 类和 FileOutputStream 类

FileInputStream 类和 FileOutputStream 类用来实现文件的输入/输出操作，由它们所提供的方法可以打开文件系统中的文件，并进行顺序读写。它们的所有方法都是从 InputStream 类和 OutputStream 类继承的，InputStream 类和 OutputStream 类没有引入新的方法。

FileInputStream 类为文件输入流，主要用于从文件中读取二进制数据。FileInputStream 类的两个常用构造方法如表 10.6 所示。

表 10.6　FileInputStream 类的常用构造方法

方法声明	功能描述
FileInputStream(String name)	通过打开一个到实际文件的连接来创建一个 FileInputStream，该文件通过文件系统中的路径名 name 指定
FileInputStream(File file)	通过打开一个到实际文件的连接来创建一个 FileInputStream，该文件通过文件系统中的 File 对象 file 指定

注意：在创建 FileInputStream 对象时，若指定的文件不存在，则产生 FileNotFoundException 异常。也可以先创建 File 对象，然后测试该文件是否存在，若存在再创建 FileInputStream 对象。

FileOutputStream 类为文件输出流，主要用于以二进制的格式把数据写入到文件中。FileOutputStream 类的常用构造方法如表 10.7 所示。

表 10.7　FileOutputStream 类的常用构造方法

方法声明	功能描述
FileOutputStream(String name)	创建一个向具有指定名称的文件中写入数据的输出文件流
FileOutputStream(File file)	创建一个向指定 File 对象表示的文件中写入数据的文件输出流

续表

方法声明	功能描述
FileOutputStream(String name,boolean append)	创建一个向具有指定名称的文件中写入数据的输出文件流,如果参数 append 为 true,数据将追加到原文件中
FileOutputStream(File file,boolean append)	创建一个向指定 File 对象表示的文件中写入数据的文件输出流,如果参数 append 为 true,数据将追加到原文件中

注意：在创建 FileOutputStream 对象时,若指定的文件不存在,就会先创建一个新文件。如果指定的文件已经存在,前两个构造方法将会删除文件的当前内容。为了既保留文件现有的内容又可以给文件追加新数据,可以将最后两个构造方法中的 append 参数设置为 true。

【例 10.3】 使用二进制 I/O 流将从 1 到 10 的 10 字节值写入一个名为 temp.dat 的文件,再把它们从文件中读出来。

程序 10.3　FileStreamDemo.java

```java
import java.io.FileInputStream;
import java.io.FileOutputStream;
import java.io.IOException;

public class FileStreamDemo {
    public static void main(String[] args) throws IOException{
        //1、将从 1 到 10 的 10 字节值写入文件 temp.dat 中
        FileOutputStream out = null;
        try{
            //创建 FileOutputStream 输出流对象
            out = new FileOutputStream("temp.dat");
            //使用循环将 10 字节值写入文件
            for (int i = 1; i <= 10; i++){
                out.write(i);
            }
        }finally {
            //关闭数据流
            if (out != null){
                out.close();
            }
        }
        //2、从 temp.dat 文件中读取数据,并在控制台显示
        //创建 FileInputStream 输入流对象
        FileInputStream in = null;
        try{
            in = new FileInputStream("temp.dat");
            //从文件读取字节值,并在控制台输出
            int value;
            //通过循环语句实现数据的持续读取,直到文件末尾(返回值为 -1)
            while ((value = in.read()) != -1){
                System.out.print(value + " ");
            }
        } finally {
```

```
            //关闭数据流
            if(in!= null){
                in.close();
            }
        }
    }
}
```

运行结果如图 10.9 所示。

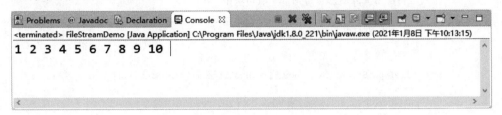

图 10.9　运行结果

关键技术：

在使用输入/输出流进行数据读写时，记得要及时将流进行关闭，不关闭流可能会在输出文件中造成数据受损，或导致其他的程序设计错误。可以使用以下两种方法实现流的关闭。

1. 使用 close()方法显式关闭资源

不管是输入流还是输出流，都提供了 close()方法。close()方法的功能是关闭输入/输出流并释放与该流关联的所有系统资源，因此当流不再需要使用时，可以使用流的 close()方法将其关闭。为了保证资源能被正常关闭，通常会在 try 代码块后加上 finally 代码块来处理资源的关闭。

2. 使用 try-with-resources 自动关闭资源

JDK 7 新增了 try-with-resources 语法来自动关闭文件。try-with-resources 的语法格式如下：

```
try(声明和创建资源){
    使用资源来处理文件;
}
```

说明：

（1）关键字 try 后面的小括号中声明和创建了一个资源，紧接着 try 代码块中的语句使用资源，块结束后，资源的 close()方法将自动调用以关闭资源。使用 try-with-resource 不仅可以避免错误，而且可以简化代码。

（2）被关闭的资源类需要实现 AutoCloseable 接口或 Closeable 接口。

（3）需要自动关闭的资源在 try 后面的小括号里声明，允许声明多个被关闭的资源，关闭的顺序与创建资源的顺序相反。

【例 10.4】　使用 try-with-resources 语法，重写程序 10.3 中的代码。

程序 10.4　FileStreamWithAutoClose.java

```
import java.io.FileInputStream;
```

```
import java.io.FileOutputStream;
import java.io.IOException;

public class FileStreamWithAutoClose {
    //使用 try-with-resource 语句实现文件的自动关闭
    public static void main(String[] args) throws IOException{
        //将声明和创建流对象的语句写在 try 后面的小括号中
        try (FileOutputStream out = new FileOutputStream("temp.dat");){
            //将使用资源的语句写到 try 语句块中
            for (int i = 1; i <= 10; i++){
                out.write(i);
            }
        }
        try (FileInputStream in = new FileInputStream("temp.dat");){
            int value;
            while ((value = in.read()) != -1){
                System.out.print(value + " ");
            }
        }
    }
}
```

10.3.3　FilterInputStream 类和 FilterOutputStream 类

FilterInputStream 和 FilterOutputStream 分别是过滤器字节输入流和过滤器字节输出流，它们实现了对一个已经存在的流的连接和封装，通过所封装的流为它们提供一些额外的功能。例如，基本字节输入流提供的读取方法 read()只能用来读取字节，如果要读取整数值、双精度值或字符串，就需要一个过滤器类来包装字节输入流，使用过滤器就可以读取整数值、双精度值和字符串，而不是字节或字符。

FilterInputStream 是过滤器字节输入流，其父类是 InputStream 类，其子类对其 read()方法提供了更具体的实现，并提供了额外的功能。FilterInputStream 类和它的子类的层次关系如图 10.10 所示。

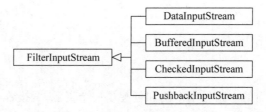

图 10.10　FilterInputStream 类及其子类

FilterOutputStream 是过滤器字节输出流，其父类是 OutputStream 类，其子类对其 write()方法提供了更具体的实现，并提供了额外的功能。FilterOutputStream 类和它的子类的层次关系如图 10.11 所示。

10.3.4　DataInputStream 类和 DataOutputStream 类

FilterInputStream 类和 FilterOutputStream 类是用于过滤数据的基类，需要处理基本

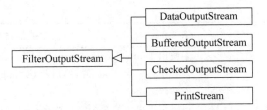

图 10.11　FilterOutputStream 类及其子类

数值类型时，就是用 DataInputStream 类和 DataOutputStream 类来过滤字节。

DataInputStream 从数据流读取字节，并且将它们转换为合适的基本类型值或字符串。DataInputStream 类继承自 FilterInputStream 类，并实现了 DataInput 接口。DateInputStream 类的常用方法如表 10.8 所示。

表 10.8　DataInputStream 类的常用方法

方法声明	功能描述
DataInputStream(InputStream in)	使用指定的底层 InputStream 对象创建一个 DataInputStream 对象
boolean readBoolean()	从输入流中读取一个输入字节，如果该字节不是零，则返回 true；如果是零，则返回 false
byte readByte()	从输入流中读取并返回一个输入字节
short readShort()	从输入流中读取两个输入字节并返回一个 short 值
char readChar()	从输入流中读取两个输入字节并返回一个 char 值
int readInt()	从输入流中读取四个输入字节并返回一个 int 值
long readLong()	从输入流中读取八个输入字节并返回一个 long 值
float readFloat()	从输入流中读取四个输入字节并返回一个 float 值
double readDouble()	从输入流中读取八个输入字节并返回一个 double 值
String readLine()	从输入流中读取下一文本行。它读取连续的字节，将每个字节分别转换成一个字符，直到遇到行结尾符或到达末尾；然后以 String 形式返回读取的字符
String readUTF()	从输入流读取 UTF-8 格式的字符串

DataOutputStream 用来实现将基本类型的值或字符串转换为字节，并且将字节输出到数据流。DataOutputStream 类继承自 FilterOutputStream 类，并实现了 DataOutput 接口。DateOutputStream 类的常用方法如表 10.9 所示。

表 10.9　DataOutputStream 类的常用方法

方法声明	功能描述
DataOutputStream(OutputStream out)	创建一个新的数据输出流，将数据写入指定基础输出流
void writeBoolean(boolean v)	将一个 boolean 值以 1-byte 值形式写入基础输出流中
void writeByte(int v)	将一个 byte 值以 1-byte 值形式写入到基础输出流中
void writeShort(int v)	将一个 short 值以 2-byte 值形式写入基础输出流中
void writeChar(int v)	将一个 char 值以 2-byte 值形式写入基础输出流中
void writeInt(int v)	将一个 int 值以 4-byte 值形式写入基础输出流中
void writeLong(long v)	将一个 long 值以 8-byte 值形式写入基础输出流中
void writeFloat(float v)	使用 Float 类中的 floatToIntBits() 方法将 float 参数转换为一个 int 值，然后将该 int 值以 4-byte 值形式写入基础输出流中

续表

方法声明	功能描述
void writeDouble(double v)	使用 Double 类中的 doubleToLongBits()方法将 double 参数转换为一个 long 值,然后将该 long 值以 8-byte 值形式写入基础输出流中
void writeChars(String s)	将字符串中的每个字符按字符顺序写入基础输出流
void writeBytes(String s)	将字符串中每个字符按字节顺序写入基础输出流,丢弃其高八位
void writeUTF(String str)	将字符串中的每个字符按 UTF-8 的格式写入基础输出流

一个 Unicode 码由 2 字节构成。writeChars(String s)方法将字符串 s 中所有字符的 Unicode 码写到输出流中。writeBytes(String s)方法将字符串 s 中每个字符的 Unicode 码的低 8 字节写到输出流。Unicode 码的高字节被丢弃。writeBytes()方法适用于 ASCII 码字符构成的字符串,因为 ASCII 码字符存储 Unicode 码的低字节。如果一个字符串包含非 ASCII 码字符,必须使用 writeChars()方法写入这个字符串。writeUTF(String s)方法将字符串按 UTF-8 的格式写到输出流中。

UTF-8 是一种编码方案,它允许系统可以同时操作 Unicode 码及 ASCII 码。大多数操作系统使用 ASCII 码,Java 使用 Unicode 码。ASCII 码字符集是 Unicode 码字符集的子集。由于许多应用程序只需要 ASCII 码字符集,所以将 8 位的 ASCII 码表示为 16 位的 Unicode 码是很浪费的。UTF-8 的修改版方案分别使用 1 字节、2 字节或 3 字节来存储字符。如果字符的编码值小于或等于 0x7F,就将该字符编码为 1 字节;如果字符的编码值大于 0x7F 而小于或等于 0x7FF,就将该字符编码为 2 字节,如果该字符的编码值大于 0x7FF,就将该字符编码为 3 字节。UTF-8 格式具有存储每个 ASCII 码就节省一个字节的优势,因为一个 Unicode 字符的存储需要 2 字节,而在 UTF-8 格式中 ASCII 字符仅占 1 字节。如果一个长字符串的大多数字符都是普通的 ASCII 字符,采用 UTF-8 格式存储更加高效。

【例 10.5】 将 3 名学生的姓名和分数写入名为 student.dat 的文件中,然后再将数据从这个文件中读出并在控制台显示。

程序 10.5 DataStreamDemo.java

```
import java.io.DataInputStream;
import java.io.DataOutputStream;
import java.io.EOFException;
import java.io.FileInputStream;
import java.io.FileOutputStream;
import java.io.IOException;

public class DataStreamDemo {
    public static void main(String[] args) throws IOException{
        //创建 DataOutputStream 输出流对象
        try(DataOutputStream out =
new DataOutputStream(new FileOutputStream("student.dat"));) {
            //将 3 名学生的信息写入输出流
            out.writeUTF("tom");
            out.writeDouble(78.9);
            out.writeUTF("mike");
            out.writeDouble(98.5);
```

```
            out.writeUTF("rose");
            out.writeDouble(85.6);
        }
        try{
            //创建 DataInputStream 输入流对象
            try(DataInputStream in = 
                new DataInputStream(new FileInputStream("student.dat"));) {
                //从输入流中读取学生信息
                while (true){
                    System.out.println(in.readUTF() + " " + in.readDouble());
                }
            }
        } catch (EOFException e) {
            //当读取数据超过了文件末尾,捕获 EOFException 异常
            System.out.println("All data were read!");
        }
    }
}
```

运行结果如图 10.12 所示。

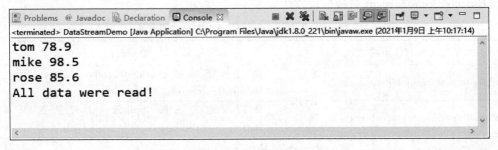

图 10.12 运行结果

关键技术:

(1) 从输入流中读取数据时应按与数据存储时相同的顺序和格式读取文件中的数据,否则读出的数据内容将不可预测。例如,学生的姓名是用 writeUTF()方法以 UTF-8 格式写入的,所以读取时必须使用 readUTF()方法。

(2) 在从输入流中读取数据时,如果到达输入流的末尾还继续从中读取数据,就会发生 EOFException 异常,这个异常可以用来检测是否已经到达文件末尾。

10.3.5 BufferedInputStream 类和 BufferedOutputStream 类

视频讲解

当使用流的方式读写文件时,如果一个字节一个字节地读写,需要频繁地操作文件,效率非常低。这就好比从北京输送一万只烤鸭到上海,如果每次运送一只,就必须运输一万次,这样的效率显然非常低。为了减少运输次数,可以先把一批烤鸭装在车厢中,这样就可以成批地运送烤鸭,提高运输效率,这时的车厢就相当于一个临时缓冲区。在 java.io 包中提供了两个带缓冲区的字节流,分别是 BufferedInputStream 和 BufferedOutputStream。BufferedInputStream 是带缓冲区的输入流,能够减少访问磁盘的次数,提高文件读取性能;BufferedOutputStream 是带缓冲区的输出流,能够提高文件的写入效率。

使用 BufferedInputStream 读取数据时,磁盘上的整块数据将一次性地读入到内存中的

缓冲区中,然后从缓冲区中将单个数据传递到程序中,如图 10.13(a)所示。使用 BufferedOutputStream 写入数据时,单个数据首先写入到内存中的缓冲区中,当缓冲区已满时,缓冲区中的所有数据一次性写入到磁盘中,如图 10.13(b)所示。

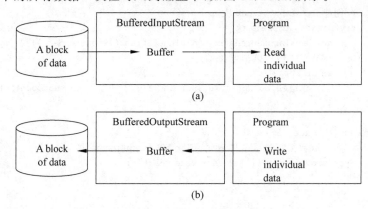

图 10.13 缓冲 I/O 的处理过程

BufferedInputStream 类的构造方法如表 10.10 所示。

表 10.10 BufferedInputStream 类的构造方法

方法声明	功能描述
BufferedInputStream(InputStream in)	使用指定的底层 InputStream 对象创建一个 BufferedInputStream 对象
BufferedInputStream(InputStream in, int size)	使用指定的底层 InputStream 对象创建一个 BufferedInputStream 对象,并指定缓冲区大小

BufferedOutputStream 类的构造方法如表 10.11 所示。

表 10.11 BufferedOutputStream 类的构造方法

方法声明	功能描述
BufferedOutputStream(OutputStream out)	创建一个新的缓冲输出流,将数据写入指定底层输出流
BufferedOutputStream(OutputStream out, int size)	创建一个新的缓冲输出流,将具有指定缓冲区大小的数据写入指定的底层输出流

【例 10.6】 分别用普通数据流和带缓冲区的数据流复制一个视频文件,然后通过用时比较两者的工作效率。

(1) 使用普通数据流(FileInputStream 和 FileOutputStream)实现文件复制。

程序 10.6.1 CopyMP3WithDataStream.java

```
import java.io.FileInputStream;
import java.io.FileOutputStream;
import java.io.IOException;

public class CopyMP3WithDataStream {
    public static void main(String[] args) throws IOException{
        try(FileInputStream fin = new FileInputStream("Summer.mp3");
        FileOutputStream fout = new FileOutputStream("Summer_cy.mp3");) {
            long beginTime = System.currentTimeMillis();
```

```
            int len;
            while((len = fin.read())!= -1){
                fout.write(len);
            }
            long endTime = System.currentTimeMillis();
            System.out.println("消耗的时间为:" + (endTime - beginTime) + "毫秒");
        }
    }
}
```

运行结果如图 10.14 所示。

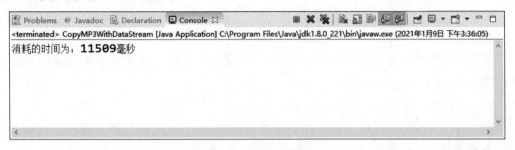

图 10.14　运行结果

（2）使用缓冲区数据流（BufferedInputStream 和 BufferedOutputStream）实现文件复制。

程序 10.6.2　DataStreamDemo.java

```
import java.io.BufferedInputStream;
import java.io.BufferedOutputStream;
import java.io.FileInputStream;
import java.io.FileOutputStream;
import java.io.IOException;

public class CopyMP3WithBufferedStream {
    public static void main(String[] args) throws IOException{
        try(BufferedInputStream bin =
            new BufferedInputStream(new FileInputStream("Summer.mp3"));
            BufferedOutputStream bout =
            new BufferedOutputStream(new FileOutputStream("Summer_cy1.mp3"));) {
            long beginTime = System.currentTimeMillis();
            int len;
            while((len = bin.read())!= -1){
                bout.write(len);
            }
            long endTime = System.currentTimeMillis();
            System.out.println("消耗的时间为:" + (endTime - beginTime) + "毫秒");
        }
    }
}
```

运行结果如图 10.15 所示。

通过比较图 10.14 与图 10.15,可以看出复制文件所消耗的时间明显减少了,这说明使用缓冲区读写文件可以有效地提高程序的效率。

关键技术：

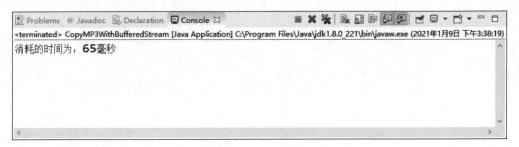

图 10.15 运行结果

可以通过使用 System.currentTimeMillis() 方法获取系统时间计算代码的运行效率（时间差）。

首先在代码开头插入获取代码运行前的系统时间的代码，把获取的结果赋值给 long 类型的变量 beginTime。

```
long beginTime = System.currentTimeMillis();
```

然后在代码的结尾再插入获取代码运行后的系统时间的代码，把获取的结果赋值给 long 类型的变量 endTime。

```
long endTime = System.currentTimeMillis();
```

最后使用结束时间减去开始时间（endTime — beginTime），就可以获取代码的运行时间了，单位为毫秒。

```
System.out.println("消耗的时间为:" + (endTime - beginTime) + "毫秒");
```

10.4 文本 I/O 流

InputStream 和 OutputStream 是二进制输入/输出流，它们处理的是字节流，即数据流中的最小单位为 1 字节（8 个二进制位）。但是在许多应用场合，Java 程序需要读/写文本文件，在文本文件中存放了采用特定字符编码的字符。为了便于读/写，操作采用各种字符编码的字符，java.io 包中提供了 Reader 类和 Writer 类，它们是以字符为基本单位的文本 I/O 流，也称为字符 I/O 流。它们是文本 I/O 流的顶级父类，所有的文本输入流都继承自 Reader 类，所有的文本输出流都继承自 Writer 类。

10.4.1 Reader 类和 Writer 类

Reader 类是文本输入流的顶级父类，主要用于从数据源按照字符的方式读取数据。Writer 类是文本输出流的顶级父类，主要作用是按照字符的方式把数据写入文件。Reader 和 Writer 是两个抽象类，如果想对数据进行读写操作，必须使用 Reader 和 Writer 的子类，通过创建流对象来调用 read() 方法和 write() 方法进行数据的读写。用于文本输入/输出的 Reader 类、Writer 类及其子类如图 10.16 和图 10.17 所示。

Reader 类是文本输入流的根类，它的常用方法及功能如表 10.12 所示。

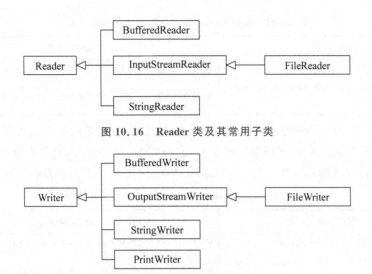

图 10.16　Reader 类及其常用子类

图 10.17　Writer 类及其常用子类

表 10.12　Reader 类的常用方法及功能

方法声明	功能描述
int read()	从输入流中读取一个字符,如果到达流的末尾,则返回-1
int read(char[] cbuf)	从输入流中读取多个字符到字符数组中,并以整数形式返回实际读取的字符数,如果到达流的末尾,则返回-1
intread(char[] cbuf, int off, int len)	从输入流中读取多个字符,并将其存储在缓冲区数组 cbuf 中,off 指定数组开始保存数据的起始下标,len 表示要读取的最大字符数,并以整数形式返回读入缓冲区的总字符数,如果到达流的末尾,则返回-1
void close()	关闭此输入流并释放与该流关联的所有系统资源

Writer 类是文本输出流的根类,它的常用方法及功能如表 10.13 所示。

表 10.13　Writer 类的常用方法及功能

方法声明	功能描述
void write(int c)	向输出流写入一个字符
void write(char[] cbuf)	将 cbuf.length 个字符从指定的数组写入输出流
void write(String str)	向输出流中写入一个字符串
void flush()	将缓冲中的字符立即写入到输出流,同时清空缓冲
void close()	关闭此输出流并释放与该流关联的所有系统资源

10.4.2　InputStreamReader 类和 OutputStreamWriter 类

I/O 流按照处理数据的基本单位的不同可以分为文本流和二进制流,也分别称为字节流和字符流,有时字节流和字符流之间也需要进行转换。java.io 包中提供了两个类可以实现字节流与字符流的相互转换,它们分别是 InputStreamReader 类和 OutputStreamReader 类。

InputStreamReader 类是 Reader 类的子类,它是字符流通向字节流的桥梁,可使用指定的字符集将要写入流中的字符编码成字节,它使用的字符集可以由名称指定或显式给定,否则将接受平台默认的字符集。InputStreamReader 类的常用构造方法如表 10.14 所示。

表 10.14 InputStreamReader 类的常用构造方法

方法声明	功能描述
InputStreamReader（InputStream out）	创建一个使用默认字符编码的 InputStreamReader 对象
InputStreamReader（InputStream out，String charsetName）	创建使用指定字符集的 InputStreamReader 对象

OutputStreamWriter 类是 Writer 类的子类，它是字符流通向字节流的桥梁，可使用指定的字符集将要写入流中的字符编码成字节，它使用的字符集可以由名称指定或显式给定，否则将接受平台默认的字符集。OutputStreamWriter 类的常用构造方法如表 10.15 所示。

表 10.15 OutputStreamWriter 类的常用构造方法

方法声明	功能描述
OutputStreamWriter(OutputStream out)	创建一个使用默认字符编码的 OutputStreamWriter 对象
OutputStreamWriter（OutputStream out，String charsetName）	创建使用指定字符集的 OutputStreamWriter 对象

10.4.3 BufferedReader 类和 BufferedWriter 类

BufferdReader 类是字符缓冲输入流，它从字符输入流中读取文本并缓冲字符，以便高效地读取字符、数组和行。可以指定缓冲区的大小，或者可使用默认的大小，在大多数情况下会使用默认值。BufferdReader 类的常用构造方法如表 10.16 所示。

表 10.16 BufferdReader 类的常用构造方法

方法声明	功能描述
BufferedReader(Reader in)	创建一个使用默认大小输入缓冲区的缓冲字符输入流
BufferedReader(Reader in，int sz)	创建一个使用指定大小输入缓冲区的缓冲字符输入流

BufferdWriter 类是字符缓冲输出流，在字符串缓冲区中收集输出的字符流，从而提高单个字符、数组和字符串的高效写入。可以指定缓冲区的大小，或者可使用默认的大小，在大多数情况下，会使用默认值。BufferdWriter 的常用构造方法如表 10.17 所示。

表 10.17 BufferdWriter 类的常用构造方法

方法声明	功能描述
BufferedWriter(Writer out)	创建一个使用默认大小输入缓冲区的缓冲字符输出流
BufferedWriter(Writer out，int sz)	创建一个使用指定大小输入缓冲区的缓冲字符输出流

10.4.4 FileReader 类和 FileWriter 类

FileReader 类似文件输入流，是用来读取字符文件的便捷类。此类的构造方法假定默认字符编码和默认字节缓冲区大小都是适当的。如果想从文件中直接读取字符，便可以使用 FileReader 类，通过此流可以从关联的文件中读取一个或一组字符。FileWriter 类是文件输出流，是用来写入字符文件的便捷类，此类的构造方法假定默认字符编码和默认字节缓冲区大小都是可接受的。FileReader 类和 FileWriter 类的常用构造方法如表 10.18 和表 10.19 所示。

表 10.18　FileReader 类的常用构造方法

方法声明	功能描述
FileReader(String fileName)	创建一个使用字符串表示文件的文件输入流
FileReader(File file)	创建一个使用 File 对象表示文件的文件输入流

表 10.19　FileWriter 类的常用构造方法

方法声明	功能描述
FileWriter(File file)	根据给定的 File 对象构造一个 FileWriter 对象
FileWriter(String fileName)	根据给定的文件名构造一个 FileWriter 对象
FileWriter(File file，boolean append)	根据给定的 File 对象构造一个 FileWriter 对象,如果参数 append 为 true,则将字节写入文件末尾处,而不是写入文件开始处
FileWriter(String fileName，boolean append)	根据给定的文件名构造一个 FileWriter 对象,如果参数 append 为 true,则将字节写入文件末尾处,而不是写入文件开始处

【例 10.7】　使用 Java 的输入/输出流将一个文本文件的内容按行读出,每读出一行就顺序添加行号,并写入到另一个文件中。

程序 10.7　LineNumber.java

```java
import java.io.BufferedReader;
import java.io.BufferedWriter;
import java.io.FileReader;
import java.io.FileWriter;
import java.io.IOException;

public class LineNumber {
    public static void main(String[] args) throws IOException{
        try (//创建一个 BufferedReader 缓冲对象
            BufferedReader br = new BufferedReader(new FileReader("Test.txt"));
            //创建一个 BufferedWriter 缓冲对象
            BufferedWriter bw = new BufferedWriter(new FileWriter("Test1.txt"));) {
            String line = null;
            int num = 1;
            //通过调用 readLine()方法,循环读取文件中的每一行数据
            while ((line = br.readLine()) != null){
                //给每一行数据添加行号
                line = num + " " + line;
                num++;
                //将添加行号的字符串写入文件
                bw.write(line);
                bw.newLine();
            }
        }
    }
}
```

运行结果如图 10.18 所示。

关键技术：

BufferdReader 类除了覆盖了父类 Reader 类的方法外,还定义了下面的常用方法。

```java
public class LineNumber {
    public static void main(String[] args) throws IOException {
        try (//创建一个BufferedReader缓冲对象
            BufferedReader br = new BufferedReader(new FileReader("Test.txt"));
            //创建一个BufferedWriter缓冲对象
            BufferedWriter bw = new BufferedWriter(new FileWriter("Test1.txt"));
            String line = null;
            int num = 1;
            //通过调用readLine()方法,循环读取文件中的每一行数据
            while ((line = br.readLine()) != null) {
                //给每一行数据添加行号
                line = num + " " + line;
                num++;
                //将添加行号的字符串写入文件
                bw.write(line);
                bw.newLine();
            }
        }
    }
}
```

(a) 源文件图

```
 1  public class LineNumber {
 2      public static void main(String[] args) throws IOException {
 3          try (//创建一个BufferedReader缓冲对象
 4              BufferedReader br = new BufferedReader(new FileReader("Test.txt"));
 5              //创建一个BufferedWriter缓冲对象
 6              BufferedWriter bw = new BufferedWriter(new FileWriter("Test1.txt"));
 7              String line = null;
 8              int num = 1;
 9              //通过调用readLine()方法,循环读取文件中的每一行数据
10              while ((line = br.readLine()) != null) {
11                  //给每一行数据添加行号
12                  line = num + " " + line;
13                  num++;
14                  //将添加行号的字符串写入文件
15                  bw.write(line);
16                  bw.newLine();
17              }
18          }
19      }
20  }
```

(b) 目标文件

图 10.18 运行结果

public String readLine():从输入流中读取一行文本。通过下列字符之一即可认为某行已终止:换行('\n')、回车('\r') 或回车后直接跟着换行。

BufferdWriter 类除了覆盖了父类 Writer 类的方法外,还定义了下面的常用方法。

public void newLine():用来写入一个行分隔符。行分隔符字符串由系统属性 line. separator 定义。

10.5 对象 I/O 流

Java 平台允许我们在内存中创建可复用的 Java 对象,但一般情况下,对象的寿命通常随着创建该对象的程序的终止而终止。有时可能需要将对象的状态保存下来,在需要时再将其恢复。这就要求在 JVM 停止运行后能够保存(持久化)指定的对象,并在将来重新读取被保存到对象。Java 序列化机制就是为了解决这个问题而产生的。

10.5.1 对象序列化与反序列化

序列化是指把对象的状态转换为字节序列并写入一个输出流中的过程。而反序列化是指从一个输入流读取一组字节序列,再将这些字节序列组装成对象保存到文件中的过程。对象序列化是对象持久化的一种实现方法,它是将一个对象的属性和方法转换为一种序列化的格式以用于存储和传输,而反序列化就是根据这些保存的信息重建对象的过程。

序列化/反序列化一般的应用场景有以下两种。

(1) 把对象的字节序列永久地保存到硬盘上,通常存放在一个文件中。

(2) 在网络上传送对象的字节序列。

一个对象能够序列化的前提是实现 java.io.Serializable 接口。Serializable 接口的定义如下。

```
public interface Serializable {
}
```

可以看出,这个接口没有定义任何方法,这类接口称为标记接口。这种类型的接口仅用于标识它的子类的特性,而没有具体的方法的定义。序列化接口没有方法或字段,仅用于标识可序列化的语义。实现 Serializable 接口可以启动 Java 的序列化机制,自动完成存储对象和数组的过程。未实现此接口的类将无法使其任何状态序列化或反序列化。可序列化类的所有子类型本身都是可序列化的。

10.5.2 ObjectInputStream 类和 ObjectOutputStream 类

在 Java 中,利用 ObjectInputStream 类和 ObjectOutputStream 类可以实现对象的序列化和反序列化。利用 ObjectOutputStream 类可以进行对象的序列化,即把对象写入字节流;利用 ObjectInputStream 类可以进行对象的反序列化,即从一个字节流中读取对象。

ObjectInputStream 类继承自 InputStream 类,并实现了接口 ObjectInput 和 ObjectStreamConstants,ObjectInput 是 DataInput 的子接口,如图 10.19 所示。因此 ObjectInputStream 类除了可以实现对象的输入外,还可以实现基本数据和字符串的输入。

ObjectOutputStream 类继承自 OutputStream 类,并实现了接口 ObjectOutput 和 ObjectStreamConstants,ObjectOutput 是 DataOutput 的子接口,如图 10.20 所示。因此 ObjectOutputStream 类除了可以实现对象的输出外,还可以实现基本数据和字符串的输出。

ObjectOutputStream 类的常用方法如表 10.20 所示。

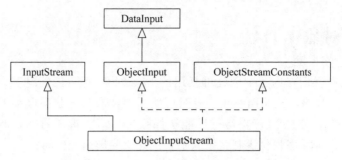

图 10.19　ObjectInputStream 类的层次结构

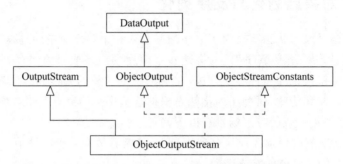

图 10.20　ObjectOutputStream 类的层次结构

表 10.20　ObjectOutputStream 类的常用方法

方法声明	功能描述
ObjectOutputStream(OutputStream out)	创建写入指定 OutputStream 对象的 ObjectOutputStream 对象
void writeObject(Object obj)	将一个对象写入流中
void writeInt(int i)	将一个 int 值写入流中
void writeBytes(String str)	以字节序列形式写入一个 String 到流中
void writeChar(int c)	将一个 char 值写入流中
void writeUTF(String str)	以 UTF-8 格式写入一个 String 到流中

ObjectInputStream 类的常用方法如表 10.21 所示。

表 10.21　ObjectInputStream 类的常用方法

方法声明	功能描述
ObjectInputStream(InputStream in)	创建从指定 InputStream 对象读取的 ObjectInputStream 对象
Object readObject()	从流中读取对象
int readInt()	从流中读取一个 int 值
String readUTF()	从流中读取 UTF-8 格式的字符串
char readChar()	从流中读取一个 char 值
double readDouble()	从流中读取一个 double 值

10.5.3　对象序列化与反序列化的实现

ObjectOutputStream 类的 writeObject(Object obj)方法可对参数指定的 obj 对象进行序列化,把得到的字节序列写到一个目标输出流中。

ObjectInputStream 类的 readObject()方法从一个源输入流中读取字节序列,再把它们反序列化为一个对象,并将其返回。

对象序列化包括如下步骤。

(1) 创建一个对象输出流,它可以包装一个其他类型的目标输出流,如文件输出流。

(2) 通过对象输出流的 writeObject()方法写对象。

对象反序列化的步骤如下。

(1) 创建一个对象输入流,它可以包装一个其他类型的源输入流,如文件输入流。

(2) 通过对象输入流的 readObject()方法读取对象。

【例 10.8】 定义一个 Customer 类,编写程序使用对象输出流将一个包含 5 个 Customer 对象的数组写入 customer.dat 文件中,然后使用对象输入流读出这些对象,并显示在控制台上。

(1) 创建一个 Customer 类,并实现 Serializable 接口。

程序 10.8.1 Customer.java

```java
import java.io.Serializable;

//Customer 类实现了 Serializable 接口,所以 Customer 类是可序列化的.
public class Customer implements Serializable {
    private static final long serialVersionUID = 1L;
    public int id;                          //客户 ID
    public String name;                     //客户姓名
    public String address;                  //客户地址
    public Customer() {
    }
    public Customer(int id, String name, String address) {
        this.id = id;
        this.name = name;
        this.address = address;
    }
    public int getId() {
        return id;
    }
    public void setId(int id) {
        this.id = id;
    }
    public String getName() {
        return name;
    }
    public void setName(String name) {
        this.name = name;
    }
    public String getAddress() {
        return address;
    }
    public void setAddress(String address) {
        this.address = address;
    }
}
```

（2）实现 Customer 类的对象序列化和反序列化。

程序 10.8.2　ObjectDemo.java

```java
import java.io.FileInputStream;
import java.io.FileOutputStream;
import java.io.IOException;
import java.io.ObjectInputStream;
import java.io.ObjectOutputStream;

public class ObjectDemo {
    public static void main(String[] args) throws IOException, ClassNotFoundException {
        //新建 5 个 Customer 对象
        Customer customer1 = new Customer(101, "刘备", "北京市海淀区");
        Customer customer2 = new Customer(102, "张飞", "北京市顺义区");
        Customer customer3 = new Customer(103, "关羽", "北京市昌平区");
        Customer customer4 = new Customer(104, "曹操", "北京市朝阳区");
        Customer customer5 = new Customer(105, "孙权", "北京市大兴区");
        //将 5 个 Customer 对象保存到数组 customers 中
        Customer[] customers =
            { customer1, customer2, customer3, customer4, customer5 };
        //序列化
        try (ObjectOutputStream out =
            new ObjectOutputStream(new FileOutputStream("customer.dat"));) {
            out.writeObject(customers);
        }
        //反序列化
        try (ObjectInputStream in =
            new ObjectInputStream(new FileInputStream("customer.dat"));) {
            Customer[] arr = (Customer[]) in.readObject();
            for (Customer customer : arr) {
                System.out.println(customer.getId() + " " + customer.getName() +
                    " " + customer.getAddress());
            }
        }
    }
}
```

运行结果如图 10.21 所示。

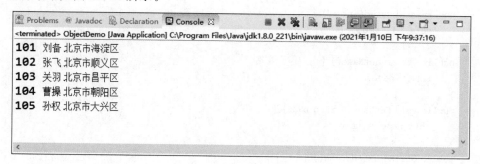

图 10.21　运行结果

关键技术：

1. 序列化 ID

虚拟机是否允许反序列化，不仅取决于类路径和功能代码是否一致，一个非常重要的一点是两个类的序列化 ID 是否一致(就是 private static final long serialVersionUID)。序列化 ID 在 Eclipse 下提供了两种生成策略,一个是固定的 1L,一个是随机生成一个不重复的 long 类型数据(实际上是使用 JDK 工具生成)。在这里有一个建议,如果没有特殊需求,就使用默认的 1L 就可以,这样可以确保代码一致时反序列化成功。

2. 序列化数组

对象输出时只提供了一个对象的输出操作(writeObject(Object obj)),并没有提供多个对象的输出,所以如果现在要同时序列化多个对象的,就可以使用对象数组进行操作。如果数组中的所有元素都是可序列化的,这个数组就是可序列化的。一个完整的数组可以使用 writeObject()方法存入文件,随后用 readObject()方法读取到程序中。

3. 数据类型转换

由于 readObject()方法返回 Object 类型的对象,所以在实际应用时必须根据文件中对象的实际类型进行强制类型转换。

10.6 综合案例

视频讲解

1920 年,浙江义乌分水塘村的一间柴房里,29 岁的陈望道受陈独秀所托,将《共产党宣言》翻译成中文全译本。翻译的时候,由于陈望道过于专注,在吃母亲端上来的粽子时竟然把墨汁当成了红糖,吃了蘸着墨汁的粽子还没有发觉,只是说道:"够甜,够甜的了。"等陈母进来收拾碗筷时,发现儿子满嘴墨汁。原来,陈望道全神贯注工作,竟然蘸了墨汁吃粽子,于是由此就说了一句话:"真理的味道非常甜。"

在《共产党宣言》的影响下,许多革命青年一旦尝过了"真理的味道",对马克思主义的信仰便从未改变。从此,这本中文版的全译本《共产党宣言》,成为中国共产党创造革命信仰的思想起点,照亮了中国革命的前程。

1. 案例描述

编写程序,使用输入/输出流完成以下问题。
(1) 将存放《共产党宣言》的文本文件复制到一个新文件中。
(2) 统计《共产党宣言》中的字符数(包括空格)和行的数目。

2. 实现代码

程序 10.9 Notepad.java

```java
public class Manifesto {
    public static void main(String[] args) throws Exception {
        try(InputStreamReader ir = new InputStreamReader(new FileInputStream("共产党宣言.txt"),"utf-8");
            BufferedReader br = new BufferedReader(ir);
            OutputStreamWriter ow = new OutputStreamWriter(new FileOutputStream("共产党宣言复印件.txt"));
            BufferedWriter bw = new BufferedWriter(ow);
```

```
            ){
                String s = br.readLine();
                int x = 0;
                int count = 0;
                while(s!= null) {
                    bw.write(s);
                    bw.newLine();
                    count = count + s.length();
                    s = br.readLine();
                    x++;
                }
                System.out.println("«共产党宣言»的字数为:" + count);
                System.out.println("«共产党宣言»的行数为:" + x);
            }
        }
    }
```

3. 运行结果

程序运行结果如图 10.22 所示。

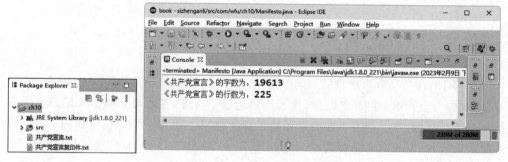

图 10.22　程序运行结果

小结

通过本章的学习，读者应该能够：
（1）学会 File 类的相关方法的使用。
（2）掌握 list()和 listFiles()。
（3）了解在 Java 中如何处理 I/O。
（4）区分文本 I/O 与二进制 I/O 的不同。
（5）掌握 InputStream 类和 OutputStream 类的使用。
（6）学会使用 FileInputStream 和 FileOutputStream 来读写字节。
（7）理解过滤器流。
（8）学会使用 DataInputStream 和 DataOutputStream 类读写数据。
（9）掌握 BufferedInputStream 和 BufferedOutputStream。
（10）使用缓冲流提高 I/O 性能。
（11）掌握文本 I/O 流。
（12）学会使用文本 I/O 流。

(13)了解对象的序列化和反序列化。
(14)学会使用对象流,实现对象的存储与恢复。
(15)能够根据思路独立完成综合案例的源代码编写、编译及运行。

习题

一、单选题

1. ( )类包含检查文件是否存在的方法。
   A. File　　　　B. PrintWriter　　　　C. Scanner　　　　D. System
2. 下列选项中,哪一个不是 InputStream 的直接子类?( )
   A. FileInputStream　　　　　　　B. BufferedInputStream
   C. FilterInputStream　　　　　　D. ObjectInputStream
3. 以下程序运行后,将( )字节写入文件 t.dat。

```
public class Test {
    public static void main(String[] args) throws IOException
    {
        FileOutputStream fout = new FileOutputStream("t.dat");
        DataOutputStream output = new DataOutputStream(fout);
        output.writeChars("ABCD");
        output.close();
        fout.close();
    }
}
```

   A. 2B　　　　B. 4B　　　　C. 8B　　　　D. 16B

二、多选题

1. 以下哪些属于 Writer 类的子类?( )
   A. BufferedWriter　　　　　　　B. FileWriter
   C. OutputStreamWriter　　　　　D. PrintWriter
2. 以下哪些属于 OutputStream 类的方法?( )
   A. write(byte[])　　　　　　　　B. flush()
   C. close()　　　　　　　　　　　D. available()

三、判断题

1. Serializable 接口不包含任何方法。因此,这是一个标记接口。( )
2. 如果数组中的所有元素都可序列化,则该数组也可序列化。( )
3. FileInputStream/FileOutputStream 中的所有方法均从 InputStream/OutputStream 继承。( )
4. 可以使用 FileInputStream/FileOutputStream 构造函数从 File 对象或文件名创建 FileInputStream/FileOutputStream。( )

5. 如果尝试使用不存在的文件创建 FileOutputStream，则将发生 java.io.FileNotFoundException。（　　）

四、编程题

1. 编写程序，随机生成 10 个 1000～2000 的整数，将它们写入一个文件 data.dat 中，然后从该文件中读出这些数据，要求使用 DataInputStream 和 DataOutputStream 类实现。

2. 编写程序，统计一个文本文件中的字符数（包括空格）、单词数和行的数目。

3.《我和我的祖国》于 1983 年年底创作，是张藜作词、秦咏诚作曲的爱国主义歌曲，在抒情和激越相结合的音调下，其旋律优美动人，歌词朴实真挚，表达了华夏儿女对祖国河山的由衷热爱和真情赞美，凸显了同胞们与祖国母亲之间难以割舍的血肉关系与深厚情感。

2023 年 4 月 12 日，微信视频号发布了由湖南师范大学与湖南第一师范学院两校师生联合创作的英文版红色歌曲——《我和我的祖国》。下面是《我和我的祖国》的部分歌词和英文翻译。

我和我的祖国，一刻也不能分割。
My motherland and me can never be apart from each other.
无论我走到哪里，都流出一首赞歌。
Whatever land I'm on, I sing your praises, Mother.
我歌唱每一座高山，我歌唱每一条河。
I sing of all your mountains; I sing of all your rivers.
袅袅炊烟，小小村落，路上一道辙。
Kitchen smoke curls up cottages and a rut left by drivers.
我最亲爱的祖国，我永远紧依着你的心窝。
My dearest motherland, you hold me close to your heart centre.
你用你那母亲的脉搏，和我诉说。
I listen to stories told of by your pulse, Mother.
我的祖国和我，像海和浪花一朵。
My motherland and me are like the sea and a ripple on its water.
浪是那海的赤子，海是那浪的依托。
The ripple is a child of the sea, which is the ripple's supporter.
每当大海在微笑，我就是笑的旋涡。
Whenever the sea is smiling, I am dimpling with laughter.
我分担着海的忧愁，分享海的欢乐。
I share the sea's burden, and the sea shares with me its pleasure.
我最亲爱的祖国，你是大海永不干涸。
My dearest motherland, you're the sea that does not dry up, ever.
永远给我碧浪清波，心中的歌。
You always present blue waves, and songs I favor.

编写程序，将上面的歌词复制到一个文本文件中，然后从文本文件中读取这首歌的中文歌词和英文歌词，将中文歌词和英文歌词分别保存到两个文件中。

第11章

JavaFX基础

CHAPTER 11

本章学习目标

- 了解 JavaFX、Swing 和 AWT 的区别及联系
- 掌握 JavaFX 的舞台、场景、结点的概念
- 初步掌握使用面板、UI 组件和形状创建用户界面
- 了解事件驱动编程
- 了解使用各种用户界面组件创建图形用户界面

11.1 JavaFX 概述

11.1.1 Java GUI 发展简史

GUI 是 Graphical User Interface 的简称,即图形用户界面,几乎所有的程序设计语言都提供了 GUI 设计功能。通过多年的发展,Java 领域中为了更好地优化图形界面开发推出了很多不同的 GUI 开发框架。

1. AWT

Java 从 1.0 开始就提供一个 AWT 类库,称为抽象窗口工具箱(Abstract Window Toolkit,AWT)。该包提供了一套与本地图形界面进行交互的接口,是 Java 提供的用来建立和设置 Java 的图形用户界面的基本工具。AWT 开发简单的图形用户界面尚可,但是不适合开发综合型的 GUI 项目。

2. Swing

Java 从 1.2 开始提供了 Swing 组件,Swing 组件由纯 Java 语言编写,属于轻量级组件,可跨平台,Swing 不仅实现了 AWT 中的所有功能,而且提供了更加丰富的组件和功能。Swing 用于开发桌面 GUI 应用。

3. JavaFX

Sun 公司于 2008 年 12 月 05 日正式发布了基于 Java 语言平台的 JavaFX 1.0,它运行在 JVM 上,使用其自己的编程语言 JavaFX Script 开发 JavaFX 应用程序。

在 Oracle 公司收购 Sun 公司后,于 2011 年发布了 JavaFX 2.0,JavaFX 2.0 是 JavaFX 一个主要的升级版本。JavaFX 2.0 摒弃了 JavaFX Script 脚本语言,提供了一个完全的 Java API 用来开发 GUI 应用程序。JavaFX 2.0 包含非常丰富的 UI 控件、图形和多媒体特性用于简化可视化应用的开发,新增的 WebView 可直接在应用中嵌入网页。2014 年为了与 Java8 的版本号一致,发布的新的版本为 JavaFX 8。

11.1.2 JavaFX 特点

(1) JavaFX 应用程序是完全用 Java 开发的,开发人员可以使用自己喜欢的 Java 开发工具,对于 Java 程序员来说,JavaFX 更容易学习和使用。

(2) JavaFX 内嵌为 Java API,与 JDK 一起打包,JavaFX 运行环境被加入 JRE 中,可以开发跨平台的 GUI。

(3) JavaFX 可以与 Swing 组件相互集成,JavaFX 8 新增了 SwingNode 类,可以使 Swing 组件集成到 JavaFX 中。

(4) 使用 JavaFX 的 WebView 组件可以在 JavaFX 应用中嵌入 Web 页面。JavaFX 强化了对 HTML5 的支持,同时允许 Java API 与 JS 相互调用。

(5) JavaFX 新增了 Property 类,在 UI 线程刷新控件的时候,会自动读取 Property 属性所绑定的对应属性的值,而不用用户实现并发更新等操作。

(6) JavaFX 具有内置的 3D、动画支持、视频和音频回放,并且可以作为独立的应用程序运行,也可以从浏览器运行。

11.2 JavaFX 程序基本结构

视频讲解

首先通过一个简单的 JavaFX 应用程序,演示一个 JavaFX 程序的基本结构。

【例 11.1】 编写一个 JavaFX 图形界面程序,在窗体中显示一个按钮。

```
public class MyJavaFX extends Application {
    @Override
    public void start(Stage stage) throws Exception {
        //创建一个按钮对象
        Button btOK = new Button("OK");
        //创建一个场景对象,指定根结点对象和大小
        Scene scene = new Scene(btOK,300,200);
        //设置舞台标题
        stage.setTitle("第一个 JavaFX 程序");
        //添加场景到舞台
        stage.setScene(scene);
        //显示舞台
        stage.show();
    }
    public static void main(String[] args) {
        //启动 JavaFX 应用程序
        Application.launch(args);
    }
}
```

运行结果如图 11.1 所示。

每个 JavaFX 应用程序都必须继承 javafx. application.Application 类,launch()方法是一个定义在 Application 类中的静态方法,用于启动一个独立的 JavaFX 应用程序。当一个 JavaFX 应用启动时,JVM 使用类的无参构造方法来创建类的一个实例并调用其 start()方法,同时系统会自动通过 start()方法传递一个默认的称为主舞台的 Stage 对象,start()方法一般将结点 Node 对象放入一个场景,并在舞台中显示该场景。

图 11.1 运行结果

11.2.1 JavaFX 基本概念

1. 舞台

Stage 对象(舞台)是 JavaFX 的顶层容器,它构成应用程序的主窗口。每个 JavaFX 应用都可自动访问一个 Stage,它称为主舞台。主舞台是 JavaFX 应用启动时由运行时系统创

建的,通过 start()方法的参数获得。

Stage 类的常用方法如表 11.1 所示。

表 11.1　Stage 类的常用方法

方法声明	功能描述
Stage()	创建一个 Stage 对象
void setTitle(String value)	设置舞台的标题
void setScene(Scene value)	设置舞台的场景
void setResizable(boolean value)	设置舞台是否可以由用户调整大小,默认为 true
void show()	通过调用该方法来显示窗口

除了 JVM 创建的主舞台外,用户还可以根据需要创建其他舞台。下列代码显示了有两个舞台的情景。

```java
public class MulStageDemo extends Application {
    @Override
    public void start(Stage stage) throws Exception {
        //创建一个按钮对象
        Button btOK = new Button("OK");
        //创建一个场景对象,指定根结点对象和大小
        Scene scene = new Scene(btOK, 300, 200);
        //设置舞台标题
        stage.setTitle("第一个舞台");
        //添加场景到舞台
        stage.setScene(scene);
        //显示舞台
        stage.show();
        //创建一个新的舞台
        Stage myStage = new Stage();
        //创建一个按钮对象
        Button btCancle = new Button("Cancle");
        //创建一个场景对象,指定根结点对象和大小
        Scene scene1 = new Scene(btCancle, 300, 200);
        myStage.setTitle("第二个舞台");
        myStage.setScene(scene1);
        myStage.show();
    }
    public static void main(String[] args) {
        //启动 JavaFX 应用程序
        Application.launch(args);
    }
}
```

运行结果如图 11.2 所示。

2. 场景

Scene 对象(场景)表示舞台中一个场景,它是一个内容容器,可包含各种控件,如布局面板、按钮、复选框、文本和图形等。任何一个 JavaFX 程序至少要有一个 Stage 对象(舞台)和 Scene 对象(场景)。场景的大小可以在构建过程中由应用程序初始化。如果未指定大小,则场景将根据其内容的大小自动计算初始大小。

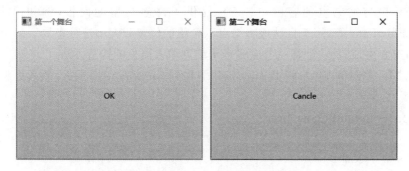

图 11.2　一个有两个舞台的 JavaFX 程序

Scene 类常用构造方法如表 11.2 所示。

表 11.2　Scene 类常用构造方法

方法声明	功能描述
Scene(Parent root)	创建一个具有指定根结点的 Scene 对象
Scene(Parent root,double width,double height)	创建一个具有指定根结点和尺寸大小的 Scene 对象
Scene(Parent root,double width,double height,Paint fill)	创建一个具有指定根结点、尺寸大小以及填充色的 Scene 对象

3．结点

结点(Node)是一个可视化的组件，如形状、图像、UI 组件、组或者面板等。Node 类是所有结点类的根类，Node 类是一个抽象类，如果要创建结点对象，可以使用 Node 类的子类，Node 的每个子类都有一个无参构造方法，用于创建一个默认的结点。Node 类及其常用子类如图 11.3 所示。

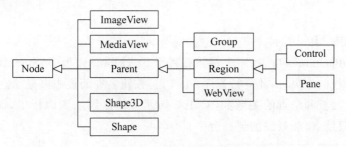

图 11.3　Node 类及其子类

注意：Scene 可以包含 Pane、Group 或者 Control，但是不能包含 Shape 或者 ImageView。Pane 和 Group 可以包含 Node 的任何子类型。

4．面板

在例 11.1 演示的 JavaFX 窗体中，无论如何改变窗体的大小，按钮总是位于场景的中间并且总是占据整个窗体，这是因为在 JavaFX 中，场景中的元素是通过层次结构表示的。在场景中只能有一个根结点，如果想添加多个结点或者是将结点自由布局在窗体的期望位置，通常将面板(Pane)作为根结点，以便管理场景中结点对象的摆放。

面板是一个容纳结点的容器，JavaFX 提供了许多类型的面板，例如，BorderPane、StackPane、FlowPane 等，用于自动地将结点以希望的位置和大小进行布局。每个面板都有一个无参构造方法，以及一个将一个或多个子结点加入面板的构造方法。

【例 11.2】 修改例 11.1，将 Button 按钮添加到 StackPane 面板上，然后再将面板添加到场景中，观察运行效果。

程序 11.3　ButtonInPane.java

```java
import javafx.application.Application;
import javafx.scene.Scene;
import javafx.scene.control.Button;
import javafx.scene.layout.StackPane;
import javafx.stage.Stage;

public class ButtonInPane extends Application {
    @Override
    public void start(Stage stage) throws Exception {
        //(1)创建按钮
        Button btn = new Button("OK");
        //(2)创建一个 StackPane
        StackPane rootNode = new StackPane();
        //(3)将结点置于面板中央
        rootNode.getChildren().add(btn);
        Scene scene = new Scene(rootNode, 300, 200);
        stage.setTitle("Button in a pane");
        stage.setScene(scene);
        stage.show();
    }
    public static void main(String[] args) {
        Application.launch(args);
    }
}
```

运行效果如图 11.4 所示。

在 ButtonInPane.java 中，将一个按钮放置于 StackPane 面板中，StackPane 将结点以默认尺寸放置于面板的中央，因此运行程序 11.3 后，按钮会在面板中央显示。

舞台、场景、面板和结点的关系如图 11.5 所示。结点添加到面板中，面板添加到场景中，作为场景的根结点，场景添加到舞台中。

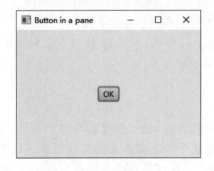

图 11.4　运行结果

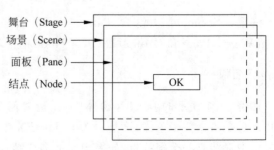

图 11.5　舞台、场景、面板和结点的关系

11.2.2 JavaFX 应用程序的构建步骤

（1）创建一个继承了 javafx.application.Application 类的主类。
（2）在 main()方法中调用 javafx.application.Application 类的静态方法 lauch()。
（3）重写定义在 javafx.application.Application 类中的 start()方法，start()方法用于构建主舞台，该方法中一般包含以下内容。
① 声明所需要的结点 Node 对象，例如，一个 Button 对象。
② 根据布局需要声明一个 Pane 对象，并将第一步中声明的结点对象添加到面板中。
③ 声明一个场景 Scene 对象，并将第二步声明的面板作为根结点添加到场景中。
④ 将 Scene 对象添加到舞台(Stage)中，并调用 Stage 对象的 show()方法将其显示出来。当一个 JavaFX 应用启动时，系统会自动通过 start()方法传递一个默认的称为"主舞台"的 Stage 对象。

11.3 JavaFX 形状

视频讲解

JavaFX 提供了多种形状类，用于绘制直线(Line)、矩形(Rectangle)、圆(Circle)、椭圆(Ellipse)、弧(Arc)、多边形(Polygon)等形状。

Shape 类是所有形状类的基类，定义了所有形状类的共同属性和方法，它继承于 Node 类。Shape 类及其常用子类如图 11.6 所示。

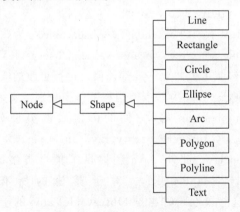

图 11.6 Shape 类及其子类

表 11.3 给出了 Shape 类的常用属性。

表 11.3 Shape 类的常用属性

属 性	描 述
ObjectProperty<Paint> fill	指定形状的填充颜色
ObjectProperty<Paint> stroke	指定形状的轮廓颜色
DoubleProperty strokeWidth	指定形状的轮廓宽度
ObjectProperty<StrokeLineCap> strokeLineCap	指定形状的端点风格：StrokeLineCap.BUTT(默认值)、StrokeLineCap.ROUND(圆形端点)、StrokeLineCap.SQUARE(方形端点)

1. JavaFX 坐标系

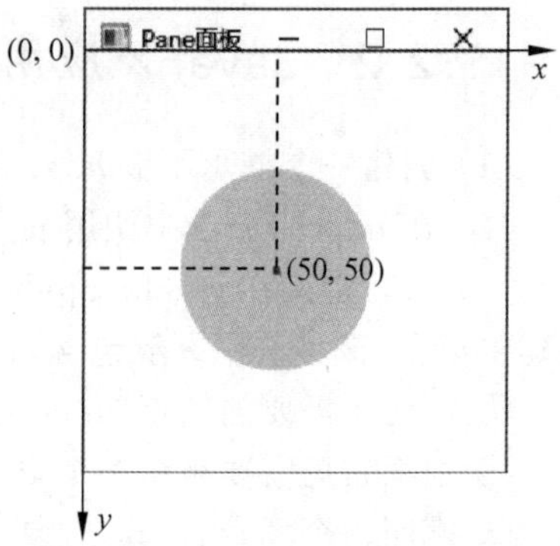

在场景图中添加形状有时需要指定形状的位置,它是通过坐标指定的。例如,圆可以通过圆心和半径来确定。

JavaFX 坐标系与数学中的坐标系是不同的,JavaFX 的坐标原点(0,0)位于容器(窗体、场景、面板)的左上角,横向(向右)为 x 轴,纵向(向下)为 y 轴,坐标单位为像素,如图 11.7 所示。

图 11.7 JavaFX 坐标系

2. 属性绑定

JavaFX 中引入了一个称为"属性绑定"的概念,可以将一个目标对象绑定到源对象中。源对象的修改将自动反映到目标对象中,即如果源对象中的状态发生了改变,目标对象也将自动改变。其中,目标对象称为绑定对象或者绑定属性,源对象称为可绑定对象或可观察对象。例如,可以将某个 Circle 对象的圆心坐标绑定到所在面板的中心,这样当用户拖动窗口边框使其改变大小时,圆心坐标能自动随之改变,以保证圆心能显示在窗体的正中心。

在属性绑定中,该属性既可以作为目标对象,也可以作为源对象。目标对象监听源对象中状态的变化,一旦源对象发生变化,目标对象将自动更新。一个目标对象采用 bind()方法和源对象进行绑定,bind()方法在 javafx.beans.property.Property 接口中定义,因此绑定属性是 javafx.beans.property.Property 的一个实例。

void bind(ObservableValue<? extends T> observable):为此属性创建一个单向绑定。

其中,参数 observable 是 javafx.beans.value.ObservableValue 接口的一个实例,ObservableValue 是一个包装了值并允许观察该值以进行更改的实体。

绑定属性是一个对象,JavaFX 为基本类型和字符串分别定义了绑定属性。对于基本类型 double、float、long、int、boolean 等,它们的绑定属性类型分别是 DoubleProperty、FloatProperty、LongProperty、IntegerProperty、BooleanProperty。对于字符串而言,它的绑定属性类型是 StringProperty。此外,Java 还提供了集合类型的绑定属性类型,例如,ListProperty、SetProperty、MapProperty。对于其他的所有对象,都可以使用 ObjectProperty<T>。这些属性同时也是 ObservableValue 的子类型,因此,在一个绑定中,它们既可以作为目标对象,也可以作为源对象。

一般而言,JavaFX 类(如 Circle)中的每个可绑定属性通常都可以借助对应的 getter()和 setter()方法来获取或设置属性值,若要获取可绑定属性本身,则要使用 xxxProperty()方法,如通过 centerXProperty()方法可以获取绑定属性 centerX。

例如,将某个 Circle 对象的圆心坐标绑定到所在面板的中心,即将 Circle 对象 circle 的 centerX 和 centerY 属性绑定到面板 rootNode 的宽度和高度的一半上。可以使用下面的代码实现属性绑定。

```
circle.centerXProperty().bind(rootNode.widthProperty().divide(2));
circle.centerYProperty().bind(rootNode.heightProperty().divide(2));
```

注意:数值类型的绑定属性类(如 DoubleProperty、FloatProperty 等)具有 add()、

substract()、multiply()以及divide()方法,用于对一个绑定属性中的值进行加、减、乘以及除运算,并返回一个新的可观察属性。

11.3.1 Line 类

Line 类用于从指定起点到指定终点绘制一条直线。使用 Line 类绘制直线,需要为 Line 实例指定起点坐标和终点坐标,因此 Line 类拥有 startX、startY、endX 和 endY 四个属性,如表 11.4 所示。

表 11.4 Line 类的常用属性

属性	描述
DoubleProperty startX	起点的 X 坐标
DoubleProperty startY	起点的 Y 坐标
DoubleProperty endX	终点的 X 坐标
DoubleProperty endY	终点的 Y 坐标

Line 类的常用构造方法如下。

(1) Line():创建一个空的 Line 对象。

(2) Line(double startX,double startY,double endX,double endY):使用指定的起点和终点创建一个 Line 对象。

例如,下面的代码段表示从点(50,90)到点(250,90)的一条红色,10px 粗细的直线。

```
Line line = new Line(50,90,250,90);    //创建一个起点为(50,90),终点为(250,90)的 Line 对象
line.setStroke(Color.RED);              //设置直线的颜色为红色
line.setStrokeWidth(10);                //设置直线的宽度为 10px
```

11.3.2 Rectangle 类

Rectangle 类用于绘制一个矩形,使用 Rectangle 类绘制矩形时需要指定矩形左上角的坐标以及矩形的宽度和高度,如果要绘制圆角矩形,还需要指定圆角处圆弧的水平直径和垂直直径,因此 Rectangle 类拥有 x、y、width、height、arcWidth 和 arcHeight 六个属性,如表 11.5 所示。

表 11.5 Rectangle 类的常用属性

属性	描述
DoubleProperty x	矩形左上角的 X 坐标(默认:0)
DoubleProperty y	矩形左上角的 Y 坐标(默认:0)
DoubleProperty width	矩形的宽度
DoubleProperty height	矩形的高度
DoubleProperty arcWidth	圆角处弧的水平直径
DoubleProperty arcHeight	圆角处弧的垂直直径

Rectangle 类的常用构造方法如下。

(1) Rectangle():创建一个空的 Rectangle 对象。

(2) Rectangle(double width,double height):使用指定的宽度和高度创建一个 Rectangle 对象。

（3）Rectangle(double width,double height,Paint fill)：使用指定的宽度、高度和填充色创建一个 Rectangle 对象。

（4）Rectangle(double x,double y,double width,double height)：使用指定的左上角坐标、宽度和高度创建一个 Rectangle 对象。

例如，下面的代码段表示从点(50,90)起绘制一个宽 200px，高 100px 的红色矩形。

```
Rectangle rectangle = new Rectangle(50,90,200,100);     //创建矩形对象
rectangle.setFill(Color.RED);                            //设置填充色
```

11.3.3　Circle 类

Circle 类用于绘制一个圆，使用 Circle 类绘制圆时需要指定圆的圆心坐标以及半径，因此，Circle 类拥有 centerX、centerY 和 radius 三个属性，如表 11.6 所示。

表 11.6　Circle 类的常用属性

属　　性	描　　述
DoublePropertycenter X	圆心的 X 坐标(默认：0)
DoublePropertycenter Y	圆心的 Y 坐标(默认：0)
DoubleProperty radius	圆的半径

Circle 类的常用构造方法如下。

（1）Circle()：创建一个空的 Circle 对象。

（2）Circle(double radius)：使用指定的半径创建一个 Circle 对象。

（3）Circle(double centerX,double centerY,double radius)：使用指定的圆心和半径创建一个 Circle 对象。

（4）Circle(double radius,Paint fill)：使用指定的半径和填充色创建一个 Circle 对象。

（5）Circle(double centerX,double centerY,double radius,Paint fill)：使用指定的圆心、半径和填充色创建一个 Circle 对象。

例如，下面的代码段表示在点(100,100)，绘制一个半径为 70px 的圆，圆的填充色为红色，边线为黑色，边线宽度为 2px。

```
Circle circle = new Circle(100,100,70,Color.RED);    //创建一个 Circle 对象
circle.setStroke(Color.BLACK);                        //设置边线颜色
circle.setStrokeWidth(2);                             //设置边线宽度
```

11.3.4　Ellipse 类

Ellipse 类用于绘制一个椭圆，使用 Ellipse 类绘制椭圆时需要指定椭圆中心坐标以及 x 轴半径和 y 轴半径，因此 Ellipse 类拥有 centerX、centerY、radiusX 和 radiusY 四个属性，如表 11.7 所示。

表 11.7　Ellipse 类的常用属性

属　　性	描　　述
DoubleProperty centerX	椭圆中心的 X 坐标(默认：0)
DoubleProperty centerY	椭圆中心的 Y 坐标(默认：0)

续表

属性	描述
DoubleProperty radiusX	椭圆的水平半径
DoubleProperty radiusY	椭圆的垂直半径

Ellipse 类的常用构造方法如下。

(1) Ellipse()：创建一个空的 Ellipse 对象。

(2) Ellipse(double radiusX,double radiusY)：使用指定的 x 轴半径和 y 轴半径创建一个 Ellipse 对象。

(3) Circle(double centerX,double centerY,double radiusX,double radiusY)：使用指定的圆心 x 轴半径和 y 轴半径创建一个 Ellipse 对象。

例如，下面的代码段表示在点(100,100)，绘制一个 x 轴半径为 70px，y 轴半径为 50px 的椭圆，椭圆的填充色为红色，边线为黑色，边线宽度为 2px。

```
Ellipse ellipse = new Ellipse(100,100,70,50);    //创建一个 Ellipse 对象
ellipse.setFill(Color.RED);                       //设置填充色
ellipse.setStroke(Color.BLACK);                   //设置边线颜色
ellipse.setStrokeWidth(2);                        //设置边线宽度
```

11.3.5 Arc 类

Arc 类用于绘制一段弧，一段弧可以看作椭圆的一部分，使用 Arc 类绘制圆弧时需要指定椭圆中心坐标、x 轴半径、y 轴半径、弧的起始角度、弧的跨度（即弧所覆盖的角度）和弧的类型，因此 Arc 类拥有 centerX、centerY、radiusX、radiusY、startAngle、length 和 type 七个属性，如表 11.8 所示。

表 11.8 Arc 类的常用属性

属性	描述
DoubleProperty centerX	椭圆中心的 X 坐标（默认：0）
DoubleProperty centerY	椭圆中心的 Y 坐标（默认：0）
DoubleProperty radiusX	椭圆的水平半径
DoubleProperty radiusY	椭圆的垂直半径
DoubleProperty length	弧的角度范围，以度为单位
DoubleProperty startAngle	弧的起始角度，以度为单位
ObjectProperty<ArcType> type	弧的闭合类型（ArcType.OPEN、ArcType.CHORD、ArcType.ROUND）

Arc 类的常用构造方法如下。

(1) Arc()：创建一个空的 Arc 对象。

(2) Arc(double centerX,double centerY,double radiusX,ouble radiusY,double startAngle,double length)：使用指定的参数创建一个 Arc 对象。

Arc 类中各个参数的含义如图 11.8 所示。

例如，下面的代码段表示在点(100,100)，绘制一个 x 轴半径为 70px，y 轴半径为 50px，起始角度为 30°，跨度为 60°，弧的类型为 ArcType.ROUND 的弧，圆弧的填充色为

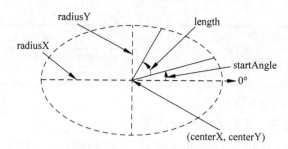

图 11.8 Arc 类中各个参数的含义

红色。

```
Arc arc = new Arc(100,100,70,50,30,60);        //创建一个 Arc 对象
arc.setType(ArcType.ROUND);                     //设置弧的类型
arc.setFill(Color.RED);                         //设置填充色
```

11.3.6 Polygon 类和 Polyline 类

Polygon 类用于绘制一个连接多个点序列的多边形，Polyline 类与 Polygon 类功能相似，不同之处是 Polyline 类不会自动闭合，如图 11.9 所示。

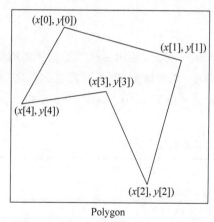
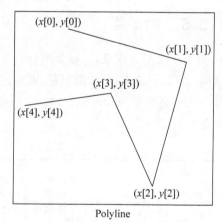

图 11.9 Polygon 与 Ployline 类比图

Polygon 类的常用构造方法如下。

（1）Polygon()：创建一个空的 Polygon 对象。

（2）Polygon(double…points)：使用指定的点创建一个 Polygon 对象。

Polyline 类的常用构造方法如下。

（1）Polyline()：创建一个空的 Polyline 对象。

（2）Polyline(double…points)：使用指定的点创建一个 Polyline 对象。

例如，下面的代码段显示一个连接以下结点，边线为红色的多边形：(20,60),(110,50),(150,160),(180,70),(100,30)。

```
Polygon polygon = new Polygon(new double[] {20,60,110,50,150,160,180,70,100,30});
polygon.setStroke(Color.RED);
polygon.setFill(null);
```

11.4.7 Text 类

Text 类用于在指定的坐标位置绘制一个字符串，Text 类拥有 text、x、y、underline、strikethrough 和 font 等常用属性，如表 11.9 所示。

表 11.9 Text 类的常用属性

属 性	描 述
StringProperty text	定义要显示的文本
DoubleProperty x	定义文本的 x 坐标（默认：0）
DoubleProperty y	定义文本的 y 坐标（默认：0）
BooleanProperty underline	定义是否每行文本下面有下画线（默认：false）
BooleanProperty strikethrough	定义是否每行文本中间有删除线（默认：false）
ObjectProperty<Font> font	定义文本的字体

Text 类的常用构造方法如下。

（1）Text()：创建一个空的 Text 对象。

（2）Text(String text)：使用指定的文本创建一个 Text 对象。

（3）Text(double x, double y, String text)：使用指定的文本在指定的位置创建一个 Text 对象。

例如，下面的代码将绘制三个具有不同文本内容和样式的 Text 对象，如图 11.10 所示。

图 11.10 三个 Text 对象

```
public class TextDemo extends Application {
    @Override
    public void start(Stage stage) throws Exception {
        Pane rootNode = new Pane();
        //在(20,20)位置创建一个文本内容为"Hello World"的 Text 对象
        Text text1 = new Text(20, 20, "Hello World");
        //设置字体的颜色
        text1.setFill(Color.GREEN);
        //在(20,20)位置创建一个文本内容为"Bold"的 Text 对象
        Text text2 = new Text(60, 80, "Bold");
        //设置文本的字体为"Times New Roman",字号为 30px,并且加粗显示
        text2.setFont(Font.font("Times New Roman", FontWeight.BOLD, 30));
        //在(40,120)位置创建一个文本内容为"Delete"的 Text 对象
        Text text3 = new Text(40, 120, "Delete");
        //设置字号为 20px
        text3.setFont(Font.font(20));
```

```
            //设置文本中间的删除线
            text3.setStrikethrough(true);
            rootNode.getChildren().addAll(text1, text2, text3);
            Scene scene = new Scene(rootNode, 300, 200);
            stage.setScene(scene);
            stage.setTitle("Text 示例");
            stage.show();
    }
    public static void main(String[] args) {
            Application.launch(args);
    }
}
```

关键技术:

可以在渲染文字的时候设置字体信息,Font 类可以用来创建字体,包含字体的相关信息,如字体名称、字体粗细、字体形态和字体大小等。Font 类的构造方法如下。

Font(double size):以指定的大小创建一个 Font 对象。

Font(String name,double size):以指定的字体名称和大小创建一个 Font 对象。

可以通过调用 Font 类的静态方法 getFontNames()获得一个可用的字体名称列表。

除了可以使用上述构造方法创建 Font 对象外,还可以使用 Font 类的静态方法 font()创建 Font 对象。

(1) static Font font(String family,FontWeight weight,double size):以指定的字体名称、粗细和大小创建一个 Font 对象。FontWeight 枚举定义了多个常量指定字体的粗细,例如,FontWeight.BOLD 表示粗体,FontWeight.THIN 表示细体,FontWeight.NORMAL 表示正常体。

(2) static Font font(String family,FontWeight weight,FontPosture posture,double size):以指定的字体名称、粗细、字形和大小创建一个 Font 对象。FontPosture 枚举定义了两个常量指定字体的形态:FontPosture.ITALIC(斜体)和 FontPosture.REGULAR(正常体)。

视频讲解

11.4 JavaFX 布局面板

JavaFX 提供了许多类型的面板,用于自动地将结点以指定的位置和大小进行布局。表 11.10 给出了 JavaFX 中常用的面板类。

表 11.10 JavaFX 中常用面板类

面板类	描 述
Pane	所有面板类的根类,主要用于需要对结点绝对定位的情况
HBox	将所有结点放在一行中
VBox	将所有结点放在一列中
BorderPane	边界面板,提供 Top、Bottom、Left、Right、Center 五个区域放置结点
FlowPane	流式面板,结点按照水平方式(垂直方式)一行一行(一列一列)地存放
GridPane	以网格形式排列结点,所有结点大小相同
TilePane	以表格形式排列结点
StackPane	将结点重叠排列

11.4.1 Pane 面板

Pane 类是所有其他面板类的根类,主要用于需要对结点绝对定位的情况。Pane 类中定义了一个公共的 getChildren()方法,该方法返回添加到面板上的子结点列表。格式如下。

    public ObservableList < Node > getChildren()

可以通过获得的 ObservableList 实例的 add(node)方法将一个结点加入面板中,也可以使用 addAll(node1,node2,…)方法来添加不确定数量的结点到面板中。

Pane 对象的常用构造方法有以下两个。

(1) public Pane():创建一个空的 Pane 对象。

(2) public Pane(Node…children):创建一个 Pane 对象,并将参数指定的一个或多个结点添加到面板中。

JavaFX 中的每个面板都有一个无参构造方法,以及将一个或多个子结点加入面板的构造方法。为简明起见,下面所有面板的常用构造方法介绍中将省略这两个构造方法。

【例 11.3】 编写程序,在界面中显示如图 11.11 所示的奥运五环图。

图 11.11 奥运五环图

```
public class FiveCircle extends Application {
    @Override
    public void start(Stage stage) throws Exception {
        //绘制一个半径为 45px,边线为蓝色,边线宽度为 5px 的空心圆
        Circle blue = new Circle(80, 80, 45);
        blue.setStroke(Color.BLUE);
        blue.setStrokeWidth(5);
        blue.setFill(null);
        //绘制一个半径为 45px,边线为黑色,边线宽度为 5px 的空心圆
        Circle black = new Circle(180, 80, 45);
        black.setStroke(Color.BLACK);
        black.setStrokeWidth(5);
        black.setFill(null);
        //绘制一个半径为 45px,边线为红色,边线宽度为 5px 的空心圆
        Circle red = new Circle(280, 80, 45);
        red.setStroke(Color.RED);
        red.setStrokeWidth(5);
        red.setFill(null);
        //绘制一个半径为 45px,边线为黄色,边线宽度为 5px 的空心圆
```

```
        Circle yellow = new Circle(130,125, 45);
        yellow.setStroke(Color.YELLOW);
        yellow.setStrokeWidth(5);
        yellow.setFill(null);
        //绘制一个半径为 45px,边线为绿色,边线宽度为 5px 的空心圆
        Circle green = new Circle(230, 125, 45);
        green.setStroke(Color.GREEN);
        green.setStrokeWidth(5);
        green.setFill(null);
        //创建 Pane 对象
        Pane rootNode = new Pane();
        //将结点对象(5 个圆)添加到面板中
        rootNode.getChildren().addAll(blue,black,red,yellow,green);
        Scene scene = new Scene(rootNode, 360, 220);
        stage.setScene(scene);
        stage.setTitle("奥运五环");
        stage.show();
    }
    public static void main(String[] args) {
        Application.launch(args);
    }
}
```

11.4.2 StackPane 面板

StackPane 也称为堆面板,结点放置在面板的中央并以堆叠覆盖的方式管理添加到其中的所有结点,后添加的结点会显示在前一个结点的上方。这种布局方式常用在分层的布局需求中。例如,需要在一个图片上显示某些文字(图片在下、文字在上,分为两层)、使用 StackPane 设置窗体的背景图片、叠加常用形状创建复杂形状等。

例如,下面的代码段将绘制一个"禁止驶入"的交通标志,如图 11.12 所示。

图 11.12 禁止驶入标志

```
StackPane rootNode = new StackPane();
Circle circle1 = new Circle(105, Color.WHITE);
circle1.setStroke(Color.RED);
circle1.setStrokeWidth(3);
Circle circle = new Circle(100, Color.RED);
Line line = new Line(100, 150, 200, 150);
line.setStroke(Color.WHITE);
line.setStrokeWidth(20);
rootNode.getChildren().addAll(circle1, circle, line);
Scene scene = new Scene(rootNode, 300, 300);
```

11.4.3 FlowPane 面板

FlowPane 也称为流面板,它将加入的结点从左向右(水平)或从上到下(垂直)排列,当

一行(或一列)不能容纳所有控件时,自动转到下一行(或下一列)。可以使用以下两个常数来确定结点是水平排列还是垂直排列：Orientation.HORIZONTAL(水平)和Orientation.VERTICAL(垂直)。还可以以像素为单位指定结点之间的间距。

FlowPane类常用构造方法如表11.11所示。

表11.11 FlowPane类常用构造方法

方法声明	功能描述
FlowPane(Orientation orientation)	使用指定的方向创建一个FlowPane对象
FlowPane(double hgap,double vgap)	使用指定的水平和垂直间距创建一个FlowPane对象
FlowPane(Orientation orientation, double hgap,double vgap)	使用指定的方向、水平间距以及垂直间距创建一个FlowPane对象

【例11.4】 编写程序,实现如图11.13所示的图像用户界面,要求如下。

(1) 使用FlowPane面板,指定它的水平间距和垂直间距都为10px。

(2) 设置它的内容与边界距离上下为40px,左右为20px。

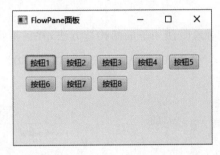

图11.13 FlowPane面板布局

```
public class FlowPaneDemo extends Application {
    @Override
    public void start(Stage stage) throws Exception {
        //创建8个按钮
        Button[] buttons = new Button[8];
        for (int i = 0; i < buttons.length; i++) {
            buttons[i] = new Button("按钮" + (i + 1));
        }
        //创建一个水平间距和垂直间距均为10的FlowPane面板
        FlowPane rootNode = new FlowPane(10, 10);
        //设置FlowPane对象的内容与边界的距离上下为40,左右为20
        rootNode.setPadding(new Insets(40, 20, 40, 20));
        //将按钮添加到面板
        for (int i = 0; i < buttons.length; i++) {
            rootNode.getChildren().add(buttons[i]);
        }
        Scene scene = new Scene(rootNode, 320, 180);
        stage.setScene(scene);
        stage.setTitle("FlowPane面板");
        stage.show();
    }
    public static void main(String[] args) {
        Application.launch(args);
    }
}
```

关键技术：

1. Insets 类

（1）作用：用来设置一个矩形区域 4 个方向（上、右、下、左）的内部偏移量。
（2）常用构造方法。

Insets(double top, double right, double bottom, double left)：创建一个 4 个方向的内部偏移量分别为 top、right、bottom 和 left 的 Insets 对象。

Insets(double topRightBottomLeft)：创建一个 4 个方向具有相同内部偏移量的 Insets 对象。

2. setPadding()方法

作用：设置内容与边界的距离，即区域内容周围的顶部、右侧、底部和左侧的填充。如图 11.14 所示，图中橙色区域即为 padding 的值。

3. 垂直排列

如果在创建 FlowPane 对象时使用下面的构造方法，并且指定排列方法为垂直：

FlowPane rootNode = new FlowPane(Orientation.VERTICAL,10, 10);

运行效果如图 11.15 所示。

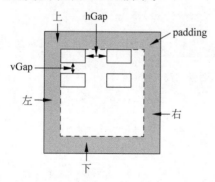

图 11.14　padding 以及 hGap 和 VGap

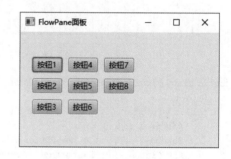

图 11.15　垂直排列效果图

11.4.4　BorderPane 面板

BorderPane 也称为边界面板，它将加入的结点分别放置在五个区域：上边、下边、左边、右边、中间。在实际应用中，BorderPane 面板通常用来充当其他面板的容器，对界面进行整体布局。例如，使用 FlowPane 创建一个菜单栏，然后将 FlowPane 作为一个结点放置在 BorderPane 的上边。

例如，下面的代码段使用 BorderPane 面板，分别在上边、下边、左边、右边、中间位置显示菜单栏、状态栏、左侧导航栏、右侧导航栏和工作区。运行效果如图 11.16 所示。

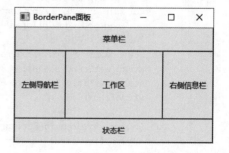

图 11.16　使用 BorderPane 界面布局

BorderPane rootNode = new BorderPane();

```
rootNode.setTop(new CustomPane("菜单栏"));
rootNode.setRight(new CustomPane("右侧信息栏"));
rootNode.setBottom(new CustomPane("状态栏"));
rootNode.setLeft(new CustomPane("左侧导航栏"));
rootNode.setCenter(new CustomPane("工作区"));
Scene scene = new Scene(rootNode, 320, 180);
```

11.4.5　GridPane 面板

GridPane 也称为网格面板，该面板可以将布局区域划分成包含行和列的网格，然后将加入的结点放置在网格的指定单元格中，一个结点也可以跨多个单元格。在实际应用中，GridPane 面板特别适合按行或列规则布局的情况。GridPane 类拥有 alignment、gridLinesVisible、hgap 和 vgap 四个属性，如表 11.12 所示。

表 11.12　GridPane 类的常用属性

属　　性	描　　述
ObjectProperty<Pos> alignment	面板中内容的整体对齐方式（默认：Pos.LEFT）
BooleanProperty gridLinesVisible	网格线是否可见（默认：false）
DoublePropertyhgap	结点间的水平间距（默认：0）
DoublePropertyvgap	结点间的垂直间距（默认：0）

创建 GridPane 面板后可以通过使用下面的方法将结点放置到面板的指定单元格中。

（1）public void add(Node child,int columnIndex,int rowIndex)：将结点添加到网格面板的指定行列位置上。columnIndex 指定网格的列号，rowIndex 指定网格的行号，网格面板左上角单元格的列号和行号均为 0。

（2）public void add(Node child, int columnIndex, int rowIndex, int colspan, int rowspan)：将结点添加到网格面板的指定行、列位置和跨度上。colspan 指定结点跨越的列数，rowspan 指定结点跨越的行数。

（3）public void addRow(int rowIndex,Node…children)：添加多个结点到指定的行。

（4）public void addColumn(int columnIndex,Node…children)：添加多个结点到指定的列。

例如，执行语句 rootNode.add(button,1,0,2,2)后，"确定"按钮将被放置在如图 11.17 所示的位置上。

图 11.17　网格面板

11.4.6　HBox 面板和 VBox 面板

HBox 也称为水平布局面板，它可以将添加到面板中的结点布局到单个水平行中，VBox 也称为垂直布局面板，它可以将添加到面板中的结点布局到单个垂直列中。与 FlowPane 相比，HBox 或者 VBox 只能将结点布局在一行或一列中，而 FlowPane 可以将结点布局在多行或者多列中。

例如，下面的代码首先创建一个 HBox 面板，然后向其中添加 4 个按钮，运行结果如图 11.18(a)所示。

```
HBox hbox = new HBox(15);
Button[] btns = new Button[4];
for(int i = 0;i < 4;i++) {
    btns[i] = new Button("按钮" + (i + 1));
    hbox.getChildren().add(btns[i]);
}
```

如果将 HBox 面板换成 VBox 面板，则运行结果如图 11.18(b)所示。

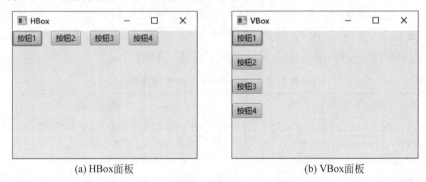

(a) HBox面板　　　　　　　　　　　(b) VBox面板

图 11.18　HBox 面板和 Vbox 面板

11.5　事件处理

视频讲解

11.5.1　JavaFX 事件处理机制

JavaFX 采用一种基于委派的事件处理模型来进行事件的处理，即事件发生后，将事件的处理从事件源对象委派给一个或多个称为事件监听器或事件处理器的对象，事件处理器对象捕获事件并调用相应的方法进行处理。JavaFX 的事件处理模型如图 11.19 所示。

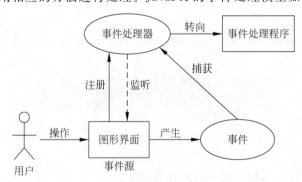

图 11.19　JavaFX 事件处理机制

例如，在上述随机扑克牌的 GUI 程序中，为了响应单击按钮事件，需要编写代码来处理按钮单击动作。按钮就是一个事件源对象，即动作产生的地方，当用户使用鼠标单击按钮时，就会触发一个单击事件，事件发生后，将被相应的事件处理器监听到，事件处理器捕获事件并调用相应的方法进行处理。

在 JavaFX 的事件处理模型中涉及三种对象：事件源、事件和事件处理器。

事件源（Event Source）：产生事件的对象，事件源通常是 UI 组件。例如，按钮、文本框等。

事件（Event）：事件是一个描述事件源状态改变的对象，事件通常不是通过 new 运算符创建的，而是由用户的操作触发的。例如，按钮被单击就会产生一个 ActionEvent 动作事件。

事件处理器：事件发生时，用于接收事件并对其进行处理的对象。事件处理器对象必须实现 EventHandler 接口中定义的事件处理方法。

1. 事件类

一个事件对象是一个事件类的实例，事件类封装了事件处理所必需的基本信息。Java 事件类的根类是 java.util.EventObject，JavaFX 事件类的根类是 javafx.event.Event，它是 java.util.EventObject 的子类，JavaFX 又将所有组件可能发生的事件进行了分类，例如，ActionEvent（动作事件）、MouseEvent（鼠标事件）、KeyEvent（键盘事件）等。图 11.20 给出了 JavaFX 常用事件类及其层次关系。

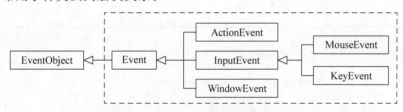

图 11.20　JavaFX 事件类及其子类层次关系

一个事件对象包含与该事件相关的所有属性，包括事件源、事件目标和事件类型等。表 11.13 列出了事件的常用属性。

表 11.13　事件的常用属性

属　　性	功能描述
source	事件源，即事件发生时所在的对象
target	事件目标，即事件结束时所在的对象。大多情况下和事件源是同一个对象
eventType	事件类型，如鼠标事件、键盘事件等

2. 事件处理器

JavaFX 采用基于委派的事件处理模型来进行事件处理，因此要处理事件，首先需要在事件源上注册事件处理器。一个对象如果要成为一个事件源对象上的事件处理器，需要满足以下两个条件。

（1）处理器对象必须是一个对应的事件处理接口的实例，从而保证该处理器具有处理相应事件的正确方法。JavaFX 定义了一个对于事件 T 的统一的处理器接口 EventHandler ＜T extends Event＞，该处理器接口的 handle(T event)方法实际上就是用于响应事件的事件处理方法。

（2）处理器对象必须注册到事件源对象上，从而将事件源与事件处理器进行关联。

3. 事件处理步骤

JavaFX 中进行事件处理的步骤如下。

(1) 建立事件源,事件源通常是一个控件,如按钮、文本框等。

(2) 建立事件处理器,创建实现了 EventHandler 接口的对象,并定义了 handle(T event)方法的实现。

(3) 注册事件处理器,在事件源上注册事件处理器,使得当事件发生时 handle(T event)方法能够被调用。

【例 11.5】 设计一个 GUI 程序,界面中包含"确定"和"取消"按钮,当用户单击某个按钮时,在界面中显示用户单击了哪个按钮。程序运行结果如图 11.21(a)和图 11.21(b)所示。

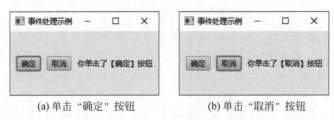

(a) 单击"确定"按钮　　　　　　(b) 单击"取消"按钮

图 11.21　程序运行结果

```
public class EventDemo extends Application {
    @Override
    public void start(Stage stage) throws Exception {
        //(1)建立事件源
        Button ok = new Button("确定");
        Button cancel = new Button("取消");
        Label lb = new Label();
        //(2)建立事件处理器对象(使用匿名内部类实现)
        EventHandler < ActionEvent > handler = new EventHandler < ActionEvent >() {
            @Override
            public void handle(ActionEvent event) {
                //通过调用 getSource()方法获取事件源
                Button btn = (Button) event.getSource();
                //修改标签的显示内容
                lb.setText("你单击了"" + btn.getText() + ""按钮");
            }
        };
        //(3)注册事件处理器
        ok.setOnAction(handler);
        cancel.setOnAction(handler);
        FlowPane pane = new FlowPane(10, 10);
        pane.setAlignment(Pos.CENTER);
        pane.getChildren().addAll(ok, cancel, lb);
        Scene scene = new Scene(pane, 240, 100);
        stage.setScene(scene);
        stage.setTitle("事件处理示例");
        stage.show();
    }
    public static void main(String[] args) {
```

```
        Application.launch(args);
    }
}
```

11.5.2 注册事件处理器

一个结点可以有一个或多个用来处理事件的事件处理器。一个事件处理器可以被多个结点使用,并且可以处理多种不同的事件类型。要处理事件,必须为结点注册事件处理器,可以使用下面的方法为结点注册事件处理器。

1. 使用便捷方法

JavaFX 提供了一种便捷的方法来注册事件处理器,以响应 KeyEvent、MouseEvent、ActionEvent 等。用于注册事件处理器的便捷方法的格式如下。

setOnEvent-type(EventHandler<? super event-class> value)

其中,Event-type 表示该事件处理器处理的事件类型。例如,setOnKeyTyped 表示处理 KEY_TYPED 事件、setOnMouseClicked 表示处理 MOUSE_CLICKED 事件。表 11.14 给出了常用用户动作、事件源、事件类型和事件注册方法。

表 11.14 用户动作、事件源、事件类型和事件注册方法

用户动作	事件源	事件类型	事件注册方法
单击按钮	Button	ActionEvent	setOnAction(EventHandler<ActionEvent> value)
文本框中按 Enter 键	TextField		
勾选或取消勾选	RadioButton		
勾选或取消勾选	CheckBox		
更改选项	ComboBox		
按下鼠标	Node,Scene	MouseEvent	setOnMousePressed(EventHandler<MouseEvent> value)
释放鼠标			setOnMouseReleased(EventHandler<MouseEvent> value)
单击鼠标			setOnMouseClicked(EventHandler<MouseEvent> value)
鼠标进入			setOnMouseEntered(EventHandler<MouseEvent> value)
鼠标退出			setOnMouseExited(EventHandler<MouseEvent> value)
移动鼠标			setOnMouseMoved(EventHandler<MouseEvent> value)
拖动鼠标			setOnMouseDragged(EventHandler<MouseEvent> value)
按下键盘按键	Node,Scene	KeyEvent	setOnKeyPressed(EventHandlerKeyEvent> value)
释放键盘按键			setOnKeyReleased(EventHandlerKeyEvent> value)
敲击键盘按键			setOnKeyTyped(EventHandlerKeyEvent> value)

2. 使用 Node 类的 addEventHandler()方法

注册事件处理器可以使用 Node 类的 addEventHandler()方法,该方法带一个事件类型的参数和一个 EventHandler 参数。

public void addEventHandler(EventType<T> eventType, EventHandler<? super T> eventHandler):将事件处理器注册到此结点,当结点接收到指定类型的事件时,将调用响应的事件处理程序。

下面的代码段为两个结点注册相同的事件处理器，还为该结点的不同事件类型注册了该处理器。

```
//为两个结点注册相同的事件处理器
myNode1.addEventHandler(MouseEvent.MOUSE_CLICKED, handler);
myNode2.addEventHandler(MouseEvent.MOUSE_CLICKED, handler);
//为myNode2结点的另一种事件注册相同的事件处理器
myNode2.addEventHandler(MouseEvent.MOUSE_ENTERED, handler);
```

视频讲解

视频讲解

11.5.3 创建事件处理器

在JavaFX中要求事件处理器对象必须是一个实现了EventHandler＜T extends Event＞接口的实例，可以有多种方法创建事件处理器对象：通过内部类实现、通过匿名内部类实现以及使用Lambda表达式实现。

1. 内部类处理器

内部类是指一个类完全嵌套在另一个类的内部，内部类是外部类的一个成员。例如，图11.22中的代码所示的 InClass 就是一个内部类，而包含有内部类的 OutClass 则称为内部类 InClass 的外部类。

通常在一个类只被它的外部类所使用的时候，才将它定义为一个内部类。而事件处理器类被设计为

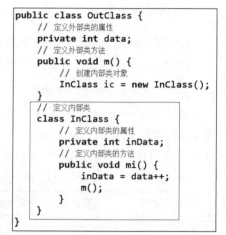

图11.22 内部类

针对一个UI组件（如一个按钮）创建一个处理器对象。处理器类不会被其他应用所共享，所以将它定义在主类里面作为一个内部类使用是恰当的。

【例11.6】 设计一个GUI程序，界面中包含"放大"和"缩小"两个按钮以及一个圆，当用户单击"放大"按钮，将会放大圆的尺寸；当用户单击"缩小"按钮，将会缩小圆的尺寸。程序运行结果如图11.23(a)和图11.23(b)所示。

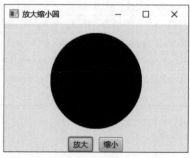

(a) 单击"放大"按钮

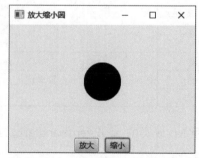

(b) 单击"缩小"按钮

图11.23 程序运行结果

```
public class CircleChange extends Application {
    Button large, small;
    Circle circle = new Circle(50);
```

```java
@Override
public void start(Stage stage) throws Exception {
    //(1)建立事件源
    large = new Button("放大");
    small = new Button("缩小");
    //(2)建立事件处理器
    EventHandler<ActionEvent> handler = new CircleHandler();
    //(3)注册事件处理器
    large.setOnAction(handler);
    small.setOnAction(handler);
    StackPane sp = new StackPane();
    sp.getChildren().add(circle);
    FlowPane fp = new FlowPane(10, 10);
    fp.setAlignment(Pos.CENTER);
    fp.getChildren().addAll(large, small);
    BorderPane pane = new BorderPane();
    pane.setCenter(sp);
    pane.setBottom(fp);
    Scene scene = new Scene(pane, 300, 200);
    stage.setScene(scene);
    stage.setTitle("放大缩小圆");
    stage.show();
}
//内部类,实现事件处理器
class CircleHandler implements EventHandler<ActionEvent> {
    @Override
    public void handle(ActionEvent event) {
        //获取圆的原始半径
        double radius = circle.getRadius();
        //通过事件对象 event 的 getSource()方法,返回事件源对象
        //从而判断用户单击了哪个按钮
        Button source = (Button) event.getSource();
        if (source == large) {
            radius += 5;
        } else if (source == small) {
            radius = radius > 5 ? radius - 5 : radius;
        }
        //修改圆的半径
        circle.setRadius(radius);
    }
}
public static void main(String[] args) {
    Application.launch(args);
}
}
```

2. 匿名内部类处理器

内部类处理器可以使用匿名内部类进行代码简化。匿名内部类是一个没有名字的内部类,它将类的定义和实例的创建结合在一起完成,或者说在定义类的同时就创建一个实例。

通常在调用包含接口类型参数的方法时,为了简化代码,可以直接通过匿名内部类的形式传入一个接口类型参数,在匿名内部类中直接完成方法的实现。例如,在使用

setOnAction(EventHandler＜ActionEvent＞value)方法给按钮注册处理器时,方法需要接收一个 EventHandler＜ActionEvent＞接口类型的参数,可以使用匿名内部类实现。图 11.24(a)中内部类处理器可以转换为图 11.24(b)中的匿名内部类处理器。

```
public void start(Stage stage) throws Exception {
    btn.setOnAction(new ButtonHandler());
}
class ButtonHandler implements EventHandler<ActionEvent> {
    public void handle(ActionEvent event) {
        // 事件处理代码
    }
}
```

(a) 内部类处理器

```
public void start(Stage stage) throws Exception {
    btn.setOnAction(new class ButtonHandler implements
EventHandler<ActionEvent>() {
        public void handle(ActionEvent event) {
            // 事件处理代码
        }
    });
}
```

(b) 匿名内部类处理器

图 11.24　内部类处理器转换为匿名内部类处理器

例如,下面代码使用 Lambda 表达式为 large 和 small 按钮创建事件处理器。

```
//使用匿名内部类处理器,将建立处理器与注册处理器合并实现
//为"放大"按钮创建并注册事件处理器
large.setOnAction(new EventHandler<ActionEvent>() {
    @Override
    public void handle(ActionEvent event) {
        double radius = circle.getRadius();
        circle.setRadius(radius + 5);
    }
});
//为"缩小"按钮创建并注册事件处理器
small.setOnAction(new EventHandler<ActionEvent>() {
    @Override
    public void handle(ActionEvent event) {
        double radius = circle.getRadius();
        radius = radius > 5 ? radius - 5 : radius;
        circle.setRadius(radius);
    }
});
```

程序使用匿名内部类创建了两个处理器,并分别为 large 和 small 按钮注册了这两个处理器,可以看到使用匿名内部类可以使代码更简洁。

3. Lambda 表达式处理器

Lambda 表达式是 JDK 8 中一个重要的新特性,它使用一个清晰简洁的表达式来表达一个接口,同时 Lambda 表达式也简化了对集合以及数组数据的遍历、过滤和提取等操作,Lambda 表达式可以被看作使用精简语法的匿名内部类。

Lambda 表达式基本语法格式:

([数据类型 参数名,数据类型 参数名,…])→{表达式主体}

其中:

(1) Lambda 表达式以参数列表开头,参数列表用来向表达式主体内部实现的接口方法传入参数,多个参数之间用逗号分隔,可以省略数据类型,只有一个参数时还可以省略小括号。

（2）然后是一个箭头符号"→",用来指定参数数据的指向,不能省略。

（3）最后是表达式主体,它的本质就是接口中抽象方法的具体实现。如果只有一条语句,可以省略大括号;在 Lambda 表达式主体中只有一条 return 语句时,也可以省略 return 关键字。

图 11.25(a)中匿名内部类处理器可以转换为图 11.25(b)中的 Lambda 表达式处理器。

```
public void start(Stage stage) throws Exception {
    btn.setOnAction(new EventHandler<ActionEvent>() {
        public void handle(ActionEvent event) {
            // 事件处理代码
        }
    });
}
```

(a) 匿名内部类处理器

```
public void start(Stage stage) throws Exception {
    btn.setOnAction(event-> {
        // 事件处理代码
    });
}
```

(b) Lambda 表达式处理器

图 11.25　匿名内部类处理器转换为 Lambda 表达式处理器

虽然使用 Lambda 表达式可以对某些接口进行简单的实现,但并不是所有的接口都可以使用 Lambda 表达式来实现,能够接收 Lambda 表达式的参数类型,是一个只包含一个需要被实现的方法的接口,只包含一个需要被实现的方法的接口称为"函数接口"。

EventHandler 接口只包含一个方法,所以它被称为"函数接口",它可以使用 Lambda 表达式来代替匿名内部类。

下面代码使用 Lambda 表达式为 large 和 small 按钮创建事件处理器。

```
//使用 Lambda 表达式处理器,为"放大"按钮注册事件处理器
large.setOnAction(event ->{
    double radius = circle.getRadius();
    circle.setRadius(radius + 5);
});
//使用 Lambda 表达式处理器,为"缩小"按钮注册事件处理器
small.setOnAction(event -> {
    double radius = circle.getRadius();
    radius = radius > 5 ? radius - 5 : radius;
    circle.setRadius(radius);
});
```

可以通过使用内部类、匿名内部类或者 Lambda 表达式定义处理器类,推荐使用 Lambda 表达式,因为它可以产生更加简洁、清晰的代码。

11.5.4　鼠标和键盘事件

鼠标和键盘事件是指由键盘按键以及鼠标的按下、释放、单击、移动或者拖动等所触发的事件,这些事件的事件源可以是一个结点(Node)或者是一个场景(Scene)。

1. 鼠标事件

当在一个结点或场景中按下、释放、单击、移动或者拖动鼠标按键时,将触发一个 MouseEvent 类型的事件。MouseEvent 类中提供了很多方法可以用来获取与鼠标事件相关的信息,如鼠标的位置、单击次数、哪个鼠标按键被按下等。表 11.15 中列出了 MouseEvent 类中的常用方法。

表 11.15　MouseEvent 类的常用方法

方法声明	功能描述
public MouseButton getButton()	返回发生事件的鼠标按键（MouseButton.PRIMARY，MouseButton.SECONDARY，MouseButton.MIDDLE 分别表示左键、右击和中键）
public int getClickCount()	返回事件中鼠标单击次数
public double getX()	返回鼠标单击位置相对于事件源结点的 x 坐标
public double getY()	返回鼠标单击位置相对于事件源结点的 y 坐标
public double getSceneX()	返回鼠标单击位置相对于场景的 x 坐标
public double getSceneY()	返回鼠标单击位置相对于场景的 y 坐标
public double getScreenX()	返回鼠标单击位置相对于屏幕的 x 坐标
public double getScreenY()	返回鼠标单击位置相对于屏幕的 y 坐标
public boolean isShiftDown()	如果该事件中 Shift 键被按下，返回 true
public boolean isControlDown()	如果该事件中 Ctrl 键被按下，返回 true
public boolean isAltDown()	如果该事件中 Alt 键被按下，返回 true

可以使用表 11.15 中所列出的方法为鼠标事件注册相应的事件处理器，例如，可以使用 setOnMousePressed()、setOnMouseClicked()、setOnMouseEntered() 等方法为鼠标事件注册事件处理器。

【例 11.7】 编写程序，当鼠标进入圆时，显示一个红色的圆；当鼠标离开圆时，显示一个黑色的圆；当鼠标拖动时，界面中的圆总是同时移动，并且圆心坐标总是在鼠标所在位置。

```java
public class MouseEventDemo extends Application {
    @Override
    public void start(Stage stage) throws Exception {
        //(1)建立事件源,创建一个圆对象
        Circle circle = new Circle(100, 100, 50);
        //(2)使用 Lambda 表达式处理器,为圆对象设置鼠标事件处理器
        //当鼠标进入时,圆的填充色变为红色
        circle.setOnMouseEntered(e -> circle.setFill(Color.RED));
        //当鼠标离开时,圆的填充色变为黑色
        circle.setOnMouseExited(e -> circle.setFill(Color.BLACK));
        //当拖曳鼠标时,圆心坐标将被设置为鼠标所在位置
        circle.setOnMouseDragged(e -> {
            circle.setCenterX(e.getX());
            circle.setCenterY(e.getY());
        });
        Pane pane = new Pane();
        pane.getChildren().add(circle);
        Scene scene = new Scene(pane, 300, 200);
        stage.setScene(scene);
        stage.setTitle("鼠标事件");
        stage.show();
    }
    public static void main(String[] args) {
        Application.launch(args);
    }
}
```

运行效果如图 11.26 所示。

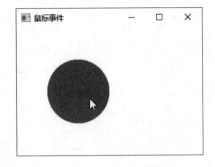
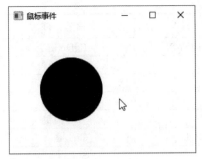
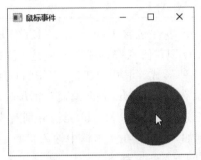

图 11.26 运行结果

2. 键盘事件

当在一个结点或场景中按下、释放,或者敲击键盘按键时,将触发一个 KeyEvent 类型的事件,可以通过键盘事件来获得键盘输入,或者控制和执行动作等。KeyEvent 类中提供了很多方法用来获取与键盘事件相关的信息。表 11.16 中列出了 KeyEvent 类中的常用方法。

表 11.16 KeyEvent 类的常用方法

方法声明	功能描述
public String getCharacter()	返回按键的 Unicode 字符或者是序列字符
public String getText()	返回按键编码的字符串
public KeyCode getCode()	返回按键的 KeyCode 编码
public boolean isShiftDown()	如果该事件中 Shift 键被按下,返回 true
public boolean isControlDown()	如果该事件中 Ctrl 键被按下,返回 true
public boolean isAltDown()	如果该事件中 Alt 键被按下,返回 true

每个键盘事件都有一个相关的编码,可以通过 KeyEvent 的 getCode() 方法获取,键的编码是定义在 KeyCode 中的常量,表 11.17 列出了 KeyCode 中的一些常量。

表 11.17 KeyCode 常量

常量	描述	常量	描述
HOME	Home 键	TAB	Tab 键
END	End 键	CAPS	CapsLock 键
PAGE_UP	PgUp 键	ESCAPE	Esc 键

常　量	描　述	常　量	描　述
PAGE_DOWN	PgDn 键	DELETE	Delete 键
UP	上方向键	INSERT	Insert 键
DOWN	下方向键	BACK_SPACE	BackSpace 键
LEFT	左方向键	ENTER	Enter 键
RIGHT	右方向键	UNDEFINED	未定义
CONTROL	Ctrl 键	F1~F12	F1~F12 功能键
SHIFT	Shift 键	DIGIT0~DIGIT9	0~9 数字键
ALT	Alt 键	A~Z	A~Z 字母键

在 JavaFX 中的 KeyEvent 事件包含 KeyEvent.KEY_PRESSED(任意按键按下时响应)、KeyEvent.KEY_RELEASED(任意按键松开时响应)和 KeyEvent.KEY_TYPED(文字输入键按下松开后响应)三种形式。其中，KEY_TYPED 事件只有输入一个 Unicode 字符时才会响应，如果某个键没有相应的 Unicode 编码(如功能键、方向键以及控制键等)，该事件将不会响应，所以可以把这三种事件看作两大类，分别对应以下两种应用场景：

(1) 对功能键的使用，例如，可能想在文本框中输入信息后，按 Enter 键进行搜索，这时 KEY_PRESSED 和 KEY_RELEASED 都可以使用，通过 event.getCode()方法来获取按键的信息，然后进行比对。

(2) 如果想检测输入的文字，则建议使用 KEY_TYPED。例如，当按下 A 键，会得到小写字母 a；但当按下 Shift 键的同时按下 A 键得到的是大写字母 A。KEY_TYPED 事件就是为此而生，通过 event.getCharacter()方法可以得到最终输入的字符内容。而 KEY_PRESSED 和 KEY_RELEASED 只能知道按下了什么键，而不知道最后输入的结果。

【例 11.8】　编写程序，使用箭头键绘制线段，所画的线段从面板的(100,100)开始，当按下向上、向下、向左或向右的箭头时，相应地向上、向下、向左或向右画一条长度为 10px 的线段。

```java
public class KeyEventDemo extends Application {
    private double x = 100;
    private double y = 100;
    @Override
    public void start(Stage primaryStage) {
        Pane pane = new Pane();
        //为面板对象 pane 设置键按下事件处理器
        pane.setOnKeyPressed(e -> {
            if (e.getCode() == KeyCode.UP) {
                pane.getChildren().add(new Line(x, y, x, y - 10));
                y -= 10;
            } else if (e.getCode() == KeyCode.DOWN) {
                pane.getChildren().add(new Line(x, y, x, y + 10));
                y += 10;
            } else if (e.getCode() == KeyCode.LEFT) {
                pane.getChildren().add(new Line(x, y, x - 10, y));
                x -= 10;
            } else if (e.getCode() == KeyCode.RIGHT) {
                pane.getChildren().add(new Line(x, y, x + 10, y));
                x += 10;
```

```
                }
            });
            Scene scene = new Scene(pane, 400, 250);
            primaryStage.setTitle("键盘事件");
            primaryStage.setScene(scene);
            primaryStage.show();
            //设置面板对象获得焦点,接收用户的键盘输入
            pane.requestFocus();
    }
    public static void main(String[] args) {
        Application.launch(args);
    }
}
```

运行效果如图 11.27 所示。

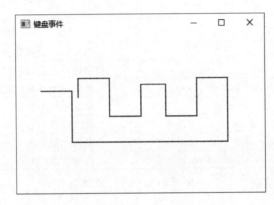

图 11.27 运行结果

关键技术:

只有获得输入焦点的结点才可以接收 KeyEvent 事件。在一个 pane 对象上调用 requestFocus()方法,可以使 pane 对象获得输入焦点,从而可以接收键盘输入。该方法必须在舞台被显示后调用。

11.6 UI 组件

任何一个复杂的 GUI 都是由最基本的 UI 组件在布局面板的统一控制下组合而成的。JavaFX 提供了许多 UI 组件,用于开发综合的用户界面,如 Label、Button、TextField、CheckBox、RadioButton 等。图 11.28 列出了 JavaFX 中的常用组件以及它们之间的关系。

11.6.1 Label

标签(Label)可以显示文字或图形,是一个不可编辑的显示区域,不响应用户的输入,可以用来为其他组件作标签,起到提示的作用。例如,使用标签来标识文本框、文本域等。

Label 类的常用方法及功能如表 11.18 所示。

视频讲解

视频讲解

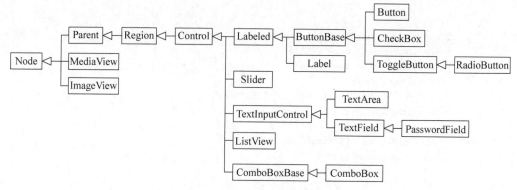

图 11.28　JavaFX 常用组件

表 11.18　Label 类的常用方法及功能

方法声明	功能描述
public Label()	创建一个空标签
public Label(String text)	创建一个具有指定文本的标签
public Label(String text, Node graphic)	创建一个具有指定文本和图形的标签
public void setAlignment(Pos value)	设置标签中文本或结点的对齐方式
public void setGraphic(Node value)	设置标签中的图形
public void setText(String value)	设置标签中的文本
public void setContentDisplay(ContentDisplay value)	设置结点相对于文本的位置

例如，下面的代码段创建了三个标签对象，运行效果如图 11.29 所示。

```
Label lb1 = new Label("Circle", new Circle(50));
lb1.setContentDisplay(ContentDisplay.TOP);
lb1.setTextFill(Color.ORANGE);
Label lb2 = new Label("Retangle", new Rectangle(50, 100));
lb2.setContentDisplay(ContentDisplay.RIGHT);
Label lb3 = new Label("Ellipse", new Ellipse(50, 25));
lb3.setContentDisplay(ContentDisplay.LEFT);
```

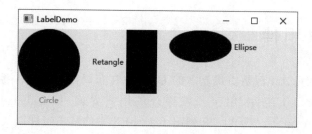

图 11.29　运行效果图

11.6.2　Button

按钮(Button)可以响应用户单击时触发的动作事件，在按钮中可以显示文本、图像或者文本加图像。

Button 类的常用方法及功能如表 11.19 所示。

表 11.19　Button 类的常用方法及功能

方法声明	功能描述
public Button()	创建一个空按钮
public Button(String text)	创建一个具有指定文本的按钮
public Button(String text, Node graphic)	创建一个具有指定文本和图形的按钮
public void setGraphic(Node value)	设置按钮中的图形
public void setText(String value)	设置按钮中的文本
public void setOnAction(EventHandler<ActionEvent> value)	设置事件处理器

11.6.3　TextField、PasswordField 和 TextArea

文本框(TextField)通常用来接收用户输入的单行文本。密码框(PasswordField)可以提供让用户输入密码的功能。PasswordField 类继承自 TextField 类,将输入的文本隐藏为回显字符"·"。TextField 类常用方法及功能如表 11.20 所示。

表 11.20　TextField 类的常用方法及功能

方法声明	功能描述
public TextField()	创建一个空的文本框
public TextField(String text)	创建一个具有指定文本的文本框
public void setText(String value)	设置文本框中的文本
public void setAlignment(Pos value)	设置文本框中文本或结点的对齐方式
public void setPrefColumnCount(int value)	设置文本框的首选列数
public void setEditable(boolean value)	设置文本框是否可编辑
public void setPromptText(String value)	设置文本框的提示文本
public void setOnAction(EventHandler<ActionEvent> value)	设置事件处理器

【例 11.9】　编写程序,设计一个用户登录界面,登录信息包括用户名和密码,当单击"重置"按钮时,可以清空文本框和密码框中内容;当单击"确定"按钮时,会显示用户输入的用户名和密码信息。

```
public class Login extends Application {
    public void start(Stage stage) {
        GridPane rootNode = new GridPane();
        rootNode.setPadding(new Insets(20));
        rootNode.setVgap(10);
        rootNode.setHgap(10);
        //创建输入用户名的文本框,并将它添加到网格面板中
        Label lbNane = new Label("用户名");
        TextField tfName = new TextField();
        tfName.setPromptText("请输入用户名");
        rootNode.add(lbNane, 0, 0);
        rootNode.add(tfName, 1, 0);
        //创建输入密码的密码框,并将它添加到网格面板中
        Label lbPwd = new Label("密    码");
        PasswordField tfPwd = new PasswordField();
        tfPwd.setPromptText("请输入密码");
        rootNode.add(lbPwd, 0, 1);
        rootNode.add(tfPwd, 1, 1);
```

```
            //创建两个按钮并为它们注册事件处理器
            Button submit = new Button("确定");
            Button reset = new Button("重置");
            rootNode.add(submit, 0, 2);
            rootNode.add(reset, 1, 2);
            //创建用于显示提示信息的标签
            Label label = new Label();
            rootNode.add(label, 0, 3, 2, 1);
            // 为"确定"按钮定义事件处理器
            submit.setOnAction(e -> {
                String name = tfName.getText();
                String pwd = tfPwd.getText();
                label.setText("用户名:" + name + ";密码:" + pwd);
            });
            //为"重置"按钮定义事件处理器
            reset.setOnAction((ActionEvent e) -> {
                //清除文本框和标签上文本内容
                tfName.clear();
                tfPwd.clear();
                label.setText(null);
            });
            Scene scene = new Scene(rootNode, 260, 150);
            stage.setScene(scene);
            stage.setTitle("登录");
            stage.show();
    }
    public static void main(String[] args) {
        launch(args);
    }
}
```

运行效果如图 11.30 所示。

图 11.30 运行结果

如果希望让用户输入多行文本,可以创建多个 TextField 实例,然而一个更好的选择是使用文本域(TextArea)类,它允许用户输入多行文本。JavaFX 的 TextArea 类提供滚动支持,当文字的内容超过文本域可显示的高度范围时,将自动显示垂直滚动条,至于是否显示水平滚动条,则依赖于换行属性(WrapText)而定。若 WrapText 为 true,则当文字内容超过所设定的宽度时,则将所超过的内容自动移到下一列,此时将不显示水平滚动条。反之,若不设定换行功能,则当文字内容超过设定的宽度时,将显示水平滚动条。除此之外,TextArea 类的其他功能都类似于 TextField 类。

例如,下面的代码建立了两个文本域,其中,左侧的文本域以 setWrapText(false) 设定为不换行,右侧的文本域以 setWrapText(true)设定为自动换行,代码的运行效果如图 11.31 所示。

```
HBox rootNode = new HBox(20);
TextArea ta1 = new TextArea();
ta1.setWrapText(false);
TextArea ta2 = new TextArea();
ta2.setWrapText(true);
rootNode.getChildren().addAll(ta1,ta2);
```

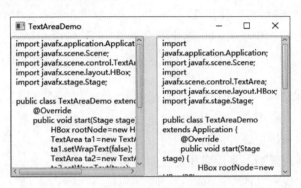

图 11.31　TextArea 测试

11.6.4　CheckBox

复选框(CheckBox)用于提供给用户进行选择的组件,通常被选中时外观为带有复选标记"√"的框。CheckBox 类常用方法及功能如表 11.21 所示。

表 11.21　CheckBox 类的常用方法

方法声明	功能描述
public CheckBox()	创建一个空的复选框
public CheckBox(String text)	创建一个具有指定文本的复选框
public boolean isSelected()	确定复选框是否被选中
public void setSelected(boolean value)	设置复选框的选中状态
public void setOnAction(EventHandler < ActionEvent > value)	设置事件处理器

当一个复选框被选中或者取消选中时都会触发一个 ActionEvent 事件,而要判断一个复选框是否被选中,可以使用 isSelected()方法,返回 true,为选中;返回 false,为未被选中。

11.6.5　RadioButton

单选按钮(RadioButton)可以让用户从一组选项中选择一项。RadioButton 类常用方法及功能如表 11.22 所示。

表 11.22　RadioButton 类的常用方法及功能

方法声明	功能描述
public RadioButton()	创建一个空的单选按钮
public RadioButton(String text)	创建一个具有指定文本的单选按钮

续表

方法声明	功能描述
public boolean isSelected()	确定单选按钮是否被选中
public void setSelected(boolean value)	设置单选按钮的选中状态
public void setToggleGroup(ToggleGroup value)	设置单选按钮所在的组
public void setOnAction(EventHandler<ActionEvent> value)	设置事件处理器

通常情况下,同一界面中存在的多个单选按钮是相互无关的,如果想让多个相关的单选按钮进行互斥的单一选择,可以使用 ToggleGroup 对象将多个相关的单选按钮组成一组。

当一个单选按钮被选中或者取消选中都会触发一个 ActionEvent 事件,而要判断一个单选按钮是否被选中,可以使用 isSelected() 方法,返回 true,为选中;返回 false,为未被选中。

【例 11.10】 编写一个 GUI 程序,功能要求如下。

(1) 当用户在文本框中输入一个新的文本并按 Enter 键后,一条新的消息将被显示。
(2) 用户使用单选按钮设置消息的颜色。
(3) 使用复选框设置消息是用黑体还是斜体显示。
(4) 使用按钮实现消息的左右移动。

运行效果如图 11.32 所示。

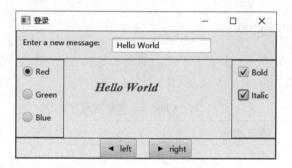

图 11.32 运行结果

```java
public class UIDemo extends Application {
    Font font = Font.font("Times New Roman", 20);
    Insets insets = new Insets(10);
    public void start(Stage stage) {
        //绘制界面中间的文本对象
        Text text = new Text(50, 50, "JavaFX Programming");
        text.setFont(font);
        //创建存放文本的布局面板,并将文本添加到布局面板
        Pane paneForText = new Pane();
        paneForText.getChildren().add(text);
        //创建界面顶部的标签和文本框对象
        Label lb = new Label("Enter a new message:");
        TextField tf = new TextField();
        //将标签和文本框添加到布局面板
        HBox paneForTextField = new HBox(20);
        paneForTextField.getChildren().addAll(lb, tf);
        //设置面板的样式
        paneForTextField.setStyle("-fx-border-color:green");
```

```java
paneForTextField.setPadding(insets);
//为给文本框添加事件处理器
tf.setOnAction(e -> {
    text.setText(tf.getText());
});
//创建界面底部的按钮对象
Button btLeft = new Button("left", new ImageView("file:image/left.gif"));
Button btRight = new Button("right", new ImageView("file:image/right.gif"));
//将按钮对象添加到布局面板
HBox paneForButtons = new HBox(20);
paneForButtons.getChildren().addAll(btLeft, btRight);
paneForButtons.setAlignment(Pos.CENTER);
paneForButtons.setStyle("-fx-border-color:green");
//为按钮对象添加事件处理器
btLeft.setOnAction(e -> text.setX(text.getX() - 10));
btRight.setOnAction(e -> text.setX(text.getX() + 10));
//创建界面右侧的复选框对象
CheckBox cbBold = new CheckBox("Bold");
CheckBox cbItalic = new CheckBox("Italic");
//将复选框对象添加到布局面板
VBox paneForCheckBoxs = new VBox(20);
paneForCheckBoxs.getChildren().addAll(cbBold, cbItalic);
paneForCheckBoxs.setStyle("-fx-border-color:green");
paneForCheckBoxs.setPadding(insets);
//创建事件处理器
EventHandler<ActionEvent> handler = e -> {
    if (cbBold.isSelected() && cbItalic.isSelected()) {
        font = Font.font("Times New Roman", FontWeight.BOLD, FontPosture.ITALIC, 20);
    } else if (cbBold.isSelected()) {
        font = Font.font("Times New Roman", FontWeight.BOLD, 20);
    } else if (cbItalic.isSelected()) {
        font = Font.font("Times New Roman", FontPosture.ITALIC, 20);
    } else {
        font = Font.font("Times New Roman", 20);
    }
    text.setFont(font);
};
//为复选框添加事件处理器
cbBold.setOnAction(handler);
cbItalic.setOnAction(handler);
//创建界面左侧的单选按钮对象
RadioButton rbRed = new RadioButton("Red");
RadioButton rbGreen = new RadioButton("Green");
RadioButton rbBlue = new RadioButton("Blue");
//为单选按钮 rbRed,rbGreen 和 rbBlue 创建一个按钮组
ToggleGroup group = new ToggleGroup();
rbRed.setToggleGroup(group);
rbGreen.setToggleGroup(group);
rbBlue.setToggleGroup(group);
//将单选按钮添加到布局面板
VBox paneForRadioButtons = new VBox(20);
paneForRadioButtons.getChildren().addAll(rbRed, rbGreen, rbBlue);
paneForRadioButtons.setStyle("-fx-border-color:green");
paneForRadioButtons.setPadding(insets);
```

```
            //为单选按钮添加事件处理器
            rbRed.setOnAction(e -> {
                if (rbRed.isSelected()) {
                    text.setFill(Color.RED);
                }
            });
            rbGreen.setOnAction(e -> {
                if (rbGreen.isSelected()) {
                    text.setFill(Color.GREEN);
                }
            });
            rbBlue.setOnAction(e -> {
                if (rbBlue.isSelected()) {
                    text.setFill(Color.BLUE);
                }
            });
            //创建一个边界布局面板,并设置其上、下、左、右以及中间的结点
            BorderPane rootNode = new BorderPane();
            rootNode.setTop(paneForTextField);
            rootNode.setCenter(paneForText);
            rootNode.setBottom(paneForButtons);
            rootNode.setRight(paneForCheckBoxs);
            rootNode.setLeft(paneForRadioButtons);
            Scene scene = new Scene(rootNode, 420, 200);
            stage.setScene(scene);
            stage.setTitle("登录");
            stage.show();
    }
    public static void main(String[] args) {
        launch(args);
    }
}
```

关键技术:

JavaFX 的样式属性类似于在 Web 页面中指定 HTML 元素样式的层叠样式表(CSS),因此,JavaFX 的样式属性也称为 JavaFX CSS。在 JavaFX 中,样式属性使用前缀"-fx-"进行定义。可以使用结点的 setStyle()方法来设定结点的样式属性,语法格式如下。

```
nodeName.setStyle("styleName:value");
```

一个结点的多个样式属性可以一起设置,多个属性之间通过分号";"进行分隔。例如,下面的语句设置了一个圆对象(circle)的两个样式属性。

```
circle.setStyle("-fx-stroke:black;-fx-fill:red");
```

该语句等价于下面两条语句。

```
circle.setStroke(Color.BLACK);
circle.setFill(Color.RED);
```

如果使用了一个不正确的 JavaFX CSS,程序依然可以编译和运行,但是样式将被忽略。

11.6.6 ComboBox

组合框(ComboBox)也称为下拉列表框,它提供一组选项列表,用户能够从中进行选

择。使用组合框可以限制用户的选择范围,从而可以有效避免对输入数据有效性的烦琐检查。ComboBox 类常用方法及功能如表 11.23 所示。

表 11.23 RadioButton 类的常用方法及功能

方法声明	功能描述
public ComboBox()	创建一个空的组合框
public ComboBox(ObservableList<T> items)	创建一个具有指定选项的组合框
public ObservableList<T> getItems()	获取组合框中的选项列表
public T getValue()	获取当前用户的选择值
public void setEditable(boolean value)	指定组合框是否允许用户输入
public void setValue(T value)	设置用户的选择值
public void setVisibleRowCount(int value)	指定可见的选项数目(默认为 10)
public void setOnAction(EventHandler<ActionEvent> value)	设置事件处理器

ComboBox 继承自 ComboBoxBase,当一个选项被选中时,ComboBox 就可以触发一个 ActionEvent 事件。ObservableList 是 java.util.List 的子接口,因此定义在 List 中的所有方法都可以应用于 ObservableList。可以使用下面的语句向组合框中添加选项。

```
ComboBox<String> cb = new ComboBox<String>();
cb.getItems().add("教务处");                          //将单个选项添加到列表中
cb.getItems().add("学生处");
cb.getItems().addAll("人事处","财务处","总务处");       //将多个选项添加到列表中
```

为了方便,JavaFX 提供了一个静态方法 FXCollections.observableArrayList(E… items)用来从一个元素列表中创建一个 ObservableList 对象。例如:

```
ObservableList<String> list = FXCollections.observableArrayList("张三","李四","王五");
ComboBox<String> cb = new ComboBox<String>(list);
```

11.6.7 ListView

列表视图(ListView)提供一组选项列表,用户能够从中选择一个或多个选项。ListView 类常用方法及功能如表 11.24 所示。

表 11.24 ListView 类的常用方法及功能

方法声明	功能描述
publicListView()	创建一个空的列表视图
publicListView(ObservableList<T> items)	创建一个具有指定选项的列表视图
public ObservableList<T> getItems()	获取列表框中的选项列视图
public MultipleSelectionModel<T> getSelectionModel()	返回一个 MultipleSelectionModel 实例

ListView 类的 getSelectionModel() 方法返回一个 MultipleSelectionModel 实例,MultipleSelectionModel 是 SelectionModel 的子类,其中包含设置选择模式以及获得被选中的索引值和选项的方法。选择模式由以下两个常量之一定义。

(1) SelectionMode.SINGLE:单选模式(默认值)。

(2) SelectionMode.MULTIPLE:多选模式。

【例 11.11】 编写一个程序,实现省市联动效果。当用户在列表框中选择一个具体的

省份,在后面的组合框中动态加载该省份下所有的城市,同时将用户的选择显示在界面的下方,如图 11.33 所示。

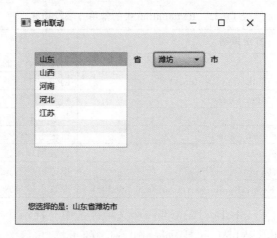

图 11.33 运行结果

```
public class ProvinceCity extends Application {
    ObservableList<String> itemsP = FXCollections.observableArrayList("山东","山西","河南","河北","江苏");
    ObservableList<String> itemsC1 = FXCollections.observableArrayList("济南","青岛","淄博","枣庄","东营","烟台","潍坊","威海","济宁","泰安","日照","莱芜","临沂","德州","聊城","滨州","菏泽");
    ObservableList<String> itemsC2 = FXCollections.observableArrayList("太原","大同","阳泉","长治","晋城","朔州","晋中","运城","忻州","临汾","吕梁");
    ObservableList<String> itemsC3 = FXCollections.observableArrayList("郑州","开封","洛阳","平顶山","焦作","鹤壁","新乡","安阳","濮阳","许昌","漯河","三门峡","南阳","商丘","信阳","周口","驻马店");
    ObservableList<String> itemsC4 = FXCollections.observableArrayList("石家庄","唐山","秦皇岛","邯郸","邢台","保定","张家口","承德","沧州","廊坊","衡水");
    ObservableList<String> itemsC5 = FXCollections.observableArrayList("南京","镇江","常州","无锡","苏州","徐州","淮安","盐城","扬州","泰州");
    ObservableList<String> itemsC = itemsC1;
    @Override
    public void start(Stage stage) {
        Label lb1 = new Label("省");
        Label lb2 = new Label("市");
        Label lb = new Label();
        ListView<String> lv = new ListView<>(itemsP);
        lv.setMaxSize(150, 150);
        ComboBox<String> cb = new ComboBox<>();
        lv.getSelectionModel().selectedIndexProperty().addListener(ov -> {
            cb.getItems().clear();
            int index = lv.getSelectionModel().getSelectedIndex();
            switch (index) {
            case 0:itemsC = itemsC1;break;
            case 1:itemsC = itemsC2;break;
            case 2:itemsC = itemsC3;break;
            case 3:itemsC = itemsC4;break;
            case 4:itemsC = itemsC5;break;
            }
```

```
            cb.getItems().addAll(itemsC);
            cb.setValue(cb.getItems().get(0));
        });
        cb.setOnAction(e -> {
            lb.setText("您选择的是:" + lv.getSelectionModel().getSelectedItem() + "省"
 + cb.getValue() + "市");
        });
        HBox hbox = new HBox(10);
        hbox.setPadding(new Insets(30));
        HBox.setMargin(lb1, new Insets(4, 10, 0, 0));
        HBox.setMargin(lb2, new Insets(4, 0, 0, 0));
        hbox.getChildren().addAll(lv, lb1, cb, lb2);
        BorderPane rootNode = new BorderPane();
        BorderPane.setMargin(lb, new Insets(0, 0, 20, 20));
        rootNode.setCenter(hbox);
        rootNode.setBottom(lb);
        Scene scene = new Scene(rootNode, 400, 300);
        stage.setTitle("省市联动");
        stage.setScene(scene);
        stage.show();
    }
    public static void main(String[] args) {
        launch(args);
    }
}
```

关键技术:

1. 可观察对象监听器

在JavaFX中除了可以通过注册事件监听器的方式监听和处理事件外,还可以通过添加对象监听器的方式来响应可观察对象中状态的变化。例如,通过给ListView对象的选中项添加一个监听器可以监听列表视图中选中项的变化,这样,每次用户改变列表视图中的选中项时,就可以做出响应。

可观察对象是指一个javafx.beans.value.ObservableValue类的实例(所有绑定属性都是Observable类的实例),ObservableValue是一个包装了值并允许观察该值以进行更改的实体。一个ObservableValue生成两种类型的事件:更改事件和失效事件。更改事件指示值已更改,如果当前值不再有效,则会生成一个无效事件。可以将两种类型的监听器附加到ObservableValue上:InvalidationListener监听无效事件,而ChangeListener则监听更改事件。

注意:使用ChangeListener时,只要值发生更改,就会触发事件,使用InvalidationListener时,情况不是这样。当属性的值状态第一次从有效变为无效时,它将生成一个无效事件,JavaFx中的属性使用惰性评估,当无效属性再次变为无效时,不会生成无效事件,无效属性在重新计算时将变为有效,例如,通过调用get()或getValue()方法。

例如,下面的代码使用ChangeListener监听更改事件,代码执行后在控制台窗口中得到的结果如图11.34(a)所示。

```
//创建一个可观察对象sip
SimpleIntegerProperty sip = new SimpleIntegerProperty(10);
```

```
//为对象 sip 添加监听器
sip.addListener(new ChangeListener<Number>() {
    @Override
    public void changed(ObservableValue<? extends Number> observable, Number oldValue,
Number newValue) {
        System.out.println("更改监听");
    }
});
sip.set(20);                                          //更改 sip 对象的值为 20
sip.set(30);                                          //更改 sip 对象的值为 30
```

如果修改上述代码,使用 InvalidationListener 监听无效事件,代码执行后在控制台窗口中得到的结果如图 11.34(b)所示。

```
SimpleIntegerProperty sip = new SimpleIntegerProperty(10);
sip.addListener(new InvalidationListener() {
    @Override
    public void invalidated(Observable observable) {
        System.out.println("失效监听");
    }
});
sip.set(20);                                          //更改 sip 对象的值为 20
sip.set(30);                                          //更改 sip 对象的值为 30
```

(a) 更改监听　　　　　　　　　　　　(b) 失效监听

图 11.34　运行结果

从代码的运行结果可以看出,SimpleIntegerProperty 类型的对象 sip 的值每次变化时都会被 ChangeListener 监听器,并自动调用类中包含的 changed()方法来响应变化。而 InvalidationListener 监听器则只监听到一次,连续多次失效只产生一个失效事件。

2. ListView 的选择事件

处理 ListView 类的选择事件,首先通过 ListView 类的 getSelectionModel()方法获取一个 SelectionModel 对象,该对象具有 selectedIndexProperty 和 selectedItemProperty 两个绑定属性,这两个绑定属性都是 javafx.beans.value.ObservableValue 类的实例。因此可以通过给这两个可观察对象添加 ChangeListener 监听器或 InvalidationListener 监听器的方式来处理 ListView 的选择事件。

```
lv.getSelectionModel().selectedItemProperty().addListener(new ChangeListener<String>() {
    @Override
    public void changed(ObservableValue<? extends String> observable, String oldValue,
String newValue) {
```

```
        System.out.println("列表视图的值发生了改变:" + oldValue + " -> " + newValue);
    }
});
```

这个匿名内部类可以使用 Lambda 表达式简化如下。

```
lv.getSelectionModel().selectedItemProperty().addListener((ov,oldValue,newValue) ->{
    System.out.println("列表视图的值发生了改变:" + oldValue + " -> " + newValue);
});
```

11.6.8 Slider

滑动条(Slider)是让用户通过在一个有界的区间中滑动滑块,从而图形化地选择一个值。图 11.35 给出了滑动条示意图。

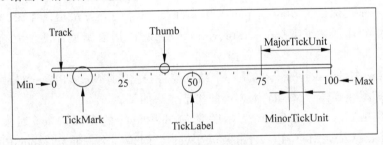

图 11.35　滑动条示意图

其中:
- Track：滑动条的轨道。
- Thumb：滑动条旋钮。
- TickLabel：刻度标签。
- TickMark：刻度线。
- Max：滑动条的最大值。
- Min：滑动条的最小值。
- MajorTickUnit：主刻度单位。
- MinorTickUnit：次刻度单位。
- MinorTickCount：两个主刻度之间放置的次刻度数量。

Slide 类的常用构造函数如下。

public Slider()：创建一个默认的水平滑动条。

public Slider(double min,double max,double value)：创建一个具有指定最小值(min)、最大值(max)和当前值(value)的滑动条。

11.7　音频和视频

在 JavaFX 中要处理音频或视频等媒体文件,可以使用下面的类进行处理。
- javafx.scene.media.Media
- javafx.scene.media.MediaPlayer

- javafx.scene.media.MediaView

Media 类用来设定音频或视频的来源,代表了一个媒体源。Media 类的构造方法如下。

public Media(String source)

其中,参数 source 用来指定音频或视频的来源,既可以是本地媒体文件,也可以是 Web 服务器上的媒体文件。

可以通过 Media 提供的一些属性来获取有关媒体的信息,如持续时间(duration)、视频的分辨率(width 和 height)等。

MediaPlayer 类提供了播放媒体的控件,它与 Media 类结合使用,以便为特定媒体创建播放器。它的构造方法如下。

public MediaPlayer(Media media)

MediaPlayer 类提供了 play()、pause()、seek()、stop() 等方法用以播放、暂停、定位或停止播放媒体,它还提供了 balance、rate、volume 等属性,用以调整音量平衡、播放速率、音量大小等。

MediaView 类是 Node 的子类,是一个结点控件,提供了 MediaPlayer 播放的媒体的视图,用来"显示"视频媒体。MediaView 类的构造方法如下。

public MediaView():创建一个没有关联 MediaPlayer 的 MediaView 对象。

public MediaView(MediaPlayer mediaPlayer):创建一个与指定 MediaPlayer 关联的 MediaView 对象。

Media、MediaPlayer 和 MediaView 三者之间的关系如图 11.36 所示。

图 11.36 Media、MediaPlayer 和 MediaView 关系图

Media 代表了播放源,MediaPlayer 用来控制播放,MediaView 用来显示视频,同一个 Media 对象可以被多个 MediaPlayer 对象共享,并且不同的 MediaView 对象可以使用同一个 MediaPlayer 对象。

如果只是处理音频资源,则只需要使用 Media 类和 MediaPlayer 类;如果处理视频资源,则需要 Media 类、MediaPlayer 类和 MediaView 类三者搭配在一起使用。

【例 11.12】 编写程序,在一个视图中播放一个视频,通过使用播放/暂停按钮来播放/暂停视频,使用重播按钮来重新播放视频,使用滑动条来控制音量,如图 11.37 所示。

```
public class PianoSolo extends Application {
    @Override
    public void start(Stage primaryStage) {
        File path = new File("media/piano.mp4");
        String source = path.toURI().toString();
        //创建一个 Media 对象,一段视频
        Media media = new Media(source);
        //为指定媒体创建一个播放器
        MediaPlayer mediaPlayer = new MediaPlayer(media);
        //创建一个具有指定媒体播放器的媒体视图
        MediaView mediaView = new MediaView(mediaPlayer);
        //播放/暂停按钮及其事件处理
        Button playButton = new Button(">");
```

图 11.37 视频播放示例

```
    playButton.setOnAction(e -> {
        if (playButton.getText().equals(">")) {
            mediaPlayer.play();
            playButton.setText("||");
        } else {
            mediaPlayer.pause();
            playButton.setText(">");
        }
    });
    //重播按钮及事件处理
    Button rewindButton = new Button("<<");
    rewindButton.setOnAction(e -> {
        mediaPlayer.seek(Duration.ZERO);
    });
    //创建一个滑动条 Slider,用于设置音量
    Slider slVolume = new Slider();
    slVolume.setMinWidth(30);
    //设置滑动条的当前值
    slVolume.setValue(50);
    //播放器的音量属性绑定到滑动条上
    mediaPlayer.volumeProperty().bind(slVolume.valueProperty().divide(100));
    HBox hBox = new HBox(10);
    hBox.setAlignment(Pos.CENTER);
    hBox.getChildren().addAll(playButton, rewindButton, new Label("Volume"), slVolume);
    BorderPane pane = new BorderPane();
    pane.setCenter(mediaView);
    pane.setBottom(hBox);
    Scene scene = new Scene(pane, 650, 400);
    primaryStage.setTitle("钢琴独奏");
    primaryStage.setScene(scene);
    primaryStage.show();
}
public static void main(String[] args) {
```

```
        launch(args);
    }
}
```

另外,在 JavaFX 中如果处理小段音频,还可以使用 javafx.scene.media.AudioClip 类,它将音频保存在内存中,因此对于处理小段音频而言,AudioClip 比 MediaPlayer 效率更高。

在下面的代码中,当单击按钮时,则调用 AudioClip 类的 play()方法播放音频;再次单击按钮时,则调用 stop()方法停止播放音频;当选择复选框时,将循环播放音频。

```
File path = new File("media/Ring06.wav");
String source = path.toURI().toString();
AudioClip audio = new AudioClip(source);
Button playButton = new Button("播放");
playButton.setOnAction(e -> {
    if (playButton.getText().equals("播放")) {
        audio.play();
        playButton.setText("停止");
    } else {
        audio.stop();
        playButton.setText("播放");
    }
});
CheckBox cb = new CheckBox("循环");
cb.setOnAction(e->{
    audio.setCycleCount(AudioClip.INDEFINITE);
});
```

视频讲解

11.8 综合案例

1. 案例描述

中国是一个幅员辽阔的国家,在 960 多万平方千米的土地上,我们看到的是千姿百态、包罗万象的"风景"。正是这些各具特色的风景,组成了一幅幅震撼人心的画面。请利用 JavaFX 中学习到的基本知识,绘制一幅最美中国风景图,带领我们走进中国,领略非同凡响的中国风景,同时感受中国的气魄与文化。

2. 运行结果

案例运行结果如图 11.38 所示。

3. 实现思路

(1) 首先将图像文件命名为 1.jpeg、2.jpeg、3.jpeg 和 4.jpeg,并将视频文件命名为 5.mp4 并保存在项目的 image 目录下。

(2) 创建 4 个 ImageView 对象,并设置宽度和保留纵横比。

(3) 创建 4 个 Text 对象,并分别设置文本为"春""夏""秋"和"冬"。

(4) 创建 MediaView 对象,并添加对应的视频资源。

(5) 添加 4 个 Button 对象,并添加相应的事件处理器。

图 11.38　运行结果

4．实现代码

```
import java.io.File;
import javafx.application.Application;
import javafx.geometry.Insets;
import javafx.geometry.Pos;
import javafx.scene.Scene;
import javafx.scene.control.Button;
import javafx.scene.image.ImageView;
import javafx.scene.layout.BorderPane;
import javafx.scene.layout.HBox;
import javafx.scene.layout.VBox;
import javafx.scene.media.Media;
import javafx.scene.media.MediaPlayer;
import javafx.scene.media.MediaView;
import javafx.scene.paint.Color;
import javafx.scene.text.Font;
import javafx.scene.text.Text;
import javafx.stage.Stage;
public class Jiuzhaigou extends Application {
    @Override
    public void start(Stage stage) throws Exception {
        Text t1 = new Text("春天");
        t1.setFont(Font.font("Verdana",20));
        Text t2 = new Text("夏天");
        t2.setFont(Font.font("Verdana",20));
        Text t3 = new Text("秋天");
        t3.setFont(Font.font("Verdana",20));
        Text t4 = new Text("冬天");
        t4.setFont(Font.font("Verdana",20));
        ImageView img1 = new ImageView("file:image/1.jpeg");
```

```java
            img1.setFitHeight(150);
            img1.setPreserveRatio(true);                    //保留纵横比
            ImageView img2 = new ImageView("file:image/2.jpeg");
            img2.setFitHeight(150);
            img2.setPreserveRatio(true);
            ImageView img3 = new ImageView("file:image/3.jpeg");
            img3.setFitHeight(150);
            img3.setPreserveRatio(true);
            ImageView img4 = new ImageView("file:image/4.jpeg");
            img4.setFitHeight(150);
            img4.setPreserveRatio(true);
            VBox vb = new VBox(10);
            vb.setAlignment(Pos.CENTER);
            vb.getChildren().addAll(img1,t1,img2,t2,img3,t3,img4,t4);
            File file = new File("image/5.mp4");
            String source = file.toURI().toString();
            Media media = new Media(source);
            MediaPlayer mediaPlayer = new MediaPlayer(media);
            MediaView mediaView = new MediaView(mediaPlayer);
            mediaView.setFitWidth(1300);
            mediaView.setPreserveRatio(true);
            Button play = new Button("播放");
            Button pause = new Button("暂停");
            Button loop = new Button("循环");
            Button stop = new Button("停止");
            play.setOnAction(e->mediaPlayer.play());
            pause.setOnAction(e->mediaPlayer.pause());
            loop.setOnAction(e->{
                mediaPlayer.setCycleCount(MediaPlayer.INDEFINITE);
                mediaPlayer.play();
            });
            stop.setOnAction(e->mediaPlayer.stop());
            HBox hb = new HBox(10);
            hb.setPadding(new Insets(10));
            hb.setAlignment(Pos.CENTER);
            hb.getChildren().addAll(play,pause,loop,stop);
            Text t = new Text("最美九寨沟");
            t.setFont(Font.font(40));
            t.setFill(Color.RED);
            BorderPane root = new BorderPane();
            root.setTop(t);
            BorderPane.setAlignment(t, Pos.CENTER);
            root.setLeft(vb);
            root.setCenter(mediaView);
            root.setBottom(hb);
            BorderPane.setAlignment(hb, Pos.CENTER);
            Scene scene = new Scene(root,1600,900);
            stage.setTitle("最美中国");
            stage.setScene(scene);
            stage.show();
        }
```

```
        public static void main(String[] args) {
            Application.launch(args);
        }
}
```

5. 关键技术

1) Image 类

Image 类表示一个图像对象,用于从一个指定的 URL 加载图像。要加载的图像可以是本地图像文件,也可以是存储在 Web 服务器上的图像文件。Image 类所支持的图像文件的格式包括 BMP、GIF、JPEG、PNG 等。

Image 类的常用构造方法如下。

- Image(InputStream is):创建一个从指定输入流加载图像的 Image 对象。
- Image(String url):创建一个具有从指定 url 加载图像的 Image 对象。

JavaFx 的 Image 类支持三种策略加载图片资源,分别是网络 URL 资源、本地文件资源和项目类路径。

(1) 如果使用网络 URL 来定位图像文件,必须提供 URL 协议 http://。例如下面的语句:

```
Image image = new Image("http://www.baidu.com/img/PCtm_d9c8750bed0b3c7d089fa7d55720d6cf.png");
```

(2) 如果使用本地文件资源来定位图像文件,有以下两种写法。

- file:+本地文件路径,例如:

```
Image image = new Image("file:image/1.jpeg");
```

- 首先利用 File 类加载本地文件,然后在创建的 File 对象上调用 toURI().toURL().toString()方法转为文件的 URL 格式。例如:

```
File file = new File("d:/image/1.jpeg");
Image image = new Image(file.toURI().toURL().toString());
```

(3) 如果图像文件放在类文件相同的目录下,如图 11.39 所示,则可以直接使用文件的相对路径。例如:

```
Image image = new Image("image/card/1.png");
```

2) ImageView 类

Image 对象并不是一个 Node 对象,所以不能将其装入某个面板加以显示,若希望显示 Image 中的图像,需要 ImageView 对象的配合。

ImageView 类用于显示一个图像,其图像源可以来自 Image 对象,也可以是一个 URL 指定的图像文件。ImageView 类的常用构造方法如下。

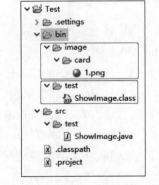

图 11.39 图像文件与类文件在相同目录下

- ImageView():创建一个空的 ImageView 对象。
- ImageView(String url):使用从指定的文件路径载入的图像创建一个 ImageView 对象。

- ImageView(Image image)：使用给定的 Image 图像创建一个 ImageView 对象。

小结

通过本章的学习，读者应该能够：
(1) 了解 JavaFX、Swing 和 AWT 的区别。
(2) 学会 JavaFX 程序的基本结构。
(3) 学会通过属性绑定自动更新属性值。
(4) 了解布局面板的特点。
(5) 掌握面板的使用方法。
(6) 学会绘制常见形状。
(7) 学会显示文本字符串。
(8) 熟悉事件和事件源等基本概念。
(9) 学会事件驱动编程。
(10) 熟悉内部类的定义。
(11) 学会使用匿名内部类作为处理器的方法。
(12) 熟悉 Lambda 表达式的基础语法。
(13) 学会使用 Lambda 表达式作为处理器的方法。
(14) 熟悉鼠标和键盘事件。
(15) 学会鼠标和键盘事件的监听。
(16) 了解常用 UI 组件的特点和使用方法。
(17) 学会使用各类组件创建用户图形界面。

习题

一、单选题

1. 添加一个结点 node 到一个 GridPane 面板 pane 的第一行第二列索引中，需要使用（　　）方法。
    A. pane.getChildren().add(node, 1, 2);
    B. pane.add(node, 1, 2);
    C. pane.getChildren().add(node, 0, 1);
    D. pane.add(node, 1, 0);
2. JavaFX 的事件处理器是一个（　　）实例。
    A. ActionEvent   B. Action
    C. EventHandler   D. EventHandler<ActionEvent>
3. 注册一个处理器 handler 到事件源 source 上，需要（　　）方法。
    A. source.addAction(handler)
    B. source.setOnAction(handler)

C. source.addOnAction(handler)
D. source.setActionHandler(handler)

二、多选题

1. 可以作为源对象来进行属性绑定的是(　　)。
   A. Integer   B. Double
   C. IntegerProperty   D. DoubleProperty

2. 下列关于 JavaFX 的优点的叙述正确的是(　　)。
   A. 对于新的 Java 程序员来说,JavaFX 更容易学习和使用
   B. JavaFX 为平板电脑和智能手机等支持触摸的设备提供了多点触摸支持
   C. JavaFX 具有内置的 3D、动画支持、视频和音频回放,并且可以作为独立的应用程序运行,也可以从浏览器运行
   D. JavaFX 结合了现代 GUI 技术,使用户能够开发丰富的 Internet 应用程序

3. 可以使用(　　)属性控制一个 MediaPlayer。
   A. autoPlay   B. currentCount   C. cycleCount   D. volume

三、判断题

1. 当一个 JavaFX 主类加载时,一个主舞台对象将自动创建。(　　)
2. 一个 source 源对象可以触发一个事件 event。(　　)
3. 一个内部类可以使用可见性修饰符 public 或 private 来定义,同应用于一个类中成员的可见性规则相同。(　　)

四、编程题

1. 编写程序,在界面中显示如图 11.40 所示的风车。
2. 编写程序,实现如图 11.41 所示的国际象棋盘,其中每个单元格都是一个填充了黑色或白色的 Rectangle 对象。

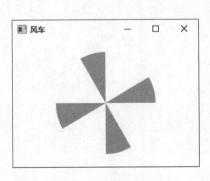

图 11.40　风车界面

图 11.41　国际象棋盘

3. 编写程序,实现如图 11.42 所示的航天员信息展示界面。

图 11.42 航天员信息展开界面

第12章

JDBC数据库

CHAPTER 12

本章学习目标

- 学会 MySQL 数据库的安装与使用
- 理解 JDBC 访问数据库的结构及原理
- 掌握 JDBC 访问数据库的步骤
- 学会常用 JDBC API 的使用
- 掌握 PreparedStatement 对象的创建和使用
- 理解 DAO 设计模式
- 了解可滚动和可更新的 ResultSet 对象

视频讲解

12.1 MySQL 数据库

MySQL 是一种开放源代码的关系型数据库管理系统,由瑞典 MySQL AB 公司开发,属于 Oracle 旗下产品。MySQL 所使用的 SQL 是用于访问数据库的最常用标准化语言。MySQL 软件由于体积小、速度快、总体拥有成本低,尤其是开放源码这一特点,一般中小型和大型网站的开发都选择它作为网站数据库。

1. 下载 MySQL 数据库安装包

可以到 Oracle 公司官方网站下载最新的 MySQL 软件,MySQL 的下载地址为 https://dev.mysql.com/downloads/mysql/,最新版本是 MySQL 8.0,如图 12.1 所示。

图 12.1 下载 MySQL 数据库安装包

2. 在 Windows 环境中安装 MySQL 数据库

MySQL 安装文件下载后,双击 mysql-installer-web-community-8.0.xx.0.msi 文件(xx 表示版本尾号)启动数据库软件的安装程序,按照如图 12.2 所示步骤即可完成 MySQL 数据库的安装。

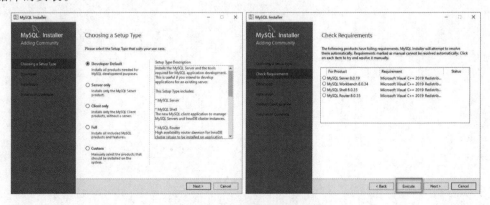

图 12.2 MySQL 数据库的安装

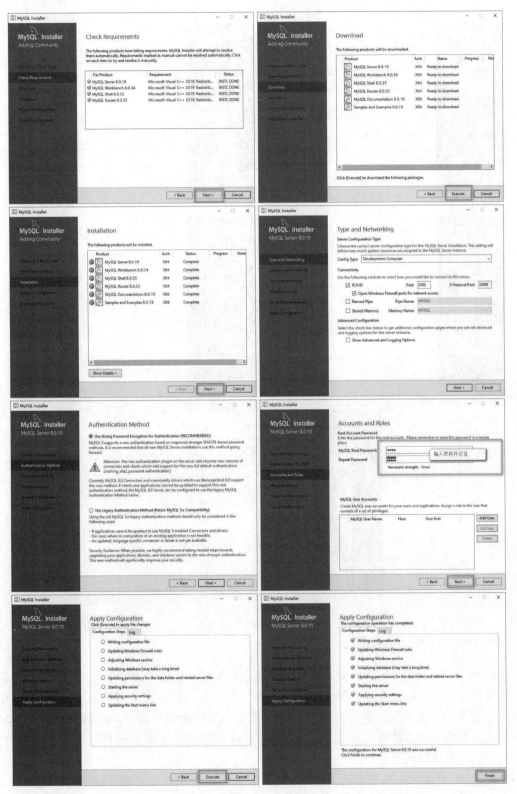

图 12.2 （续）

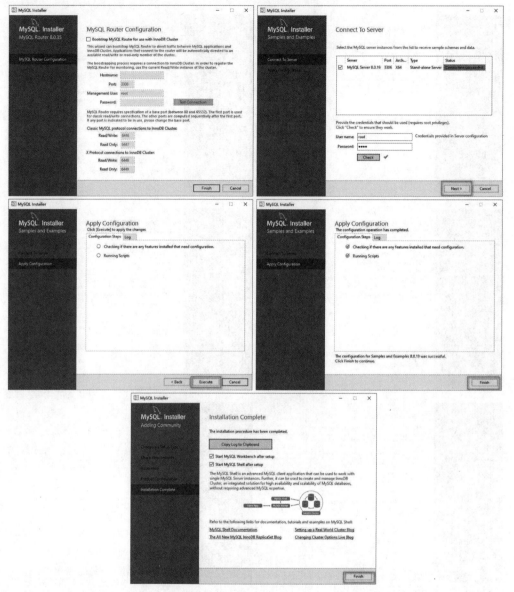

图 12.2 （续）

3. 使用 MySQL Workbench 操作数据库

MySQL Workbench 是一款专为 MySQL 设计的 ER/数据库建模工具。它是著名的数据库设计工具 DBDesigner4 的继任者。MySQL Workbench 提供了用于创建、执行和优化 SQL 查询的可视化工具。同时还为管理者提供了一个可视化控制台，可轻松管理 MySQL 环境并更好地了解数据库。开发人员和 DBA 可以使用可视化工具配置服务器，管理用户和查看数据库运行状况。

安装 MySQL 8.0 后会默认安装 MySQL Workbench 可视化工具，因此无须单独安装。

MySQL Workbench 的初始界面如图 12.3 所示。

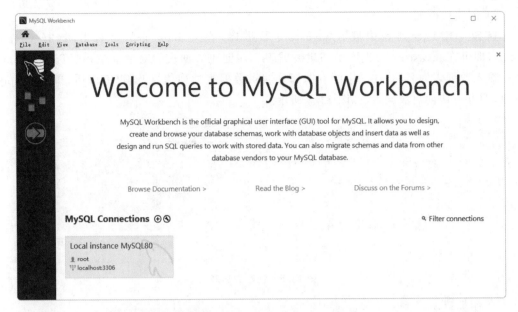

图 12.3　MySQL Workbench 初始界面

【例 12.1】　在 MySQL 中创建一个名称为 javastore 的数据库,然后在该数据库中创建一个 students 表,students 表中数据如表 12.1 所示。

表 12.1　students 表的数据

id	name	gender	age	score
101	刘备	男	20	98.0
102	张飞	男	21	76.0
103	关羽	男	19	86.0
104	貂蝉	女	18	95.0

1) 创建数据库

在 SCHEMAS 列表的空白处右击,选择 Create Schema,则可创建一个数据库,在创建数据库的对话框中,在 Name 框中输入数据库的名称,在 Collation 下拉列表中选择数据库指定的字符集。单击 Apply 按钮,即可创建成功,如图 12.4 所示。在创建数据库的对话框中设置完成之后,可以预览当前操作的 SQL 脚本,然后单击 Apply 按钮,最后在下一个弹出的对话框中直接单击 Finish 按钮,即可完成数据库 javastore 的创建。

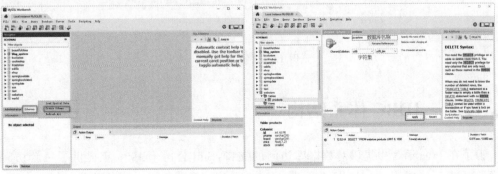

图 12.4　创建数据库 javastore

2）创建数据表

在 SCHEMAS 列表中展开 javastore 数据库，在 Tables 菜单上右击，选择 Create Table，即可在 javastore 数据库中创建数据表。在创建数据表的对话框中，在 Table Name 框中输入数据表的名称，在图中的方框部分编辑数据表的列信息，编辑完成后，单击 Apply 按钮，即可成功创建数据表，如图 12.5 所示。

图 12.5 创建数据表

3）添加数据

将鼠标放到 students 表上，单击最右侧的图标，在表格编辑对话框中编辑需要输入的数据，编辑完成后，单击 Apply 按钮，即可成功将数据添加到数据表中，如图 12.6 所示。

图 12.6 插入数据

12.2 JDBC 体系结构

为了在 Java 语言中提供对数据库访问的支持，Sun 公司于 1996 年提供了一套访问数据库的标准 Java 类库，即 JDBC（Java Database Connectivity，Java 数据库连接）。

12.2.1 JDBC 概述

JDBC 给 Java 程序员提供访问和操作众多关系数据库的一个统一接口,用 Java 程序设计语言编写的应用程序能够以一种用户友好的接口执行 SQL 语句、获取结果以及显示数据,并且可以将所做的改动传回数据库。如图 12.7 所示显示了 Java 应用程序、JDBC API、JDBC 驱动程序和关系数据库之间的关系。JDBC API 是一个 Java 接口和类的集合,用于编写访问和操作关系数据库的 Java 程序,驱动程序管理器(JDBC Driver Manager)为应用程序装载数据库驱动程序,数据库驱动程序起着一个接口的作用,用于向数据库提交 SQL 请求,它使得 JDBC 与具体数据库之间的通信灵活方便。它是与具体数据库相关的并且通常由数据库厂商提供。例如,访问 MySQL 数据库需要使用 MySQL JDBC 驱动程序,而访问 Oracle 数据库需要使用 Oracle JDBC 驱动程序。

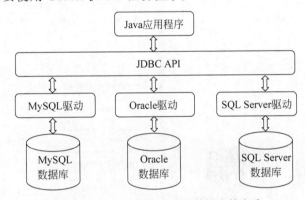

图 12.7 Java 应用程序访问数据库的方式

12.2.2 JDBC 的常用 API

JDBC 提供了大量用于访问和操作数据库的接口和类,它们存储于 java.sql 包中。JDBC 中包含的常用接口和类及其说明如表 12.2 所示。

表 12.2 JDBC 中常用接口和类及其说明

名 称	类型	说 明
DriverManager	类	数据库驱动管理类,用于加载各种驱动程序并建立与数据库的连接
Connection	接口	此接口表示 Java 程序与数据库的连接
Statement	接口	此接口用于执行静态 SQL 语句并返回它所生成结果的对象
PreparedStatement	接口	此接口用于执行预编译的 SQL 语句
ResultSet	接口	此接口用于保存 JDBC 执行查询时返回的结果集
SQLException	类	提供关于数据库访问错误或其他错误信息的异常类

12.3 数据库访问步骤

使用 JDBC 连接和访问数据库的步骤如下。
(1) 加载驱动程序。

(2) 建立连接(Connection)对象。

(3) 创建 Statement 对象。

(4) 执行 SQL 语句。

(5) 处理执行结果。

(6) 关闭创建的对象,释放资源。

这里使用 MySQL 数据库作为 JDBC 的访问环境,需要做以下准备工作。

1. 下载 MySQL 的 JDBC 驱动程序包

可以到 Oracle 公司官方网站下载最新的 MySQL 的 JDBC 驱动程序包,下载地址为 https://dev.mysql.com/downloads/connector/j/,如图 12.8 所示。

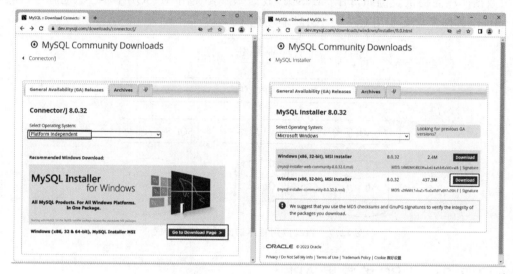

图 12.8 下载 JDBC 驱动程序包

2. 加载 JDBC 驱动程序包

在 Eclipse 中右击当前项目(chp12),新建一个 lib 文件夹,将 JDBC 的驱动程序包 mysql-connector-java-8.0.19.jar 复制到 lib 文件夹下,然后右击当前项目,在快捷菜单中选择 Build Path→Configure Build Path,打开 Java Build Path 对话框,选择 Libraries→Add JARs,打开 JAR Selection 对话框,选择 mysql-connector-java-8.0.19.jar,单击 OK 按钮,返回 Java Build Path 对话框,单击 Apply and Close 按钮完成 JDBC 驱动程序包的加载,如图 12.9 所示。

12.3.1 加载驱动程序

要使应用程序能够访问数据库,必须首先加载驱动程序。加载驱动程序一般使用 Class 类的 forName()静态方法,语法格式如下。

public static Class<?> forName(String className) throws ClassNotFoundException;

其中,参数 className 为要加载的数据库驱动程序类的名称,若找不到驱动程序将抛出

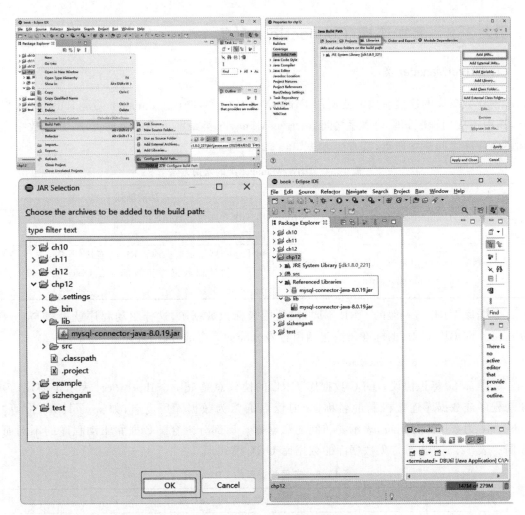

图 12.9 加载 MySQL 驱动包

ClassNotFoundException 异常。

不同的数据库,数据库驱动程序是不同的,表 12.3 中列出了常见数据库的驱动程序。

表 12.3 常见数据库驱动程序

数据库	驱动程序
MySQL	com.mysql.cj.jdbc.Driver
Oracle	oracle.jdbc.driver.OracleDriver
SQL Server	com.microsoft.sqlserver.jdbc.SQLServerDriver
Access	sun.jdbc.odbc.JdbcOdbcDriver

例如,下列语句实现了 MySQL 数据库驱动程序的加载。

```
Class.forName("com.mysql.cj.jdbc.Driver");
```

对于 JDK 6 以上版本,Java 能自动加载常用数据库(如 MySQL、Oracle、SQL Server 等)的驱动程序,即不需要使用 Class.forName()方法加载驱动程序,只需要将包含 JDBC 驱动程序的 JAR 文件添加到项目中。

12.3.2 建立连接(Connection)对象

1. DriverManager 类

创建数据库的连接对象需要使用 DriverManager 类，DriverManager 类是 JDBC 的管理层，作用于应用程序和驱动程序之间。DriverManager 类跟踪可用的驱动程序，并在数据库和驱动程序之间建立连接，其常用方法如表 12.4 所示。

表 12.4 DriverManager 类的常用方法

方法声明	功能描述
public static Connection getConnection(String url)	用于建立到指定数据库 URL 的连接，其中，url 为提供了一种标识数据库位置的方法
public static Connection getConnection(String url,String user,String password)	用于建立到指定数据库 URL 的连接，其中，url 为提供了一种标识数据库位置的方法，user 为用户名，password 为密码

数据库 URL 与一般的 URL 不同，它是用来标识数据源，这样驱动程序就可以与它建立连接。数据库 URL 的标准语法包括由冒号分隔的 3 个部分，格式如下。

jdbc:<subprotocol>:<subname>

其中，jdbc 标识协议，JDBC 数据库 URL 的协议总是 jdbc，subprotocol 表示子协议，为驱动程序或数据库连接机制的名称，子协议名通常为数据库厂商名，如 mysql、oracle 等。subname 为数据库标识符，表示要访问的数据库。该部分内容随数据库驱动程序的不同而不同。表 12.5 列出了常见数据库的数据库 URL 模式。

表 12.5 常用数据库的 URL 模式

数据库	数据库的 URL 模式
MySQL	jdbc:mysql://主机名或 IP[:端口号]/数据库名[?serverTimezone=时区码]
Oracle	jdbc:oracle:thin:@主机名或 IP[:端口号]:数据库名
SQL Server	jdbc:sqlserver://主机名或 IP[:端口号];DatabaseName=数据库名
Access	jdbc:odbc:数据源名

例如，下面的语句以用户名 root 和密码 123，为本地 MySQL 数据库 javastore 创建了一个 Connection 对象。

```
String url = "jdbc:mysql://localhost:3306/javastore?serverTimezone=GMT%2B8";
Connection conn = DriverManager.getConnection(url,"root","123");
```

注意：MySQL 5.6 及以后版本的 MySQL 数据库的时区设定比中国早 8 小时，需要在 URL 地址后面指定时区（使用 5.6 以下版本没有时区的问题）。

2. Connection 对象

Connection 对象代表与数据库的连接，也就是在加载的驱动程序与数据库之间建立连接。一个应用程序可以与一个数据库建立一个或多个连接，或与多个数据库建立连接。Connection 接口的常用方法如表 12.6 所示。

表 12.6　Connection 接口的常用方法

方法声明	功能描述
void close()	关闭该数据库连接,释放资源
void commit()	提交对数据库的更新操作,使更新写入数据库
Statement createStatement()	创建一个 Statement 对象
PreparedStatement prepareStatement(String sql)	使用给定的 SQL 语句创建一个 PreparedStatement 对象
CallableStatement prepareCall(String sql)	使用给定的 SQL 语句创建一个 CallableStatement 对象
void rollback()	回滚对数据库的更新操作

12.3.3　创建 Statement 对象

在发送 SQL 语句前,必须创建一个 Statement 对象,该对象负责将 SQL 语句发送给数据库。如果把一个 Connection 对象想象成一条连接程序和数据库的缆道,那么 Statement 对象可以看作一辆缆车,它为数据库传输 SQL 语句,执行 SQL 语句,并把运行结果返回程序。

通过 Connection 对象获取 Statement 对象的方式有以下三种。
- 调用 createStatement() 方法,创建基本的 Statement 对象。
- 调用 prepareStatement(String sql) 方法,创建 prepareStatement 对象。
- 调用 prepareCall(String sql) 方法,创建 CallableStatement 对象。

其中,Statement 接口用于处理普通的不带参的查询 SQL;PreparedStatement 接口支持可变参数的 SQL;CallableStatement 接口支持调用存储过程,提供了对输出(OUT)和输入/输出参数(INOUT)的支持。三者之间的继承关系如图 12.10 所示。

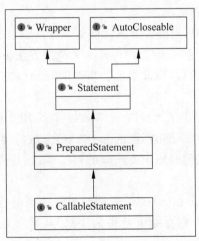

图 12.10　Statement、PreparedStatement 和 CallableStatement 的关系

12.3.4　执行 SQL 语句

创建了 Statement 对象后,就可以使用该对象提供的方法来执行 SQL 语句。Statement 接口的常用方法如表 12.7 所示。

表 12.7　Statement 接口的常用方法

方法声明	功能描述
ResultSet executeQuery(String sql)	执行给定的 SQL 语句,并将结果以 ResultSet 对象的形式返回
int executeUpdate(String sql)	执行给定的 SQL 语句,方法执行后返回受影响的记录数
boolean execute(String sql)	执行给定的 SQL 语句,如果第一个结果是一个 ResultSet 对象,该方法返回 true,否则返回 false
ResultSet getResultSet()	返回 SQL 语句执行后获得的结果集
int getUpdateCount()	返回 SQL 语句执行后受影响的记录数
void close()	关闭 Statement 对象,释放资源

其中,execute()方法可以执行任何 SQL 语句,如果第一个结果是一个 ResultSet 对象,该方法返回 true;否则返回 false。然后,必须使用方法 getResultSet()或 getUpdateCount()来获取结果。executeQuery()方法通常执行查询(SELECT)语句,执行后返回代表结果集的 ResultSet 对象;executeUpdate(String sql)方法主要用于执行更新语句(INSERT、UPDATE、DELETE),执行后返回受影响的记录数。以 executeQuery()方法为例,其使用方法如下。

```
//执行查询语句,获取结果集 ResultSet
ResultSet rs = stm.executeQuery("select * from students");
```

12.3.5　处理执行结果

如果执行的 SQL 语句是查询(SELECT)语句,执行结果将返回一个 ResultSet 对象,该对象存储了查询得到的结果集。通过 ResultSet 接口提供的大量方法可以实现对结果集的处理。下面是一个常用的方法。

boolean next():将光标从当前位置向后移动一行。

ResultSet 光标最初位于第一行之前;第一次调用方法 next()使第一行成为当前行;第二次调用使第二行成为当前行,以此类推。当调用 next()方法返回 false 时,光标位于最后一行之后,说明已无记录。

同时 ResultSet 接口还提供了大量的 getXxx()方法,用于检索当前行的列值,由于结果集列的数据类型不同,所以应该使用不同的 getXxx()方法获得列值,在使用 getXxx()方法获得列值时,可以通过列名或列号标识要获取的列。例如,若列值为字符类型,可以使用下面的方法检索列值。

String getString(int columnIndex):返回结果集中当前行指定列号的列值,结果作为字符串返回。columnIndex 为列在结果行中的序列号,列号是从左至右编号的,并且从 1 开始。

String getString(String columnLabel):返回结果集中当前指定列名的列值,结果作为字符串返回。columnLabel 为列在结果集中的列名,列名不区分大小写。

例如,数据表的第 2 列名为 name,字段类型为 varchar,那么既可以使用 getString(2)获取该列值,也可以使用 getString("name")获取该列值。

在使用 getXxx()方法时,一定要注意数据库的字段数据类型和 Java 的数据类型之间的匹配。常用的 SQL 数据类型和 Java 数据类型之间的对应关系如表 12.8 所示。

表 12.8 SQL 数据类型和 Java 数据类型的对应关系

SQL 数据类型	Java 数据类型	对应的方法
int	int	getInt()
varchar	String	getString()
double	double	getDouble()
boolean	boolean	getBoolean()
date	Date	getDate()
time	Time	getTime()

注意：在使用 getXxx() 方法来获得当前行的列值时，应尽可能使用序列号参数，这样可以提高效率。此外，不同类型的字段都可以通过使用 getString() 方法获取其内容。

12.3.6 关闭创建的对象，释放资源

当数据库操作执行完毕或退出应用前，需要将数据库访问过程中建立的对象按顺序关闭，防止系统资源浪费。关闭的次序如下。

(1) 关闭结果集。
(2) 关闭 Statement 对象。
(3) 关闭连接。

12.3.7 访问数据库示例。

【例 12.2】 定义一个类，通过连接 MySQL 数据库，演示 JDBC 访问数据库的一般步骤。

程序 12.2 StatementDemo.java

```java
import java.sql.Connection;
import java.sql.DriverManager;
import java.sql.ResultSet;
import java.sql.SQLException;
import java.sql.Statement;

public class StatementDemo {
    public static void main(String[] args) {
        Connection conn = null;
        Statement stmt = null;
        ResultSet rs = null;
        try {
            //(1)加载驱动程序
            Class.forName("com.mysql.cj.jdbc.Driver");
            //(2)建立连接(Connection)对象
            String url = "jdbc:mysql://localhost:3306/javastore?&useUnicode = true&characterEncoding = utf8&serverTimezone = GMT%2B8";
            conn = DriverManager.getConnection(url, "root", "root");
            //(3)创建 Statement 对象
            stmt = conn.createStatement();
            //(4)执行 SQL 语句
            String sql = "select * from students";
            rs = stmt.executeQuery(sql);
```

```
                //(5)处理执行结果
                System.out.println("学号\t 姓名\t 性别\t 年龄\t 成绩");
                while (rs.next()) {
                    System.out.println(rs.getInt(1) + "\t" + rs.getString(2) + "\t" +
                    rs.getString(3) + "\t" + rs.getInt(4) + "\t" + rs.getDouble(5));
                }
        } catch (ClassNotFoundException e) {
            e.printStackTrace();
        } catch (SQLException e) {
            e.printStackTrace();
        } finally {
            //(6)关闭创建的对象,释放资源
            try {
                if (rs != null)
                    rs.close();
                if (stmt != null)
                    stmt.close();
                if (conn != null)
                    conn.close();
            } catch (SQLException e) {
                e.printStackTrace();
            }
        }
    }
}
```

运行结果如图 12.11 所示。

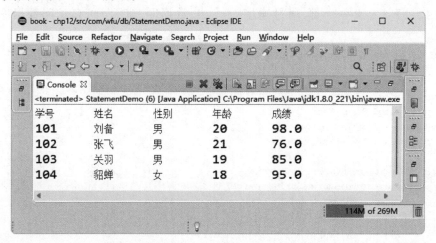

图 12.11　运行结果

关键技术：

（1）ResultSet 对象初始化时，游标在结果集的第一行之前，调用 next() 方法可以将游标移动到下一行。如果下一行没有数据，则返回 false。在应用程序中经常使用 next() 方法作为 while 循环的条件来遍历 ResultSet 结果集。

（2）释放资源。

由于数据库资源非常宝贵，数据库允许的并发访问数据库连接数量有限，因此，当数据库资源使用完毕后，一定要记得释放资源。可以使用以下两种方法实现资源的关闭。

① 使用 close() 方法显式关闭资源。

可以使用每种对象的 close() 方法关闭对象。为了保证资源能被正常关闭，通常会在 try 代码块后加上 finally 代码块来处理资源的关闭。

② 使用 try-with-resources 自动关闭资源。

JDK 7 新增了 try-with-resources 语法来自动关闭文件。关于 try-with-resources 的语法格式请参阅本书第 10 章。

【例 12.3】 使用 try-with-resources 语法，重写程序 12.2 中的代码。

程序 12.3　StatementWithAutoClose.java

```java
public class StatementWithAutoClose {
    public static void main(String[] args) {
        try {
            Class.forName("com.mysql.cj.jdbc.Driver");
        } catch (ClassNotFoundException e) {
            e.printStackTrace();
        }
        String url = "jdbc:mysql://localhost:3306/javastore?&useUnicode=true&characterEncoding=utf8&serverTimezone=GMT%2B8";
        String sql = "select * from students";
        try (Connection conn = DriverManager.getConnection(url, "root", "root");
                Statement stmt = conn.createStatement();
                ResultSet rs = stmt.executeQuery(sql);) {
            System.out.println("学号\t姓名\t性别\t年龄\t成绩");
            while (rs.next()) {
                System.out.println(rs.getInt(1) + "\t" + rs.getString(2) + "\t" +
                    rs.getString(3) + "\t" + rs.getInt(4) + "\t" + rs.getDouble(5));
            }
        } catch (SQLException e) {
            e.printStackTrace();
        }
    }
}
```

12.4　PreparedStatement 对象

视频讲解

Statement 对象在每次执行 SQL 语句时都将该语句传给数据库。这样，在多次执行同一个语句时效率较低，为了提高语句的执行效率，可以使用 PreparedStatement 对象。

PreparedStatement 接口是 Statement 接口的子接口，它继承了 Statement 的所有功能。PreparedStatement 接口有以下两大特点。

（1）使用 PreparedStatement 对象可以将 SQL 语句传给数据库做预编译，因此当需要多次重复执行同一条 SQL 语句时，可以直接执行预编译好的语句，其执行速度要快于 Statement 对象。

（2）PreparedStatement 对象可用于执行动态的 SQL 语句。所谓动态 SQL 语句，就是可以在 SQL 语句中传递参数，这样可以大大提高程序的灵活性和执行效率。

12.4.1 创建 PreparedStatement 对象

可以使用 Connection 接口的 PrepareStatement()方法来创建 PreparedStatement 对象。语法格式如下。

```
PreparedStatement prepareStatement(String sql);
```

说明：与创建 Statement 对象不同的是，需要给该方法传递一个 SQL 语句，其中的字符串类型的参数 sql 就是要传递的 SQL 语句。

12.4.2 带参数的 SQL 语句

PreparedStatement 对象的一大特点就是可以用来执行带参数的 SQL 语句，通过使用带参数的 SQL 语句可以提高 SQL 语句的灵活性，那么如何创建带参数的 SQL 语句呢？需要在 SQL 语句中通过问号(?)指定参数，每个问号代表一个参数，是实际参数的占位符。在 SQL 语句执行时，动态参数将被实际数据替换。例如，下面的代码就是一条带参数的 SQL 插入语句。

```
String sql = "insert into students values(?,?,?,?,?)";
```

在创建 PreparedStatement 对象之后，执行带参数的 SQL 语句之前，必须对占位符参数进行赋值。可以使用 PreparedStatement 接口中定义的 setXxx()方法通过占位符的索引完成对动态参数的赋值。从 SQL 字符型左边开始，第一个占位符的索引为 1，以此类推。

例如，对于前面的 SQL 插入语句，可以使用下面的代码设置每个占位符的值。

```
pstmt.setInt(1,105);
pstmt.setString(2,"曹操");
pstmt.setString(3,"男");
pstmt.setInt(4, 25);
pstmt.setDouble(5, 86);
```

【例 12.4】 使用 PreparedStatement 接口，实现对 students 表的增删改查操作。

程序 12.4　**PreparedStatementDemo.java**

```java
import java.sql.Connection;
import java.sql.DriverManager;
import java.sql.PreparedStatement;
import java.sql.ResultSet;
import java.sql.SQLException;

public class PreparedStatementDemo {
    public static void main(String[] args) {
        try {
            Class.forName("com.mysql.cj.jdbc.Driver");
        } catch (ClassNotFoundException e) {
            e.printStackTrace();
        }
        String url = "jdbc:mysql://localhost:3306/javastore?&useUnicode = true&characterEncoding = utf8&serverTimezone = GMT % 2B8";
        String insertSql = "insert into students values(?,?,?,?,?)";
        String updateSql = "update students set age = ?,score = ? where id = ?";
        String deleteSql = "delete from students where id = ?";
```

```java
            String selectSql = "select * from students";
            try (Connection conn = DriverManager.getConnection(url, "root", "root");
                    PreparedStatement inPstmt = conn.prepareStatement(insertSql);
                    PreparedStatement upPstmt = conn.prepareStatement(updateSql);
                    PreparedStatement dePstmt = conn.prepareStatement(deleteSql);
                    PreparedStatement sePstmt = conn.prepareStatement(selectSql);) {
                //插入一条记录(106,小乔,女,19,86)
                inPstmt.setInt(1, 106);
                inPstmt.setString(2, "小乔");
                inPstmt.setString(3, "女");
                inPstmt.setInt(4, 19);
                inPstmt.setDouble(5, 86);
                int x = inPstmt.executeUpdate();
                if (x > 0) {
                    System.out.println("插入成功!");
                }
                //更新 id = 102 的记录的年龄为 25,成绩为 86
                upPstmt.setInt(1, 25);
                upPstmt.setDouble(2, 86);
                upPstmt.setInt(3, 102);
                x = upPstmt.executeUpdate();
                if (x > 0) {
                    System.out.println("更新成功!");
                }
                //删除 id = 103 的记录
                dePstmt.setInt(1, 103);
                x = dePstmt.executeUpdate();
                if (x > 0) {
                    System.out.println("删除成功!");
                }
                try (ResultSet rs = sePstmt.executeQuery();) {
                    System.out.println("学号\t姓名\t性别\t年龄\t成绩");
                    while (rs.next()) {
                        System.out.println(rs.getInt(1) + "\t" + rs.getString(2) + "\t" +
                            rs.getString(3) + "\t" + rs.getInt(4) + "\t" + rs.getDouble(5));
                    }
                }
            } catch (SQLException e) {
                e.printStackTrace();
            }
        }
    }
}
```

运行结果如图 12.12 所示。

关键技术:

(1) 查询操作的 SQL 语句。

  select 字段列表 from 数据表 where 条件表达式

(2) 利用 Like 和"％"实现模糊查询,如下面的 SQL 语句,可以从 student 表中查询所有姓王的学生信息。

  select * from student where name like "王％"

(3) 插入操作的 SQL 语句。

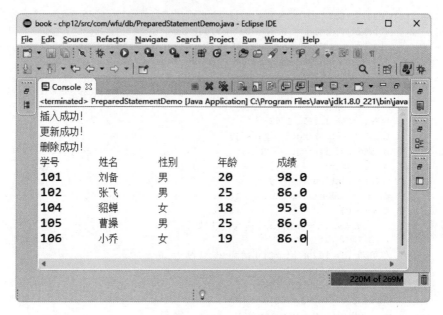

图 12.12 运行结果

insert into 数据表 (字段 1,字段 2,字段 3,…) values (值 1,值 2,值 3,…)

(4) 更新操作的 SQL 语句。

update 数据表 set 字段 1 = 值 1,字段 2 = 值 2 … 字段 n = 值 n where 条件表达式

(5) 删除操作的 SQL 语句。

delete from 数据表 where 条件表达式

视频讲解

12.5　ResultSet 对象

JDBC 使用 ResultSet 对象对查询结果进行封装,ResultSet 表示 SQL 查询语句得到的记录的集合,称为结果集。因此,ResultSet 是表示数据库结果集的数据表,通常通过执行查询数据库的语句生成。ResultSet 对象具有指向当前数据行的指针,其初始值指向第一行的前方,可以通过 next()方法移动到下一行,还可以使用各种 get 方法从当前行获取值。方法的格式如下。

- publicboolean next();
- publicX getX(int index);
- publicX getX(X name);

ResultSet 接口提供了两个重载的 get 方法,一个是可以通过列号来获取指定列的值,其中,参数 index 为列在结果行中的序号,序号从 1 开始;一个是通过列名来获取指定列的值,其中,参数 name 为列在结果行中的名称。

12.5.1　可滚动的 ResultSet

默认的 ResultSet 对象,仅有一个向前移动的指针。因此,它只能按从第一行到最后一

行的顺序进行查询，如果要实现可滚动的查询即不但可以向前访问结果集中的记录还可以向后访问结果集中的记录，可以使用可滚动的 ResultSet。

要使用可滚动的 ResultSet 对象，必须使用 Connection 对象带参数的 createStatement()方法创建 Statement 对象或使用带参数的 PrepareStatement()方法创建 PreparedStatement 对象。在该对象上创建的结果集才是可滚动的。这两个方法的格式为

- public Statement createStatement(int resultSetType, int concurrency);
- publicPreparedStatement prepareStatement（String sql, int resultSetType, int concurrency）;

其中，参数 resultSetType 和 concurrency 决定了 excuteQuery()方法返回的 ResultSet 是否是一个可滚动、可更新的 ResultSet。

参数 ResultType 指定了结果集的类型，它的参数值决定是否创建可滚动的结果集，ResultType 的取值为 ResultSet 接口中定义的以下三个常量。

- ResultSet. TYPE_SCROLL_SENSITIVE：使用该常量将创建一个可滚动的 ResultSet，并且数据库的变化对结果集可见。
- ResultSet. TYPE_SCROLL_INSENSITIVE：该常量也可以创建一个可滚动的 ResultSet，但是此时数据库的变化对结果集是不可见，也就是当数据库发生改变时，这些变化对结果集是不敏感的。
- ResultSet. TYPE_FORWARD_ONLY：使用该常量将创建一个不可滚动的结果集。因此要想创建可滚动的结果集，ResultSetType 的取值只能是这三个常量中的前两个。对可滚动的结果集，ResultSet 接口提供了以下移动游标或指针的方法，如表 12.9 所示。

表 12.9　ResultSet 接口的常用移动游标的方法

方法声明	功能描述
boolean next()	将光标从当前位置向前移动一行
boolean previous()	将光标从当前位置向后移动一行
boolean first()	将光标移动到第一行
boolean last()	将光标移动到最后一行
boolean absolute(int rows)	将光标移动到给定行编号
boolean relative(int rows)	按相对行数(或正或负)移动光标
boolean isFirst()	是否指向第一行
boolean isLast()	是否指向最后一行

12.5.2　可更新的 ResultSet

在使用 Connection 对象的 createStatement()方法创建 Statement 对象或使用带参数的 PrepareStatement()方法创建 PreparedStatement 对象时，指定 concurrency 参数的值决定是否创建可更新的结果集。该参数也使用 ResultSet 接口中定义的常量，如下。

（1）ResultSet. CONCUR_READ_ONLY：用来创建一个只读的 ResultSet 对象，不能通过它更新表。

（2）ResultSet. CONCUR_UPDATABLE：创建一个可更新的 ResultSet 对象。

例如，下面的语句就创建了一个可滚动和可更新的 ResultSet 对象。

```
Statement stmt = conn.createStatement(ResultSet.TYPE_SCROLL_SENSITIVE,
        ResultSet.CONCUR_UPDATABLE);
ResultSet rs = stmt.executeQuery("select * from students");
```

得到可更新的 ResultSet 对象后，就可以调用相应的 updateX() 方法更新当前行指定列的值。ResultSet 接口提供了以下几个常用的更新表的方法，如表 12.10 所示。

表 12.10 ResultSet 接口的常用的更新方法

方法声明	功能描述
void updateX(int index, X x)	用 x 的值更新指定的列，index 为要更新的列号
void updateX(String name, X x)	用 x 的值更新指定的列，name 为要更新的列名
void updateRow()	用当前行的新内容更新结果集，同时更新数据库
void insertRow()	将插入行的内容插入到数据库中
void deleteRow()	从数据库删除当前行
void cancelRowUpdates()	取消对当前行的更新
void moveToInsertRow()	将光标移动到插入行

当调用 ResultSet 接口的 updatex() 方法更新当前行的所有列后，调用 updataRow() 方法把更新写入表中，调用 deleteRow() 方法从一个表或 ResultSet() 中删除一行数据。而要插入一行数据，首先应该使用 moveToInsertRow() 方法将游标移到插入行，当游标处于插入行时，调用 updatex() 方法用相应的数据修改每列的值，最后调用 insertRow() 方法将新行插入到数据库中。

【例 12.5】 编写如图 12.13 所示的图形界面程序，要求通过按钮实现对 students 表中记录的查询、插入、删除及修改功能。提示：需使用可滚动、可更新的结果集对象。

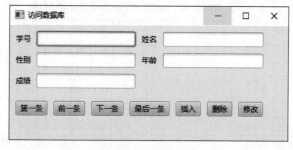

图 12.13 运行结果

实现思路：

（1）创建图形用户界面。根据第 11 章的有关内容创建图形用户界面。

（2）根据题目要求，创建可更新的和可滚动的 ResultSet 对象。

（3）为每个按钮添加事件驱动程序，调用 ResultSet 对象的相关方法实现相应的功能。

```
public class StudentsDemo extends Application {
    Connection conn = null;
    Statement stmt = null;
    ResultSet rst = null;
    Button first = new Button("第一条"),
        next = new Button("下一条"),
        prior = new Button("前一条"),
```

```java
        last = new Button("最后一条"),
        insert = new Button("插入"),
        delete = new Button("删除"),
        update = new Button("修改");
TextField id = new TextField(),
        name = new TextField(),
        gender = new TextField(),
        age = new TextField(),
        score = new TextField();
@Override
public void init() {
    String dburl = "jdbc:mysql://localhost:3306/javastore?&useUnicode=true&
    characterEncoding=utf8&serverTimezone=GMT%2B8";
    try {
        Class.forName("com.mysql.cj.jdbc.Driver");
        Connection conn = DriverManager.getConnection(dburl,"root","root");
        stmt = conn.createStatement(ResultSet.TYPE_SCROLL_SENSITIVE,
            ResultSet.CONCUR_UPDATABLE);
        rst = stmt.executeQuery("SELECT * FROM students");
        rst.first();
        id.setText(rst.getInt(1) + "");
        name.setText(rst.getString(2));
        gender.setText(rst.getString(3));
        age.setText(rst.getInt(4) + "");
        score.setText(rst.getDouble(5) + "");
    } catch (ClassNotFoundException cne) {
        cne.printStackTrace();
    } catch (Exception e) {
        System.out.println(e);
    }
}
@Override
public void start(Stage stage) throws Exception {
    GridPane rootNode = new GridPane();
    rootNode.setHgap(10);
    rootNode.setVgap(10);
    rootNode.setPadding(new Insets(10, 10, 10, 10));
    rootNode.add(new Label("学号"), 0, 0);
    rootNode.add(id, 1, 0);
    rootNode.add(new Label("姓名"), 2, 0);
    rootNode.add(name, 3, 0);
    rootNode.add(new Label("性别"), 0, 1);
    rootNode.add(gender, 1, 1);
    rootNode.add(new Label("年龄"), 2, 1);
    rootNode.add(age, 3, 1);
    rootNode.add(new Label("成绩"), 0, 2);
    rootNode.add(score, 1, 2);
    HBox hbox = new HBox();
    hbox.setSpacing(10);
    hbox.getChildren().addAll(first, prior, next, last, insert, delete, update);
    rootNode.add(hbox, 0, 4, 4, 1);
    //为按钮编写事件处理代码
    first.setOnAction(e -> {
        try {
```

```java
                rst.first();
                reset();
            } catch (Exception ex) {
                ex.printStackTrace();
            }
        });
        prior.setOnAction(e -> {
            try {
                rst.previous();
                reset();
            } catch (Exception ex) {
                ex.printStackTrace();
            }
        });
        next.setOnAction(e -> {
            try {
                rst.next();
                reset();
            } catch (Exception ex) {
                ex.printStackTrace();
            }
        });
        last.setOnAction(e -> {
            try {
                rst.last();
                reset();
            } catch (Exception ex) {
                ex.printStackTrace();
            }
        });
        insert.setOnAction(e -> {
            try {
                rst.moveToInsertRow();
                insert();
            } catch (Exception ex) {
                ex.printStackTrace();
            }
        });
        update.setOnAction(e -> {
            try {
                update();
            } catch (Exception ex) {
                ex.printStackTrace();
            }
        });
        delete.setOnAction(e -> {
            try {
                rst.deleteRow();
            } catch (Exception ex) {
                ex.printStackTrace();
            }
        });
        // rootNode.setGridLinesVisible(true);
        Scene scene = new Scene(rootNode, 450, 180);
```

```java
            stage.setTitle("访问数据库");
            stage.setScene(scene);
            stage.show();
        }
        private void reset() {
            try {
                id.setText(rst.getInt(1) + "");
                name.setText(rst.getString(2));
                gender.setText(rst.getString(3));
                age.setText(rst.getInt(4) + "");
                score.setText(rst.getDouble(5) + "");
            } catch (Exception e) {
                e.printStackTrace();
            }
        }
        private void insert() {          //插入记录方法
            try {
                int studentid = Integer.parseInt(id.getText());
                String sname = name.getText();
                String sgender = gender.getText();
                int sage = Integer.parseInt(age.getText());
                double sscore = Double.parseDouble(score.getText());
                rst.updateInt(1, studentid);
                rst.updateString(2, sname);
                rst.updateString(3, sgender);
                rst.updateInt(4, sage);
                rst.updateDouble(5, sscore);
                rst.insertRow();
            } catch (Exception e) {
                e.printStackTrace();
            }
        }
        private void update() {          //修改记录方法
            try {
                int studentid = Integer.parseInt(id.getText());
                String sname = name.getText();
                String sgender = gender.getText();
                int sage = Integer.parseInt(age.getText());
                double sscore = Double.parseDouble(score.getText());
                rst.updateInt(1, studentid);
                rst.updateString(2, sname);
                rst.updateString(3, sgender);
                rst.updateInt(4, sage);
                rst.updateDouble(5, sscore);
                rst.updateRow();
            } catch (Exception e) {
                e.printStackTrace();
            }
        }
        public static void main(String[] args) {
            launch(args);
        }
    }
```

12.6 综合案例

2003年,第一次进入太空——中国首位航天员杨利伟搭乘神舟五号载人飞船,将中华民族千年飞天梦想变为现实;2008年,第一次出舱行走——航天员翟志刚以自己的一小步,迈出了中华民族的一大步;2016年,第一次中期驻留——航天员景海鹏和陈冬叩开中国空间站时代的大门;2021年,第一次进驻中国空间站——航天员聂海胜、刘伯明和汤洪波住上了属于中国人的"太空之家";2021年10月至2022年4月,航天员翟志刚、王亚平、叶光富在中国空间站组合体工作生活了183天,刷新了中国航天员单次飞行任务太空驻留时间的纪录。几十年来,中国航天人艰苦创业、奋力攻关,取得了连战连捷的辉煌战绩,使我国空间技术发展跨入了国际先进行列。

实施载人航天工程以来,广大航天人牢记使命、不负重托,培育铸就了特别能吃苦、特别能战斗、特别能攻关、特别能奉献的载人航天精神。"特别能吃苦"诠释了航天人热爱祖国、为国争光的坚定信念;"特别能战斗"诠释了航天人独立自主、敢于超越的进取意识;"特别能攻关"诠释了航天人攻坚克难、勇于登攀的品格作风;"特别能奉献"诠释了航天人淡泊名利、默默奉献的崇高品质。

1. 案例描述

使用JDBC技术完成一个神舟飞船信息管理系统,能够实现对神舟飞船信息的增删改查操作。要求如下。

程序采用DAO模式设计访问数据库,定义DBUtil数据库工具类,定义SpacecraftDao接口,其中包含下面的方法。

```
public void addSpacecraft(Spacecraft Spacecraft);
public void updateSpacecraft(Spacecraft Spacecraft);
public void deleteSpacecraft(int id);
public Spacecraft getSpacecraft(int id);
public list getAll();
```

编写SpacecraftDao接口的实现类SpacecraftDaoImpl。编写测试程序测试DAO接口各种方法的使用。

2. 实现思路

(1) 创建一个名为spacecraft的表,spacecraft表中数据如表12.11所示。

表12.11　spacecraft表的数据

id	name	launchTime	launchSite	summary
1	神舟一号	1999-11-20 06:30:07	酒泉卫星发射中心	无人在轨飞行21小时11分
2	神舟二号	2001-01-10 01:00:03	酒泉卫星发射中心	无人在轨飞行6天18小时22分

续表

id	name	launchTime	launchSite	summary
3	神舟三号	2002-03-25 22:15:00	酒泉卫星发射中心	搭载模拟人在轨飞行 6 天 18 小时 39 分
4	神舟四号	2002-12-30 00:40:00	酒泉卫星发射中心	搭载模拟人在轨飞行 6 天 18 小时 39 分
5	神舟五号	2003-10-15 09:00:00	酒泉卫星发射中心	搭载航天员杨利伟在轨飞行 21 小时 28 分
6	神舟六号	2005-10-12 09:00:00	酒泉卫星发射中心	搭载航天员费俊龙、聂海胜在轨飞行 4 天 19 时 32 分
7	神舟七号	2008-09-25 21:10:04	酒泉卫星发射中心	搭载航天员翟志刚、刘伯明、景海鹏在轨飞行 2 天 20 小时 30 分
8	神舟八号	2011-11-01 05:58:10	酒泉卫星发射中心	搭载模拟人在轨飞行 18 天
9	神舟九号	2012-06-16 18:37:24	酒泉卫星发射中心	搭载航天员景海鹏、刘旺、刘洋（女）在轨飞行 12 天
10	神舟十号	2013-06-11 17:38:00	酒泉卫星发射中心	搭载航天员聂海胜、张晓光、王亚平（女）在轨飞行 15 天
11	神舟十一号	2016-10-17 07:30:00	酒泉卫星发射中心	搭载航天员景海鹏、陈冬在轨飞行 32 天
12	神舟十二号	2021-06-17 09:22:00	酒泉卫星发射中心	搭载航天员聂海胜、刘伯明、汤洪波在轨飞行 93 天
13	神舟十三号	2021-10-16 00:23:00	酒泉卫星发射中心	搭载航天员翟志刚、王亚平（女）、叶光富在轨飞行 183 天
14	神舟十四号	2022-06-05 10:44:00	酒泉卫星发射中心	搭载航天员陈冬、刘洋（女）、蔡旭哲在轨飞行 183 天

（2）定义 Spacecraft 实体类，该类对象用来存放神舟飞船信息，与 spacecraft 表的记录对应，代码如下。

```
public class Spacecraft {
    private int id;
    private String name;
    private Timestamp launchTime;
    private String launchSite;
    private String summary;
    public Spacecraft() {
        super();
    }
    public Spacecraft(String name, Timestamp launchTime, String launchSite,
    String summary) {
        super();
        this.name = name;
        this.launchTime = launchTime;
        this.launchSite = launchSite;
        this.summary = summary;
    }
    public int getId() {
        return id;
```

```java
        }
        public void setId(int id) {
            this.id = id;
        }
        public String getName() {
            return name;
        }
        public void setName(String name) {
            this.name = name;
        }
        public String getLaunchTime() {
            DateTimeFormatter formatter = DateTimeFormatter.ofPattern
            ("yyyy-MM-dd HH:mm:ss");
            LocalDateTime time = launchTime.toLocalDateTime();
            String localTime = time.format(formatter);
            return localTime;
        }
        public void setLaunchTime(Timestamp launchTime) {
            this.launchTime = launchTime;
        }
        public String getLaunchSite() {
            return launchSite;
        }
        public void setLaunchSite(String launchSite) {
            this.launchSite = launchSite;
        }
        public String getSummary() {
            return summary;
        }
        public void setSummary(String summary) {
            this.summary = summary;
        }
    }
```

（3）定义 DBUtil 数据库工具类。

为了简化数据库访问操作，提高编码效率，就需要将数据库访问时共用的基础代码进行封装，即编写一个数据库访问工具类 DBUtil。该类提供访问数据库时所使用到的连接、查询、更新和关闭等操作方法，其他类通过调用 DBUtil 类就可以进行数据库访问。代码如下。

```java
    public class DBUtil {
        Connection conn = null;
        PreparedStatement pstmt = null;
        ResultSet rs = null;
        /**
         * 得到数据库连接
         */
        public Connection getConnection() {
            try {
                //注册驱动
                Class.forName("com.mysql.cj.jdbc.Driver");
                //获得数据库连接
                String url = "jdbc:mysql://localhost:3306/javastore?&useUnicode=true&
                    characterEncoding=utf8&serverTimezone=GMT%2B8";
                conn = DriverManager.getConnection(url,"root","root");
```

```java
        } catch (Exception e) {
            //TODO Auto-generated catch block
            e.printStackTrace();
        }
        //返回连接
        return conn;
    }
    /**
     * 释放资源
     */
    public void closeAll() {
        //如果 rs 不空,关闭 rs
        if (rs != null) {
            try {
                rs.close();
            } catch (SQLException e) {
                e.printStackTrace();
            }
        }
        //如果 pstmt 不空,关闭 pstmt
        if (pstmt != null) {
            try {
                pstmt.close();
            } catch (SQLException e) {
                e.printStackTrace();
            }
        }
        //如果 conn 不空,关闭 conn
        if (conn != null) {
            try {
                conn.close();
            } catch (SQLException e) {
                e.printStackTrace();
            }
        }
    }
    /**
     * 执行 SQL 语句,可以进行查询
     */
    public ResultSet executeQuery(String sql, String[] param) {
        try {
            //得到 PreparedStatement 对象
            pstmt = conn.prepareStatement(sql);
            if (param != null && param.length > 0) {
                for (int i = 0; i < param.length; i++) {
                    //为预编译 sql 设置参数
                    pstmt.setString(i + 1, param[i]);
                }
            }
            //执行 SQL 语句
            rs = pstmt.executeQuery();
        } catch (SQLException e) {
            //处理 SQLException 异常
            e.printStackTrace();
```

```java
        }
        return rs;
    }
    /**
     * 执行 SQL 语句,可以进行增、删、改的操作,不能执行查询
     */
    public int executeUpdate(String sql, String[] param) {
        int num = 0;
        try {
            //得到 PreparedStatement 对象
            pstmt = conn.prepareStatement(sql);
            if (param != null) {
                for (int i = 0; i < param.length; i++) {
                    //为预编译 sql 设置参数
                    pstmt.setString(i + 1, param[i]);
                }
            }
            //执行 SQL 语句
            num = pstmt.executeUpdate();
        } catch (SQLException e) {
            //处理 SQLException 异常
            e.printStackTrace();
        }
        return num;
    }
}
```

(4) 定义 SpacecraftDao 接口,其中包含下面的方法。

```java
public interface SpacecraftDao {
    public boolean addSpacecraft(Spacecraft spacecraft)throws Exception;
    public boolean updateSpacecraft(Spacecraft spacecraft)throws Exception;
    public boolean deleteSpacecraft(int id)throws Exception;
    public Spacecraft getSpacecraft(int id)throws Exception;
    public List<Spacecraft> getSpacecraftByName(String name)throws Exception;
    public List<Spacecraft> getAll()throws Exception;
}
```

(5) 编写 SpacecraftDao 接口的实现类 SpacecraftDaoImpl。

```java
public class SpacecraftDaoImpl implements SpacecraftDao {
    DBUtil db = new DBUtil();
    public SpacecraftDaoImpl() {
        db.getConnection();
    }
    @Override
    public boolean addSpacecraft(Spacecraft spacecraft) throws Exception {
        String sql = "insert into spacecraft(name, launchTime, launchSite, Summary)
            values (?,?,?,?)";
        String[] param = {spacecraft.getName(),spacecraft.getLaunchTime() + "",
            spacecraft.getLaunchSite(),spacecraft.getSummary()};
        int x = db.executeUpdate(sql, param);
        return x > 0;
    }
    @Override
    public boolean updateSpacecraft(Spacecraft spacecraft) throws Exception {
```

```java
        String sql = "update spacecraft set name = ?,launchTime = ?,launchSite = ?,summary = ?
            where id = ?";
        String[] param = {spacecraft.getName(),spacecraft.getLaunchTime() + "",
            spacecraft.getLaunchSite(),spacecraft.getSummary(),spacecraft.getId() + ""};
        int x = db.executeUpdate(sql, param);
        return x > 0;
    }
    @Override
    public boolean deleteSpacecraft(int id) throws Exception {
        String sql = "delete from spacecraft where id = ?";
        String[] param = {id + ""};
        int x = db.executeUpdate(sql, param);
        return x > 0;
    }
    @Override
    public Spacecraft getSpacecraft(int id) throws Exception {
        Spacecraft spacecraft = null;
        String sql = "select * from spacecraft where id = ?";
        String[] param = {id + ""};
        ResultSet rs = db.executeQuery(sql, param);
        if(rs.next()) {
            spacecraft = new Spacecraft();
            spacecraft.setId(rs.getInt(1));
            spacecraft.setName(rs.getString(2));
            spacecraft.setLaunchTime(rs.getTimestamp(3));
            spacecraft.setLaunchSite(rs.getString(4));
            spacecraft.setSummary(rs.getString(5));
        }
        return spacecraft;
    }
    @Override
    public List<Spacecraft> getAll() throws Exception {
        List<Spacecraft> list = new ArrayList<Spacecraft>();
        String sql = "select * from spacecraft";
        String[] param = {};
        ResultSet rs = db.executeQuery(sql, param);
        while(rs.next()) {
            Spacecraft spacecraft = new Spacecraft();
            spacecraft.setId(rs.getInt(1));
            spacecraft.setName(rs.getString(2));
            spacecraft.setLaunchTime(rs.getTimestamp(3));
            spacecraft.setLaunchSite(rs.getString(4));
            spacecraft.setSummary(rs.getString(5));
            list.add(spacecraft);
        }
        return list;
    }
    @Override
    public List<Spacecraft> getSpacecraftByName(String name) throws Exception {
        List<Spacecraft> list = new ArrayList<Spacecraft>();
        String sql = "select * from spacecraft where name like ?";
        String[] param = {"%" + name + "%"};
        ResultSet rs = db.executeQuery(sql, param);
        while(rs.next()) {
```

```java
            Spacecraft spacecraft = new Spacecraft();
            spacecraft.setId(rs.getInt(1));
            spacecraft.setName(rs.getString(2));
            spacecraft.setLaunchTime(rs.getTimestamp(3));
            spacecraft.setLaunchSite(rs.getString(4));
            spacecraft.setSummary(rs.getString(5));
            list.add(spacecraft);
        }
        return list;
    }
}
```

（6）编写神舟飞船信息管理系统用户界面。

```java
public class Test extends Application {
    SpacecraftDao dao = new SpacecraftDaoImpl();
    TableView<Spacecraft> tableView = new TableView<Spacecraft>();
    @SuppressWarnings("unchecked")
    @Override
    public void start(Stage stage) throws Exception {
        BorderPane root = new BorderPane();
        //顶部
        Label lb_id = new Label("飞船名称");
        TextField t_id = new TextField();
        Button btn_search = new Button("查询");
        HBox hb_top = new HBox(10);
        hb_top.getChildren().addAll(lb_id, t_id, btn_search);
        root.setTop(hb_top);
        //底部
        Button btn_insert = new Button("添加"), btn_delete = new Button("删除"),
            btn_update = new Button("修改"),btn_exit = new Button("退出");
        HBox hb_bottom = new HBox(10);
        hb_bottom.getChildren().addAll(btn_insert, btn_delete, btn_update, btn_exit);
        root.setBottom(hb_bottom);
        List<Spacecraft> list = dao.getAll();
        ObservableList<Spacecraft> obList = FXCollections.observableArrayList(list);
        tableView.setItems(obList);
        root.setCenter(tableView);
        TableColumn<Spacecraft, Integer> tc_id = new TableColumn<Spacecraft, Integer>("id");
        TableColumn<Spacecraft, String> tc_name = new TableColumn<Spacecraft, String>("飞船名称");
        TableColumn<Spacecraft, String> tc_launchTime = new TableColumn<Spacecraft, String>("发射时间");
        TableColumn<Spacecraft, String> tc_launchSite = new TableColumn<Spacecraft, String>("发射地点");
        TableColumn<Spacecraft, String> tc_summary = new TableColumn<Spacecraft, String>("任务概述");
        tableView.getColumns().addAll(tc_id, tc_name, tc_launchTime, tc_launchSite, tc_summary);
        tc_id.setMinWidth(50);
        tc_name.setMinWidth(100);
        tc_launchTime.setMinWidth(150);
        tc_launchSite.setMinWidth(150);
        tc_summary.setMinWidth(350);
```

```java
        //给按钮添加事件
        btn_search.setOnAction(e -> {
            //从文本框中取值,将文本框中多余的空格删除
            String f_id = t_id.getText().trim();
            try {
                refreshTable(f_id);
            } catch (Exception e1) {
                e1.printStackTrace();
            }
        });
        //添加
        btn_insert.setOnAction(e -> {
            try {
                new AddView().start(new Stage());
            } catch (Exception e1) {
                e1.printStackTrace();
            }
        });
        //修改
        btn_update.setOnAction(e -> {
            try {
                Spacecraft p = tableView.getSelectionModel().getSelectedItem();
                if (p != null) {
                    new UpdateView(p).start(new Stage());
                } else {
                    Alert alert = new Alert(Alert.AlertType.ERROR, "请选择要修改的数据!!");
                    alert.show();
                    return;
                }
            } catch (Exception e1) {
                e1.printStackTrace();
            }
        });

        //删除
        btn_delete.setOnAction(e -> {
            //获得表格中选中行的信息
            try {
                Spacecraft p = tableView.getSelectionModel().getSelectedItem();
                Alert alert = new Alert(Alert.AlertType.CONFIRMATION, "确定要删除吗?");
                Optional<ButtonType> btn = alert.showAndWait();
                if (btn.get() == ButtonType.OK) {
                    if (dao.deleteSpacecraft(p.getId())) {
                        refreshTable("");
                    }
                }
            } catch (Exception e1) {
                e1.printStackTrace();
            }

        });
        //退出
        btn_exit.setOnAction(e -> {
```

```java
            Alert alert = new Alert(Alert.AlertType.CONFIRMATION, "确定要退出吗?");
            Optional<ButtonType> btn = alert.showAndWait();
            if (btn.get() == ButtonType.OK) {
                Platform.exit();
            }
        });
        tc_id.setCellValueFactory(new PropertyValueFactory<Spacecraft, Integer>("id"));
        tc_name.setCellValueFactory(new PropertyValueFactory<Spacecraft, String>("name"));
        tc_launchTime.setCellValueFactory(new PropertyValueFactory<Spacecraft, String>("launchTime"));
        tc_launchSite.setCellValueFactory(new PropertyValueFactory<Spacecraft, String>("launchSite"));
        tc_summary.setCellValueFactory(new PropertyValueFactory<Spacecraft, String>("summary"));
        Scene scene = new Scene(root, 850, 500);
        stage.setScene(scene);
        stage.setTitle("神舟飞船管理系统");
        stage.show();
    }
    //更新表格
    public void refreshTable(String param) throws Exception {
        List<Spacecraft> list = new ArrayList<Spacecraft>();
        if (param != null && param.length() > 0) {
            list = dao.getSpacecraftByName(param);
        } else {
            list = dao.getAll();
        }
        TableView<Spacecraft> tv = new TableView<Spacecraft>();
        ObservableList<Spacecraft> oblist = FXCollections.observableArrayList(list);
        tableView.setItems(oblist);
    }
    public static void main(String[] args) {
        Application.launch(args);
    }
}
public class AddView extends Application {
    public void start(Stage stage) throws Exception {
        GridPane gp = new GridPane();
        Label l1 = new Label("飞船名称");
        Label l2 = new Label("发射时间");
        Label l3 = new Label("发射地点");
        Label l4 = new Label("任务概述");
        Button b1 = new Button("增加");
        Button b2 = new Button("清空");
        TextField v1 = new TextField();
        TextField v2 = new TextField();
        TextField v3 = new TextField();
        TextField v4 = new TextField();
        HBox h1 = new HBox(20);
        SpacecraftDao dao = new SpacecraftDaoImpl();
        gp.setHgap(10);
        gp.setVgap(10);
        gp.setAlignment(Pos.CENTER);
```

```java
            stage.setTitle("飞船增加");
            gp.add(l1, 0, 0);
            gp.add(v1, 1, 0);
            gp.add(l2, 0, 1);
            gp.add(v2, 1, 1);
            gp.add(l3, 0, 2);
            gp.add(v3, 1, 2);
            gp.add(l4, 0, 3);
            gp.add(v4, 1, 3);
            h1.setAlignment(Pos.CENTER);
            h1.getChildren().addAll(b1, b2);
            gp.add(h1, 0, 4, 2, 1);
            b1.setOnAction(e -> {
                try {
                    String name = v1.getText().trim();
                    String text = v2.getText().trim();
                    DateTimeFormatter formatter = DateTimeFormatter.
                    ofPattern("yyyy-MM-dd HH:mm:ss");
                    LocalDateTime time = LocalDateTime.parse(text, formatter);
                    Timestamp launchTime = java.sql.Timestamp.valueOf(time);
                    String launchSite = v3.getText().trim();
                    String summary = v4.getText().trim();
                    Spacecraft p = new Spacecraft(name, launchTime, launchSite, summary);
                    if (dao.addSpacecraft(p)) {
                        new Test().start(new Stage());
                        stage.close();
                    }
                } catch (Exception e1) {
                    e1.printStackTrace();
                }
            });
            b2.setOnAction(e -> {
                v1.setText("");
                v2.setText("");
                v3.setText("");
                v4.setText("");
            });
            stage.setScene(new Scene(gp, 350, 300));
            stage.show();
        }
public class UpdateView extends Application {
    public Spacecraft spacecraft = null;
    public UpdateView(Spacecraft p) {
        spacecraft = p;
    }
    public UpdateView() {
    }
    @Override
    public void start(Stage stage) throws Exception {
        SpacecraftDao dao = new SpacecraftDaoImpl();
        GridPane gp = new GridPane();
        Label l1 = new Label("飞船名称");
        Label l2 = new Label("发射时间");
        Label l3 = new Label("发射地点");
```

```java
            Label l4 = new Label("任务概述");
            Button b1 = new Button("修改");
            Button b2 = new Button("清空");
            TextField v1 = new TextField(spacecraft.getName());
            TextField v2 = new TextField(spacecraft.getLaunchTime() + "");
            TextField v3 = new TextField(spacecraft.getLaunchSite());
            TextField v4 = new TextField(spacecraft.getSummary());
            HBox h1 = new HBox(20);
            gp.setHgap(10);
            h1.getChildren().addAll(b1, b2);
            gp.setVgap(10);
            gp.setAlignment(Pos.CENTER);
            stage.setTitle("飞船修改");
            gp.add(l1, 0, 0);
            gp.add(v1, 1, 0);
            gp.add(l2, 0, 1);
            gp.add(v2, 1, 1);
            gp.add(l3, 0, 2);
            gp.add(v3, 1, 2);
            gp.add(l4, 0, 3);
            gp.add(v4, 1, 3);
            h1.setAlignment(Pos.CENTER);
            gp.add(h1, 0, 4, 2, 1);
            b1.setOnAction(e -> {
                try {
                    String name = v1.getText().trim();
                    String text = v2.getText().trim();
                    DateTimeFormatter formatter = DateTimeFormatter.ofPattern("yyyy-MM-dd HH:mm:ss");
                    LocalDateTime time = LocalDateTime.parse(text, formatter);
                    Timestamp launchTime = java.sql.Timestamp.valueOf(time);
                    String launchSite = v3.getText().trim();
                    String summary = v4.getText().trim();
                    spacecraft.setLaunchTime(launchTime);
                    spacecraft.setLaunchSite(launchSite);
                    spacecraft.setName(name);
                    spacecraft.setSummary(summary);
                    if (dao.updateSpacecraft(spacecraft)) {
                        new Test().start(new Stage());
                        stage.close();
                    }
                } catch (Exception e1) {
                    e1.printStackTrace();
                }
            });
            b2.setOnAction(e -> {
                v1.setText("");
                v2.setText("");
                v3.setText("");
                v4.setText("");
            });
            stage.setScene(new Scene(gp, 350, 300));
            stage.show();
        }
    }
```

3. 运行结果

程序运行结果如图 12.14 所示。

图 12.14 运行结果

小结

通过本章的学习，读者应该能够：
(1) 学会 MySQL 数据库安装及配置。
(2) 掌握数据库和数据库表的创建方式。
(3) 了解 JDBC 体系结构。
(4) 掌握 JDBC 重要的类和接口的使用。
(5) 掌握 JDBC 访问数据库的基本步骤。
(6) 学会开发 JDBC 程序。
(7) 掌握 PreparedStatement 对象。
(8) 学会使用带参数的 SQL 语句。
(9) 掌握 ResultSet 对象。
(10) 了解可滚动的和可更新的 ResultSet。

习题

一、单选题

1. JDBC 驱动器也称为 JDBC 驱动程序，它的提供者是(　　)。

A. Sun
B. 数据库厂商
C. Oracle
D. ISO

2. 下列选项中可用于存储结果集的对象是（　　）。
   A. ResultSet
   B. Connection
   C. Statement
   D. PreparedStatement

3. 下面选项中，用于将参数化的 SQL 语句发送到数据库的方法是（　　）。
   A. prepareCall(String sql)
   B. prepareStatement(String sql)
   C. registerDriver(Driver driver)
   D. createStatement()

二、多选题

1. 下面选项中，属于 DriverManager 类中包含的方法有（　　）。
   A. getDriver(Driver driver)
   B. getConnection(String url,String user,String pwd)
   C. registerDriver(Driver driver)
   D. getUser(String user)

2. 下面关于 ResultSet 接口中 getXXX() 方法的描述正确的是（　　）。
   A. 可以通过字段的名称来获取指定数据
   B. 可以通过字段的索引来获取指定的数据
   C. 字段的索引是从 1 开始编号的
   D. 字段的索引是从 0 开始编号的

3. 下面关于 ResultSet 接口说法正确的是（　　）。
   A. ResultSet 接口用于保存 JDBC 执行查询时返回的结果集
   B. ResultSet 对象初始化时，ResultSet 接口内部的游标（或指针）在表格的第一行之前
   C. 在应用程序中经常使用 next() 方法作为 while 循环的条件来迭代 ResultSet 结果集
   D. previous() 方法将游标移动到此 ResultSet 对象的下一行

4. 以下关于 JDBC 操作过程中，说法正确的是（　　）。
   A. 正确关闭资源的顺序为 ResultSet、Statement（或 PreparedStatement）和 Connection
   B. 要在 try-catch 的 finally 代码块中统一关闭资源
   C. 通常使用 Class.forName("DriverName")；加载数据库驱动
   D. MySQL 端口号默认为 3306

三、判断题

1. Connection 接口代表 Java 程序和数据库的连接。（　　）
2. ResultSet 接口表示 select 查询语句得到的结果集，该结果集封装在一个逻辑表格中。（　　）

3. 应用程序可以直接与不同的数据库进行连接,而不需要依赖于底层数据库驱动。(   )

4. Statement 接口的 executeUpdate(String sql) 返回值是 int,它表示数据库中受该 SQL 语句影响的记录的数目。(   )

四、编程题

1. 创建一个名为 user 的表,user 表中数据如表 12.12 所示。

表 12.12　user 表的数据

id	name	gender	password	phone
101	刘备	男	123456	13112345678
102	张飞	男	123456	13614789654
103	关羽	男	654321	17895647845
104	貂蝉	女	654321	14578965632

编写一个 JDBC 程序,要求如下。

(1) 查询 user 表中的数据。

(2) 使用 JDBC 完成数据的插入、修改和删除操作。

2. 疫情、地震发生时,人们深刻地感受到了信息管理的重要性。一方面,信息管理有助于收集并分析疫情、地震的实时信息,更好地把握疫情、地震发展的动态,更好地采取有效的应对措施;另一方面,信息管理也有助于更好地组织医务人员、志愿者、普通群众等抗击疫情和地震的行动,有效地调动各方力量,减少混乱,提高效率。例如,可以更好地组织捐款、捐物,更好地组织物资分发,更好地组织医疗器械的使用和维护等。

请任意选取上面背景下的一个信息管理的需求,如志愿者管理,设计一个信息管理系统。

设计要求:

(1) 用 JavaFX 实现图形用户界面。

(2) 实现数据库的增删改查。

3. 2022 年 2 月 4 日,北京冬奥会在满怀期待中圆满开幕;几经竞技,几多比拼,在顺利完成各项赛程后,冬奥会主火炬在鸟巢缓缓熄灭。北京冬奥会,全要素、创新性地向世界展示了中华文化的博大精深与独特魅力。从开幕式上以二十四节气的形式倒计时,到"黄河之水天上来"的磅礴气势;从以熊猫和灯笼为原型的吉祥物,到颁奖花束上的非遗技艺;从把《千里江山图》制作成赛场上的形象景观,到冬奥村里的中医诊疗;从迎客松,到送别柳……冬奥盛会上,中国文化元素大放异彩,"中国式浪漫"浸润人心,让不少人惊呼"世界可以永远相信中国美"。"中国风"托起"冬奥范",一次又一次惊艳世界,也释放着厚重的文化自信。

作品要求结合北京冬奥会上展示的中国文化自信,综合运用 Java 开发技术,设计制作以"北京冬奥会上的中国文化"为主题的管理系统,生动展示中华文化的博大精深与独特魅力。

请利用所学知识,设计制作以"北京冬奥会上的中国文化"为主题的管理系统,生动展示中华文化的博大精深与独特魅力。

设计要求:

(1) 用户界面层利用 JavaFX 实现,要求美观、易懂、易用。

(2) 后台业务逻辑层使用 DAO 设计模式,分层设计。

图书资源支持

感谢您一直以来对清华版图书的支持和爱护。为了配合本书的使用,本书提供配套的资源,有需求的读者请扫描下方的"书圈"微信公众号二维码,在图书专区下载,也可以拨打电话或发送电子邮件咨询。

如果您在使用本书的过程中遇到了什么问题,或者有相关图书出版计划,也请您发邮件告诉我们,以便我们更好地为您服务。

我们的联系方式:

清华大学出版社计算机与信息分社网站:https://www.shuimushuhui.com/

地　　址:北京市海淀区双清路学研大厦 A 座 714

邮　　编:100084

电　　话:010-83470236　010-83470237

客服邮箱:2301891038@qq.com

QQ:2301891038(请写明您的单位和姓名)

资源下载:关注公众号"书圈"下载配套资源。

资源下载、样书申请

书 圈

图书案例

清华计算机学堂

观看课程直播